AF533597

Inhalt

Die Herausgabe dieses Buches wurde von den folgenden Sponsoren (alphabetische Reihenfolge) unterstützt. Alle Anzeigen in diesem Buch wurden angeworben, nachdem das endgültige Manuskript für die Veröffentlichung fertiggestellt war.

ATM GmbH, 57636 Mammelzen
www.atm-m.com

SCAN-DIA GmbH, 58099 Hagen/Westf.
www.scan-dia.com

Technische Akademie Esslingen e.V., 73760 Ostfildern, www.tae.de

1 Einleitung

Metallographische Untersuchungen sind ein wichtiger Teilbereich der Werkstoffprüfung, der für die Feststellung von geforderten Eigenschaften und die Zustandsanalyse von Werkstoffen und Bauteilen unverzichtbar ist.

Mit dem vorliegenden Buch sollen Handreichungen und Hinweise vorgestellt werden, mit denen in der Praxis eine effektive metallographische Untersuchung durchgeführt werden kann. Es wird dargestellt, welche Verfahren und Methoden einzusetzen und welche dabei besonders wirkungsvoll bei der Beurteilung von Gefügen und Strukturfehlern im Zusammenhang mit gestellten technischen Anforderungen sind. Der Einfluss der Präparation auf das mikrostrukturelle Erscheinungsbild und die daraus möglichen Interpretationsfehler bei der Deutung des Gefüges bzw. der darin enthaltenen Unregelmäßigkeiten und Schädigungen werden erläutert und vorgestellt. Anhand von Fallbeispielen und praktischen Illustrationen der Vorgehensweise können der Leser bzw. die Leserin ihre metallographische Arbeiten planen und strukturieren sowie die Ergebnisse optimieren.

Die im Text verwendeten werkstofftechnischen und werkstoffwissenschaftlichen Begriffe werden im Anhang kurz und informativ erläutert, damit der Leser und die Leserin sich schnell über im Buch angesprochene fachfremde Inhalte informieren und den Bezug zu den problembezogenen metallographischen und mikroskopischen Untersuchungen herstellen können.

Werden Normen zitiert, beziehen sich diese auf die zum Zeitpunkt der Herausgabe dieses Buches aktuellen deutschen Ausgaben. Da Normen einer ständigen Überarbeitung unterworfen werden, empfiehlt es sich die Aktualität z.B. über www.beuth.de/go/norm2go zu überprüfen.

Dieses Fachbuch ist ein Leitfaden für die praktische Vorgehensweise einer anwendungs- und problemorientierten Metallographie für angehende und praktizierende Metallographen und Metallographinnen, Werkstoffprüfer und Werkstoffprüferinnen, Techniker und Technikerinnen sowie Werkstofffachleute und Qualitätsverantwortliche, die metallographische Ergebnisse interpretieren müssen.

Grundlagen des Buches sind die Skripte der Autoren zu verschiedenen werkstofftechnischen Vorlesungen, Metallographiekursen an der Technischen Akademie Esslingen und nicht zuletzt die jahrzehntelangen praktischen Erfahrungen bei der Durchführung von metallographischen Arbeiten an der Materialprüfungsanstalt Universität Stuttgart (vormals MPA Stuttgart). Diese umfassen Schadensfälle, Qualitäts- und Reklamationsfälle sowie Forschungsarbeiten zur Entwicklung, Qualifizierung und Optimierung von technischen Werkstoffen und deren Verarbeitung zu Bauteilen.

An dieser Stelle möchten die Autoren der Materialprüfungsanstalt Universität Stuttgart für die Bereitstellung von Bildmaterial danken. Frau Dr. A. Udoh und Herrn Dr. J. Kinder gilt ein besonderer Dank für die Aufbereitung von Fallbeispielen.

Warnung:
Die Anwendung der Verfahren, wie in diesem Buch beschrieben, schließt die Verwendung gefährlicher Stoffe, Prozesse und Geräte ein. Dieses Buch geht nicht auf die damit verbundenen Gesundheits- und Sicherheitsgefährdungen ein. Der Leser und Anwender ist selbst zuständig dafür, dass geeignete Gesundheits- und Sicherheitsmaßnahmen getroffen werden, um die nationalen und/oder lokalen Vorschriften einzuhalten, die eine Gefährdung seiner und anderer Personen ausschließen.

2 Schliffherstellung und -präparation

Die grundsätzliche Vorgehensweise zur Schliffherstellung kann der Fachliteratur, z.B. [1] entnommen werden. In vielen Fällen sind jedoch Besonderheiten bereits bei der Schliffentnahme und -aufbereitung zu beachten. Auf die Besonderheiten bei der Vorgehensweise der Schliffherstellung und -präparation im Zusammenhang mit einer vorgegebenen Aufgabenstellung wird daher fallbezogen in den einzelnen Abschnitten eingegangen.

3 Durchführung einer Gefügeanalyse

Mit dem metallographischen Schliff wird der vorliegende Gefügezustand ermittelt. Aus der Dokumentation, d.h. den Angaben über den Werkstoff, seine Herstellung bzw. die Ver- und Bearbeitung des daraus angefertigten Bauteils kann der *ordnungsgemäße Gefügezustand* abgeleitet werden, Bild 3.1. Über den Vergleich des Sollzustands mit dem festgestellten Istzustand können Qualitätsabweichungen festgestellt werden.

3.1 Gefügezustand und Beschaffenheit

Mithilfe der Metallographie kann die strukturelle *Beschaffenheit* eines Bauteiles bzw. des dafür einzusetzenden Materials festgestellt und bewertet werden. Unter *Beschaffenheit* versteht man die Gesamtheit der geforderten Merkmale und Merkmalswerte. Sie wird im Allgemeinen bei der Bestellung zwischen dem Besteller und Lieferanten vereinbart. So ist zum Beispiel die Zugfestigkeit, die

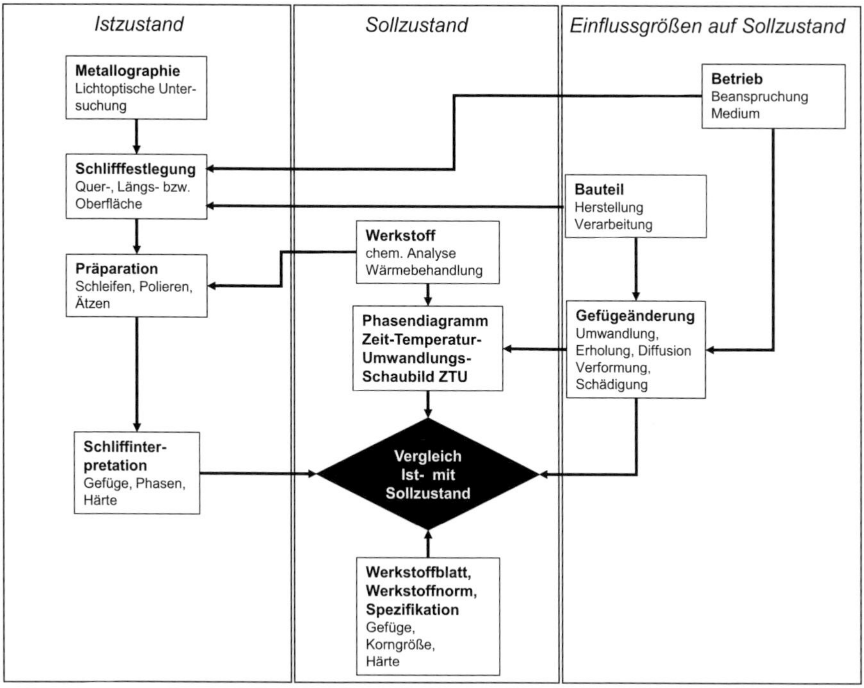

Istzustand
Sollzustand
Einflussgrößen auf Sollzustand
Metallographie
Lichtoptische Untersuchung
Schlifffestlegung
Quer-, Längs- bzw. Oberfläche
Präparation
Schleifen, Polieren, Ätzen
Schliffinterpretation
Gefüge, Phasen, Härte
Werkstoff
chem. Analyse
Wärmebehandlung
Phasendiagramm
Zeit-Temperatur-Umwandlungs-Schaubild ZTU
Vergleich Ist- mit Sollzustand
Werkstoffblatt, Werkstoffnorm, Spezifikation
Gefüge, Korngröße, Härte
Betrieb
Beanspruchung
Medium
Bauteil
Herstellung
Verarbeitung
Gefügeänderung
Umwandlung, Erholung, Diffusion
Verformung, Schädigung

Bild 3.1: Gefügeanalyse – Einflussgrößen

Streckgrenze oder die Schlagenergie (frühere Bezeichnung: Kerbschlagarbeit) ein Merkmal, dem ein Merkmalswert in Form eines Mindestwertes zugeschrieben werden kann. Diese Werkstoffeigenschaften, die wiederum die Belastbarkeit und Funktionalität des Bauteils bestimmen, stehen in einem direkten werkstofftechnischen Zusammenhang mit dem Gefüge des Werkstoffs, Bild 3.2.

Zusammensetzung: chem. Analyse
Herstellung, Wärmebehandlung
Weiterverarbeitung: Umformung (warm – kalt)
Gefüge
Eigenschaften

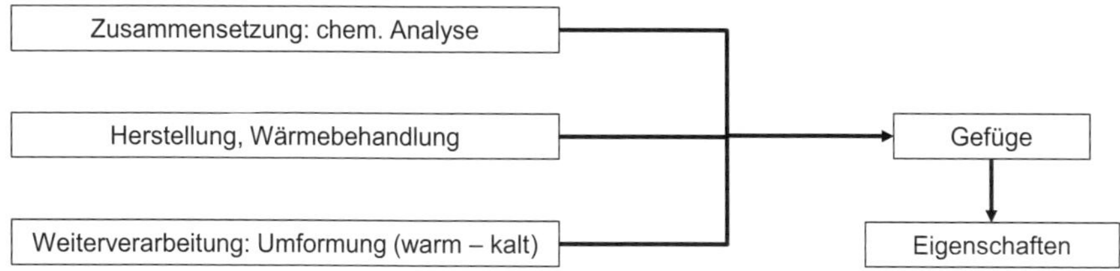

Bild 3.2: Einflussfaktoren auf die Ausbildung des Gefüges

Die Beschaffenheit eines Werkstoffs/Bauteils kann über Normen (z.B. die DIN EN 10216-1:2013: Nahtlose Stahlrohre für Druckbeanspruchungen, DIN EN 755-1:2016: Aluminium und Aluminiumlegierungen – Stranggepresste Stangen, Rohre und Profile) beschrieben werden. In diesen Normen werden im Abschnitt „Anforderungen", „Probennahme", „Mechanische Eigenschaften" oder „Technologische Eigenschaften", die für den Werkstoff charakteristischen Eigenschaften und die Vorgehensweise bei der Bestimmung verbindlich festgelegt. Zusätzlich wird in besonderen Abschnitten auf die Prüfung und Ermittlung dieser Eigenschaften eingegangen. Die Ausbildung des Gefüges wird jedoch in vielen Fällen nicht explizit angegeben, in einigen Fällen werden Angaben zur Korngröße gemacht. Es wird vorausgesetzt, dass sich bei Einhaltung der vorgegebenen Herstellungsvorschriften das für die geforderten Eigenschaften *ordnungsgemäße Gefüge* einstellt.

In besonderen Fällen wird der Gefügezustand im Rahmen eines *Werkstoffblattes* oder einer *Werkstoffspezifikation* festgelegt. Wenn eine Bestellung nach einer *Werkstoffnorm* oder einem besonderen Werkstoffblatt erfolgt, wird die Einhaltung der geforderten Eigenschaften über ein Abnahmezeugnis festgestellt.

Die Feststellung, ob ein mit den geforderten mechanischen Eigenschaften kompatibles Gefüge vorliegt, erfolgt auf der Grundlage eines repräsentativen Ortes für die Entnahme des Schliffes. Dieser hängt vom Werkstoff sowie der Form des Prüfstückes – Halbzeugart oder Bauteil – ab. Er kann in der Norm festgelegt sein oder auch zwischen Hersteller und Besteller besonders vereinbart werden. Wenn keine Vorgaben zum Entnahmeort vorliegen, muss überlegt werden, ob ein Einfluss der Schliffebene bzw. -richtung oder des Querschnitts (z.B. dünner Querschnitt mit anderer Abkühlrate) auf das Gefüge vorliegen kann.

3.2 Grundlagen der Gefügeanalyse

Die qualitative und quantitative Beschreibung eines Gefüges erfolgt auf der Grundlage eines geätzten Schliffes. Unter einer Gefügeanalyse versteht man die Bestimmung der lichtoptisch erkennbaren Gefügephasen, die Ermittlung der kennzeichnenden Korngröße (siehe Abschnitt 3.2.3) sowie in vielen Fällen zusätzlich der Härte.

Die Präparation des Schliffs muss die Besonderheiten des Werkstoffs bzw. Bauteils berücksichtigen. So ist z.B. ohne Kenntnis des Werkstoffs, d.h. seiner Zusammensetzung, Verarbeitung und Wärmebehandlung eine dem Gefügezustand angepasste Präparation erschwert. Verlässliche Unterlagen zum Werkstoff, z.B. in Form eines *Zeugnisses*, erleichtern die ordnungsgemäße Probenvorbereitung und ermöglichen ferner eine exaktere Gefügeanalyse.

Wenn die Werkstoffzusammensetzung und Verarbeitung (Wärmebehandlung) bekannt ist, können Zustands- und Phasendiagramme zur Ableitung und Überprüfung des Gefüges herangezogen werden.

Hilfreich ist die Heranziehung eines Referenzzustandes, der das ordnungsgemäße Gefüge wiedergibt. In vielen Fällen kann auch die Literatur zur Ermittlung des Gefügezustandes bestimmter Werkstoffe unter Berücksichtigung deren Herstellungs- und Verarbeitungsbedingungen herangezogen werden.

Vorsicht ist allerdings beim Vergleich eines abfotografierten Gefüges mit dem lichtmikroskopischen Bild geboten, da sowohl die Auflösung, die Ätzdauer und die Farbe das Bild in der Wahrnehmung durch das Auge verfälschen können.

3.2.1 Verwendung von Zeugnissen, Spezifikationen und Normen

Im Normalfall werden Werkstoffe mit einer Dokumentation geliefert. Diese kann eine Bescheinigung (*Abnahmezeugnis*) sein, in der die wesentlichen Eigenschaften sowie die Zusammensetzung des Werkstoffs und ggf. Hinweise zu einer *Werkstoffnorm* aufgeführt sind.

Die Anforderungen des Bestellers beziehen sich auf eine *Werkstoffnorm* oder auf eine von ihm erstellte *Werkstoffspezifikation*. In den Werkstoffnormen werden, wie bereits erwähnt, in der Regel keine Angaben zu einem Gefüge gemacht. Allerdings enthalten sie verbindliche Angaben zu der chemischen Zusammensetzung, zu Liefer- bzw. Wärmebehandlungszustand, zu mechanisch-technologischen Werten (z.B. Mindestwerte für Streckgrenze und Zugfestigkeit) und ggf. Angaben zur Härte. Mit diesen Informationen kann auf das vorhandene Gefüge geschlossen werden.

Bei einer *Werkstoffspezifikation* kann der Besteller über die allgemeinen Angaben der Norm hinaus, zusätzliche Anforderungen an die *Beschaffenheit* des Werkstoffs bzw. Bauteils stellen, z.B. genaue Angaben zum Gefüge oder der Korngröße, Eingrenzungen von Elementen, *Erschmelzungsart* oder zusätzlich *mechanisch-technologische Untersuchungen*.

Nachfolgend werden die Möglichkeiten erläutert, wie Zustands- und Phasendiagramme für eine Gefügebestimmung verwendet werden.

3.2.2 Verwendung von Zustands- und Phasendiagrammen

Bei der Anwendung von Zustands- und Phasendiagramme für die Gefügeanalyse müssen folgende Bedingungen

- Aufheizgeschwindigkeit
- Aufheiztemperatur
- Chemische Analyse
- Abkühlbedingungen

beachtet werden. Sie wirken sich auf das sich einstellende Gefüge aus.

3.2.2.1 Phasendiagramm

Ein reines Metall besteht aus einer einzigen *Phase*. Die Körner in diesem Gefüge haben die gleiche Zusammensetzung – nämlich des reinen Metalls, können aber in Größe und Gestalt unterschiedlich sein. Eine Legierung aus zwei Metallen A und B kann aus mehreren Phasen bestehen:

- Reine *Kristalle* des Elements A und B
- *Mischkristalle* α (A-Kristalle mit gelösten B-Atomen) und β (B-Kristalle mit gelösten A-Atomen)
- sowie chemische Verbindungen aus den Metallen A und B, die sich im festen Zustand aus den o.g. Kristallarten ausscheiden.

In einem Phasendiagramm wird dargestellt, welche Phasen (Kristallarten, Ausscheidungen) in Abhängigkeit vom Mischungsverhältnis der Metalle A und B und der Temperatur auftreten. Es ist zu beachten, dass das Phasendiagramm nur für Abkühlung aus der Schmelze und für den thermodynamisch stabilen Zustand – nach langsamer Abkühlung – gültig ist. Wenn also die Wärmebehandlung nicht bekannt ist, muss man bei der Übertragung der Ergebnisse auf einen Praxisfall grundsätzlich vorsichtig sein.

Die Informationen, die man aus einem Phasendiagramm über die mögliche Ausbildung eines Gefüges erhalten kann, werden an den nachfolgenden Beispielen erklärt.

Das Phasendiagramm in Bild 3.3 zeigt ein Beispiel für eine Legierung mit teilweiser Löslichkeit im festen Zustand (Mischungslücke) und einem Eutektikum. Aus dem Bild ist zu entnehmen, dass im festen Zustand dieser Legierung zwei Phasen vorliegen, die aus Mischkristallen von Aluminium (α-MK) und Silizium (β-MK) bestehen. Bei sehr hohen Si-Anteilen im Bereich > 95% besteht das Gefüge nur aus β-MK. Bei einer Zusammensetzung von 12,5% Si und 87,5% Al liegt ein eutektisches Gefüge aus α-MK und β-MK mit deutlich geringerer Korngröße vor.

Am Beispiel einer Al-Legierung mit 9% Silizium wird die Interpretation eines Phasendiagramms erläutert, Bild 3.4:

Es gilt die Annahme, dass die Legierung aus der Schmelze langsam abkühlt, es liegt zu jedem Zeitpunkt ein Gleichgewichtszustand vor – die Diffusion von Atomen wird nicht behindert.

Punkt 1: Abkühlen aus dem flüssigen Zustand (Aluminium und Silizium haben sich vollständig ineinander gelöst).

Punkt 2: Erreichen der roten Liquiduslinie. Beim Unterschreiten werden primäre Aluminium-Mischkristalle (α-MK) ausgeschieden. Die Löslichkeit von Silizium im Aluminiumkristall ändert sich mit abnehmender Temperatur längs der Linie A-B, die Zusammensetzung der Schmelze folgt der Linie A-E und erreicht bei 577°C die eutektische Zusammensetzung E.

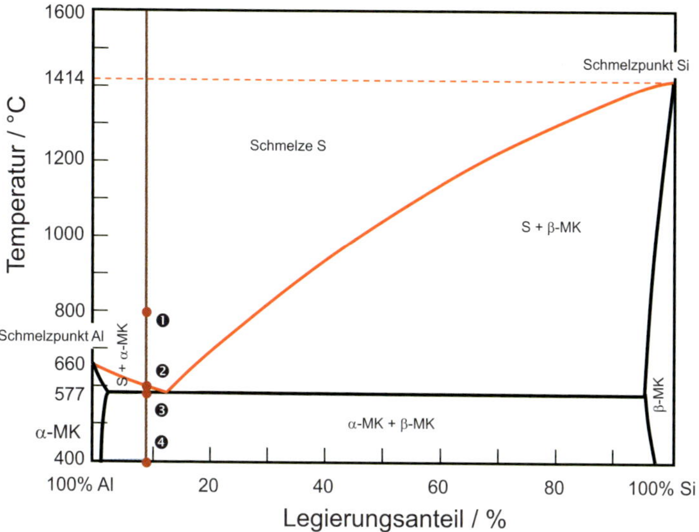

Bild 3.3: Phasendiagramm einer Aluminium-Silizium-Legierung

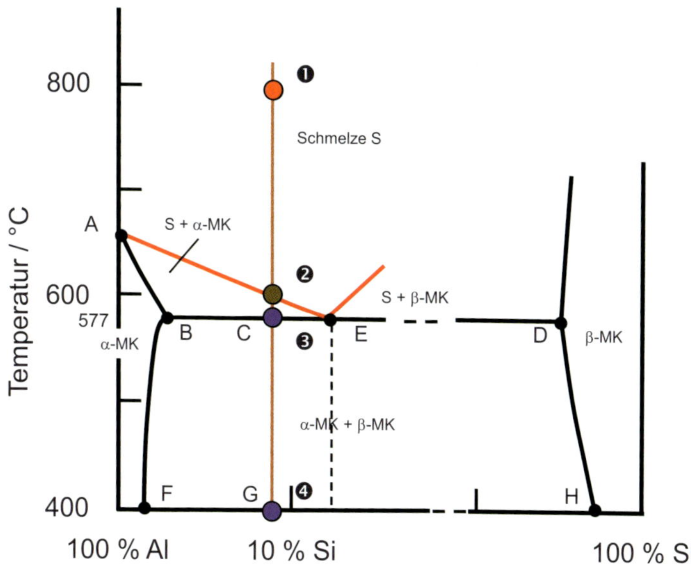

Bild 3.4: Ausschnitt aus Phasendiagramm Bild 3.3 – Ausbildung des Gefüges einer Legierung mit 9% Si

Punkt 3: Die neben den bereits festen α-MK noch vorhandene Schmelze mit der Zusammensetzung E erstarrt bei dieser Temperatur zu einem Eutektikum, das aus einem feinen Kristallgemisch aus α-MK und β-MK besteht.

Punkt 4: Mit weiter abnehmender Temperatur wird die Löslichkeit von Si in Al (α-MK) bzw. Al in Si (β-MK) geringer (Linien B–F und D–H): es kommt zur Bildung von Sekundärmischkristallen. Diese sind im Schliffbild als besondere Gefügebestandteile nicht zu erkennen, wenn sie aus dem eutektischen Gefüge ausgeschieden werden. Die Ausscheidung von sekundären β-MK aus den primären α-MK erfolgt bevorzugt an den Korngrenzen, aber auch im Korn. Letztere können im Schliffbild erkannt werden.

Neben der Art der Phasen, d.h. den Gefügebestandteilen können auch deren Massenanteile aus dem Phasendiagramm abgeschätzt werden: Die Menge an Eutektikum der Legierung L2 bei Erreichen der eutektischen Temperatur kann wie folgt ermittelt werden, Bild 3.5, wobei der Abstand B–E zu 100% anzusetzen ist[1]:

$$\frac{B-C}{C-E} = \frac{Menge\ der\ Phase\ Restschmelze\ E}{Menge\ der\ Phase\ Primär - \alpha - MK} = \frac{63\%}{37\%}$$

Im Gefügebild wird – das im Verhältnis zu den größeren primären α-MK – feinere Eutektikum aus α- und β-MK dominieren.

Das Gefügebild der Legierung L1 enthält bei Raumtemperatur kein Eutektikum, sondern besteht im Wesentlichen aus primären α-MK. Die sich aus den primären α-MK ausscheidenden sekundären β-MK weisen bei der Legierung L1 einen Anteil von 13% (entspricht Punkt B) auf.

Bild 3.6 zeigt die Ausbildung eines Gefüges einer Al-Legierung, die der Zusammensetzung des Beispiels L2 entspricht.

3.2.2.2 Eisen-Kohlenstoff-Diagramm

Das Eisen-Kohlenstoff-Diagramm, Bild 3.9, beschreibt die Ausbildung des Gefüges einer Eisen-Kohlenstofflegierung bei langsamer Abkühlung: Die Diffusion von Kohlenstoff im Eisengitter wird nicht behindert – es stellt sich zu jeder Temperatur ein Gleichgewichtszustand ein. Bei Kohlenstoffgehalten bis 2% liegt die Legierung als schmiedbarer, d.h. umformtechnisch verarbeitbarer Stahl vor, Bild 3.10. Ist der Kohlenstoffgehalt größer als 2%, sinkt der Schmelzpunkt und der Anteil der spröden Phasen C bzw. Fe_3C nimmt zu, sodass dieser Werkstoff nur gegossen und nicht umformtechnisch bearbeitet wird.

---

[1] Das Gesetz der abgewandten Hebelarme zur Ermittlung der Phasenanteile darf nur in einem abgeschlossenen Feld angewendet werden

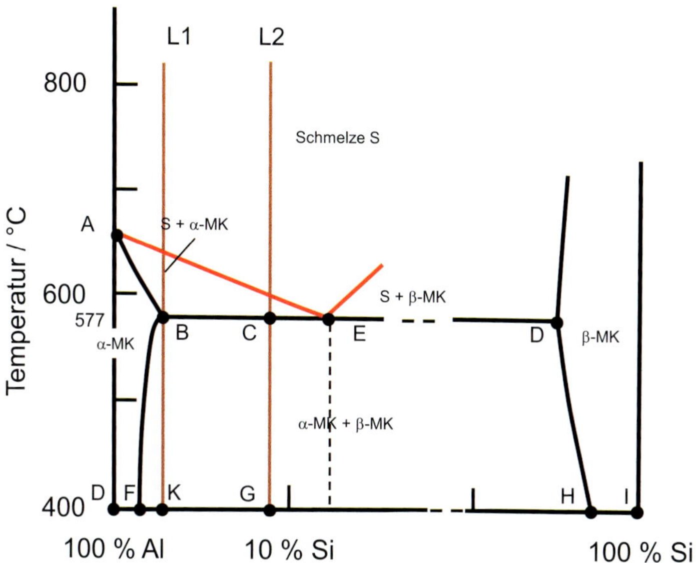

Bild 3.5: Ermittlung der Phasenmengen (Gesetz der abgewandten Hebelarme)

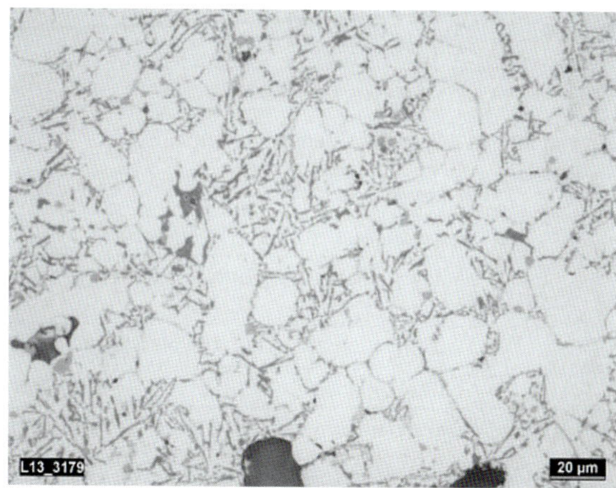

Bild 3.6: Gefüge einer Aluminium-Legierung (AlSi9Cu2Mg0,5Zn0,8) mit primären α-MK und Eutektikum, poliert

Je nach Ausscheidungsform des Kohlenstoffs unterscheidet man das

- Stabile Fe-C-System (durchgezogene Linien) und das
- Metastabile Fe-Fe_3C-System (gestrichelte Linien).

Beim metastabilen System liegt der Kohlenstoff in Form von Fe_3C vor. Durch Glühen zerfällt der Zementit Fe_3C in die stabile Form:

$$Fe_3C \rightarrow 3\ Fe + C\ (Graphit)$$

Vor allem im Bereich des Gusseisens wird die Ausbildung des Gefüges nach dem metastabilen oder stabilen System über die Abkühlgeschwindigkeit und die Zugabe von Elementen gezielt beeinflusst:

- „Karbidstabilisierer" wie Mn, Mo, Zr, V zusammen mit schnellerer Abkühlung bewirken die Umwandlung nach dem metastabilen System
- „Graphitstabilisierer" wie Si, Al, Ti, Ni und langsame Abkühlung bewirken die Umwandlung nach dem stabilen System.

In der Praxis treten vor allem bei Bauteilen aus Gusseisen mit unterschiedlichen Querschnittsdicken auch gemischte Formen auf.

Im Eisen-Kohlenstoffsystem treten folgende Gefüge, bestehend aus den aufgeführten Phasen bzw. Phasengemische auf, Tabelle 3.1.

Das Fe-C-Diagramm enthält zusätzliche Informationen, die für die Gefügeanalyse von Bedeutung sind:

Wichtige Punkte werden mit großen lateinischen Buchstaben bezeichnet, beispielsweise S (metastabiles System) und S´ (stabiles System) für den Punkt der eutektoiden Umwandlung – siehe Tabelle 3.2.

Tabelle 3.1: Phasen und Gefüge des Eisenkohlenstoffdiagramms

Phase	*Gitterstruktur*	Gefügebezeichnung
δ-Mischkristall	kubisch raumzentrierte Kristallstruktur	Delta-Ferrit
γ- Mischkristall	kubisch flächenzentrierte Kristallstruktur	Austenit
α- Mischkristall	kubisch raumzentrierte Kristallstruktur	Ferrit
Fe_3C	orthorhombisch	Zementit
Gemisch aus α-Mischkristall und Fe_3C	siehe oben	Perlit
Gemisch aus γ-Mischkristall und Fe_3C (γ-Mischkristall $\rightarrow$ α-Mischkristall und Fe_3C)	siehe oben	Ledeburit

Wichtige Linien im Fe-C-Diagramm sind:

- ABCD-Linie = Liquiduslinie
- Unterhalb der Liquiduslinie ABCD fängt die Schmelze an zu erstarren. Es entstehen aus der Schmelze, je nach Kohlenstoffgehalt γ-Mischkristalle und δ-Mischkristalle oder die Verbindung Eisencarbid Fe_3C = Zementit.
- AHIECF-Linie = Soliduslinie
- Unterhalb der Soliduslinie ist die Erstarrung vollständig abgeschlossen.
- ECF-Linie = Eutektikale
- Oberhalb dieser Linie liegen Schmelze und feste Phasen nebeneinander. Unterhalb der Linie ist alle Schmelze erstarrt. Die Eutektikale leitet sich vom eutektischen Punkt, dem niedrigsten Erstarrungspunkt des Fe-C-Systems ab, siehe auch Abschnitt 3.2.2.1
- MO-Linie – bezeichnet den Verlust des Ferromagnetismus von Ferrit bei einer Erwärmung über 769°C (Curiepunkt) – A_2-Linie
- PSK-Linie = Eutektoide Linie, Linie konstanter Temperatur (723°C, im stabilen System 738°C). Bei Legierungen mit C > 0,02% zerfallen die γ-Mischkristalle bei dieser Temperatur zu Perlit, bestehend aus α-MK und Fe_3C. Diese Linie wird auch A_1-Linie genannt, sie kennzeichnet die eutektoide Umwandlung
- SE-Linie = Löslichkeitslinie – kennzeichnet die mit abnehmender Temperatur geringer werdende Löslichkeit von C im Eisengitter von 2,03% auf 0,8% (stabiles System: 2,01% → 0,68%). Der ausgeschiedene Kohlenstoff bildet Sekundärzementit Fe_3C
- Die SE-Linie wird auch A_{cm}-Linie (cm für Zementit) genannt
- GPQ-Linie = Löslichkeitslinie. Im Gebiet reines Eisen bis zur GPQ-Linie liegen α-Mischkristalle (Ferrit) vor. Kohlenstoff ist in Ferrit nur in sehr geringer Konzentration löslich: das Maximum liegt bei P mit 0,025%, das Minimum bei Q (0°C) mit 0,002%. Eine Legierung mit einem C-Gehalt 0,02% scheidet in geringem Umfang Tertiärzementit Fe_3C an den Korngrenzen aus
- GS = Umwandlungslinie. Unterhalb der Linie wandelt sich Austenit (γ-Mischkristall) in Ferrit (α-Mischkristall) um. Da im Ferrit deutlich weniger C gelöst werden kann (Löslichkeitsgrenze GPQ) nimmt der C-Gehalt im Austenit zu und erreicht bei S ein Maximum von 0,800%. Danach – bei weiterer Abkühlung – klappt der Austenit im Punkt S in Perlit um (eutektoide Reaktion)
- Die Linie GS wird auch A_3-Linie für die γ/α-Umwandlung genannt.

Tabelle 3.2: Wichtige Punkte im metastabilen Fe-C-Diagramm

Punkt	Temperatur (°C)	Kohlenstoff-konzentration (Gewichts - %)	Bedeutung / Vorgang
A	1536	0,000	Erstarrungspunkt → δ-Ferrit
E	1147	2,030	Beginn Soliduslinie (Eutektikale) Größte Löslichkeit von C in γ-Eisen, noch keine Ausscheidung von Primärzementit
C	1147	4,300	Eutektischer Punkt: Erstarrung der Schmelze zu Ledeburit (feines Gemenge von γ-Mischkristall (Austenit) – Punkt E (bei weiterer Abkühlung Umwandlung in Perlit) und Fe_3C (Zementit) – Punkt F
F	1147	0,870	Fe_3C
G	911	0,000	Beginn der Umwandlung γ-Eisen in α-Eisen
P	723	0,025	Größte Löslichkeit von C in α-Eisen, noch keine Ausscheidung von Primärzementit
S	723	0,800	Eutektoider Punkt: Umwandlung von γ-Mischkristall (Austenit) zu Perlit (α-Mischkristall (Ferrit) und Fe_3C (Zementit))

Zementit wird nach dem Zeitpunkt der Entstehung bezeichnet:

- Primärzementit: Bildung aus der Schmelze bei Kohlenstoffgehalten > 4,3% (rechts vom eutektischen Punkt, Linie CD), Bild 3.7. Primärzementit hat eine nadelige (weiße) Struktur
- Sekundärzementit: Bildung aus der festen Phase unterhalb 1147°C: abnehmende Löslichkeit des Kohlenstoff im γ-MK (Linie SE) bei Kohlenstoffge-

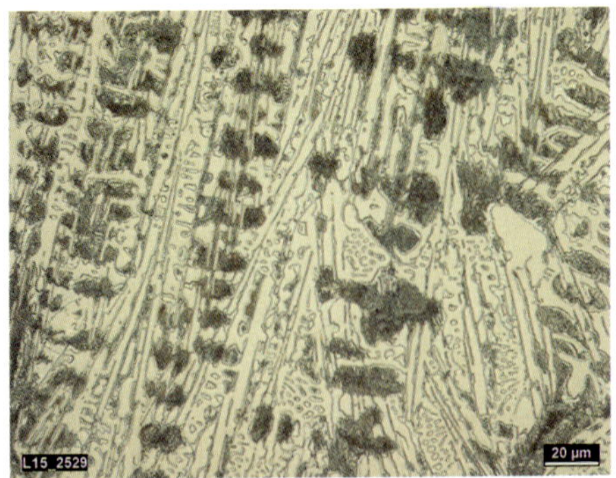

Bild 3.7: Primärzementit; geätzt mit HNO_3

halten größer 0,8% (übereutektoide Stähle bzw. bei C > 2,0%: Gusseisen). Bei Stählen ist der Sekundärzementit als helle Phase entlang den Korngrenzen des Perlit erkennbar, Bild 3.8

Bild 3.8: Sekundärzementit

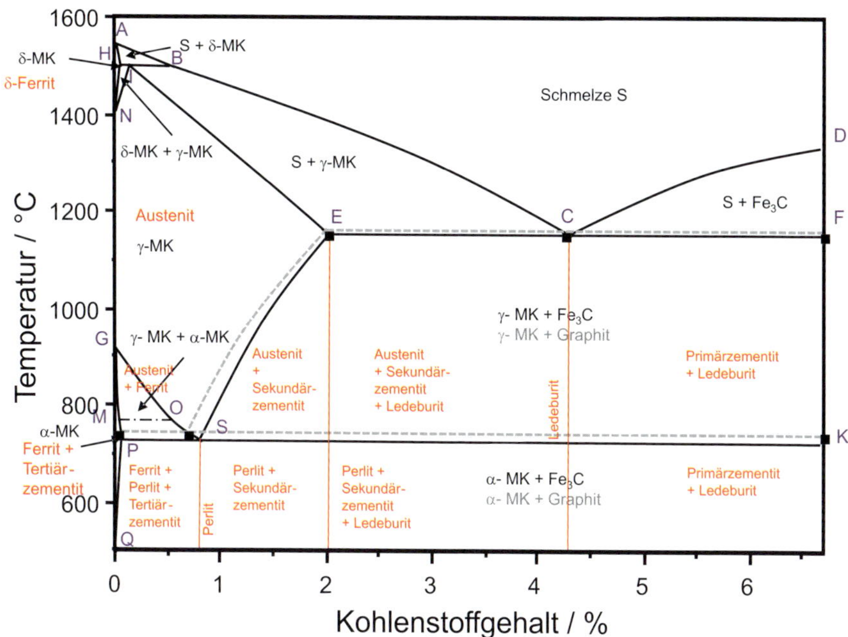

Bild 3.9: Eisen-Kohlenstoffdiagramm: graue, gestrichelte Linien = stabiles System, schwarze Linien = metastabiles System. Phasen sind mit schwarzen Buchstaben, Gefüge im festen Zustand mit roten Buchstaben dargestellt. Wesentliche Punkte des metastabilen Systems sind mit blauen Buchstaben gekennzeichnet

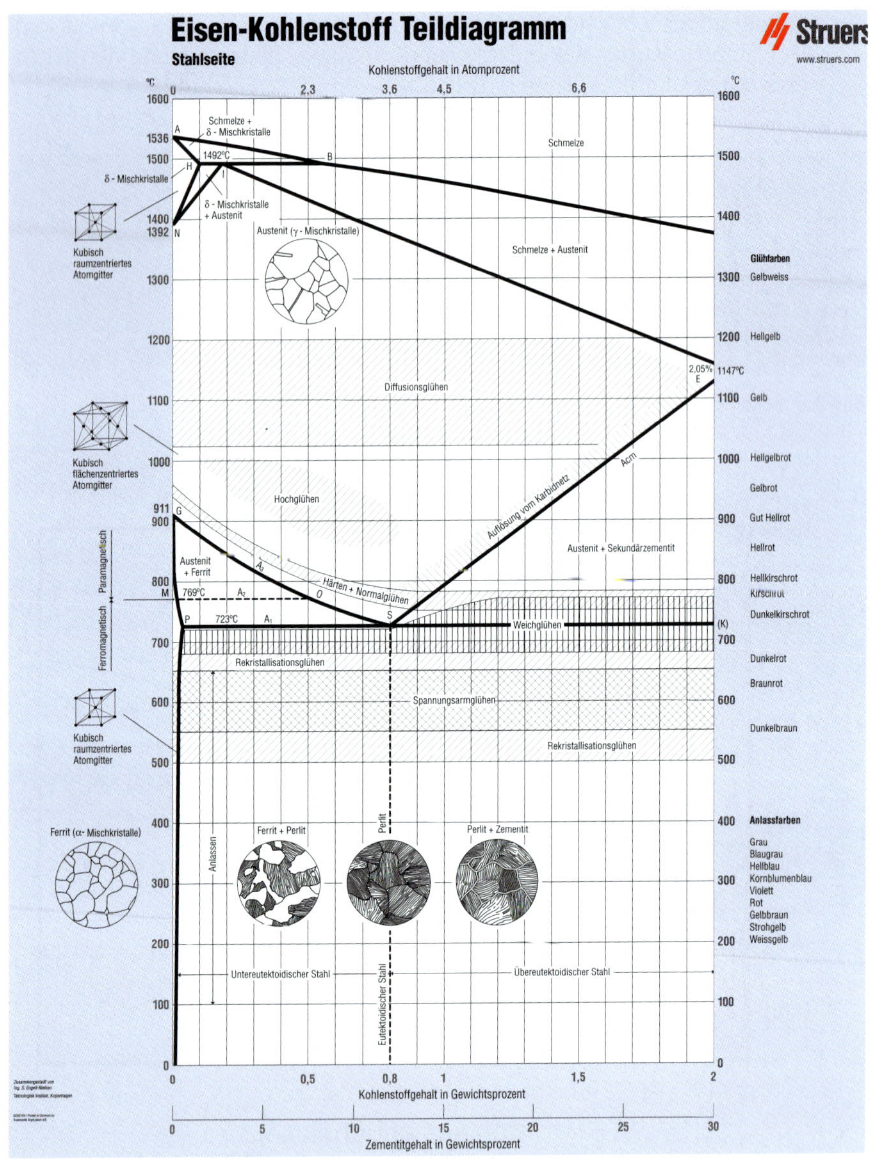

Bild 3.10: Eisen-Kohlenstoffdiagramm – Stahlseite (mit freundlicher Genehmigung der Fa. Struers)

- Tertiärzementit wird aus dem α-MK unterhalb 723°C ausgeschieden. Bei Kohlenstoffgehalten < 0,025% scheidet er sich an den Korngrenzen ab. Bei Legierungen mit C > 0,025% bis 0,8% (untereutektoid) kristallisiert er sich an den bereits vorhandenen Sekundärzementit an und ist lichtoptisch metallographisch nicht von diesem zu unterscheiden.

Die praktische Anwendung des Eisen-Kohlenstoffdiagramms wird an den nachfolgenden Beispielen für den Stahlbereich und den Gussstahlbereich erläutert.

Stahlbereich

Beispiel 1: Stahl mit C-Gehalt < 0,025%

Beim Abkühlen aus der Schmelze bildet sich zunächst bei Unterschreitung der Linie AB Delta-Ferrit (δ-MK) aus der Schmelze, der sich bei NH beginnend in Austenit (γ-MK) umwandelt. Die Umwandlung ist beim Schneiden der Linie NI vollständig abgeschlossen. Der Kohlenstoff ist vollständig im γ-MK gelöst. Bei Erreichen der Linie GO wandelt sich der Austenit in Ferrit (α-MK) um. Die Umwandlung ist beim Schneiden der Linie GP abgeschlossen. Der Kohlenstoff ist vollständig im α-MK gelöst. Unterhalb der Linie MO ist der Ferrit magnetisierbar. Beim weiteren Abkühlen beginnt die Löslichkeit des Kohlenstoffs im α-MK abzunehmen (Linie PQ), der ausgeschiedene Kohlenstoff bildet vorzugsweise an den Ferrit-Korngrenzen Tertiärzementit.

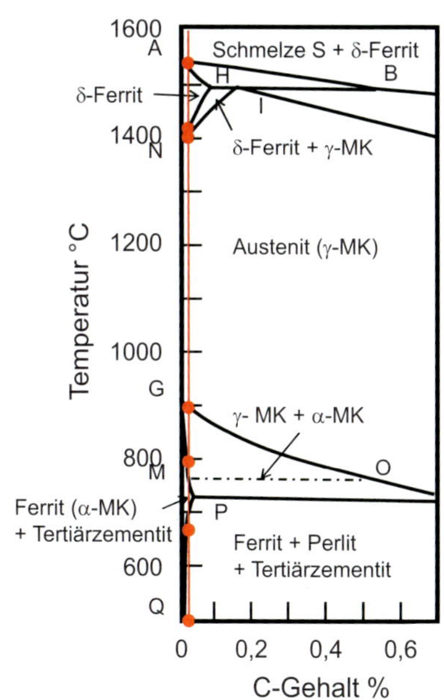

Bild 3.11: Ausschnitt Eisen-Kohlenstoff-Diagramm, Beispiel 1

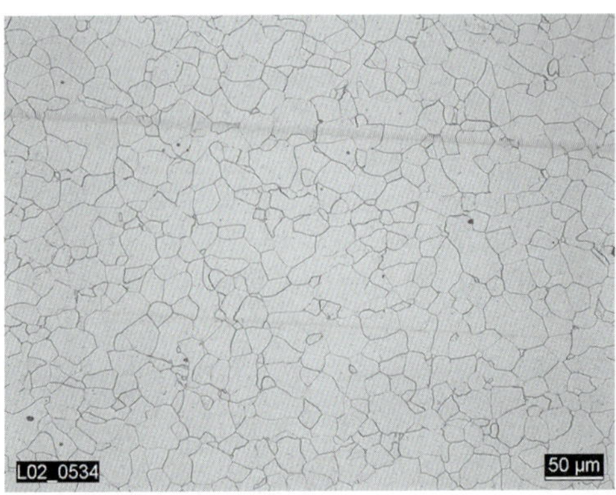

Bild 3.12: Gefüge kohlenstoffarmer Stahl – Beispiel 1: Ferrit; geätzt mit 3% alkoholischer HNO_3

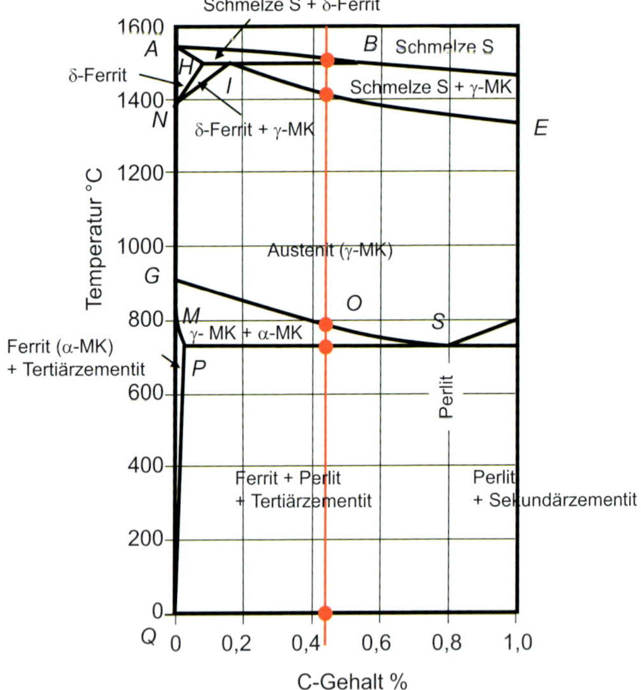

Bild 3.13: Ausschnitt Eisen-Kohlenstoff-Diagramm, Beispiel 2

Beispiel 2: Untereutektoider Stahl mit C = 0,45%

Beim Abkühlen aus der Schmelze bildet sich zunächst bei Unterschreitung der Linie AB Delta-Ferrit (δ-MK) aus der Schmelze, der sich wiederum unterhalb NH in Austenit (γ-MK) umwandelt. Die Umwandlung ist beim Schneiden der Linie IE vollständig abgeschlossen. Der Kohlenstoff ist vollständig im γ-MK gelöst. Bei Erreichen der Linie GO wandelt sich der Austenit in Ferrit (α-MK) um. Die Löslichkeit von C in α-MK nimmt längs der Linie GM zu und bei weiterer Abkühlung längs PQ ab. Der Kohlenstoff reichert sich längs der Linie OS im γ-MK an. Bei Erreichen des eutektoiden Punktes S wandelt der γ-MK in kohlenstoffarmes α-MK und Zementit Fe_3C um. Die Entstehung erfolgt schichtweise: es liegen Schichten aus Ferrit und Zementit in einer lamellaren Struktur vor. Beim weiteren Abkühlen – unterhalb der Linie PS – beginnt die Löslichkeit des Kohlenstoffs im α-MK abzunehmen (Linie PQ). Der ausgeschiedene Kohlenstoff bildet vorzugsweise an den Ferrit-Korngrenzen Tertiärzementit.

Im Schliffbild besteht das Gefüge aus hellen, globularen Ferrit-Körnern und Körnern mit einem streifigen Muster aus hellen Ferrit und dunklem Perlitlamellen, Bild 3.14.

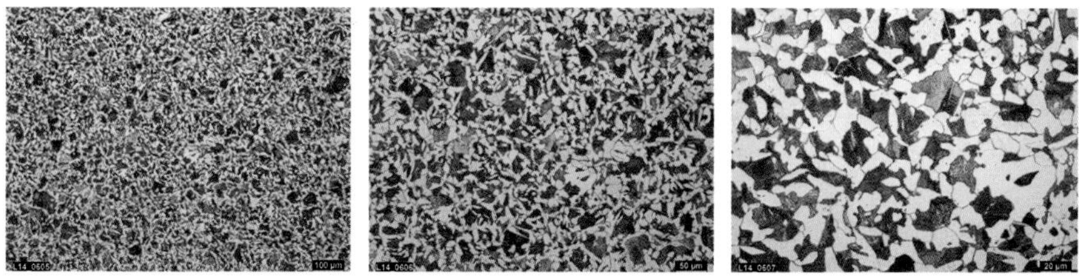

Bild 3.14: Perlitisch-ferritisches Gefüge eines C45; geätzt mit 3% alkoholischer HNO_3

Beispiel 3: Eutektoider Stahl mit C = 0,8%

Bei dieser Zusammensetzung weisen die γ-MK nach der Abkühlung aus dem schmelzflüssigen Zustand bereits die eutektoide Zusammensetzung auf. Eine Kohlenstoffdiffusion findet erst bei Erreichen des eutektoiden Punktes S statt: die γ-MK wandeln sich bei diesem Haltepunkt direkt in Perlit um. Das Gefüge eines Stahls mit 0,8% Kohlenstoff besteht bei langsamer Abkühlung zu 100% aus Perlit, d.h. die aus dem γ-MK gebildeten Ferritkörner sind mit Eisenkarbidlamellen durchzogen, Bild 3.15. Der bei weiterer Abkühlung entstehende Tertiärzementit (Kohlenstofflöslichkeit im Ferrit nimmt längs der Linie PQ ab) kristallisiert sich an die vorhandenen Zementitlamellen an.

Der Perlit enthält bei langsamer Abkühlung 0,8% Kohlenstoff. Über die Abschätzung des Flächenanteils Perlit lässt sich der Kohlenstoffgehalt von unlegierten Stählen ermitteln, bei 50% Flächenanteil Perlit ergibt sich ein Kohlenstoffgehalt von 0,4%, wie sich leicht anhand des Bildes 3.14 nachvollziehen lässt.

Bild 3.15: Perlitisches Gefüge eines C80; geätzt mit 3% alkoholischer HNO_3

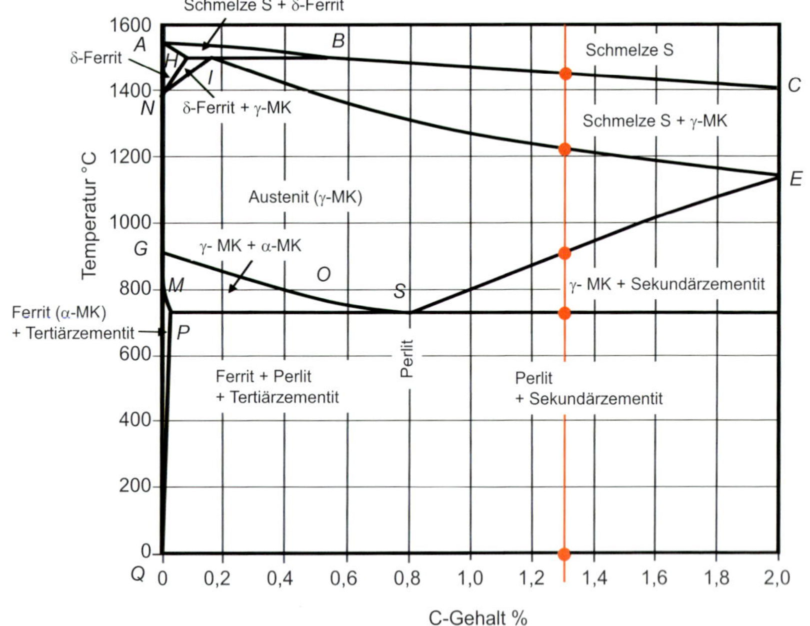

Bild 3.16: Ausschnitt Eisen-Kohlenstoff-Diagramm, Beispiel 4

Beispiel 4: Übereutektoider Stahl mit C = 1,3%

Beim Abkühlen aus der Schmelze bilden sich zunächst bei Unterschreitung der Linie ABC γ-MK aus der Schmelze. Die Umwandlung in den festen Zustand ist beim Schneiden der Linie IE vollständig abgeschlossen. Der Kohlenstoff ist vollständig im γ-MK gelöst. Bei Erreichen der Linie SE nimmt die Löslichkeit von C (längs der Linie SE) ab, Sekundärzementit wird an den Korngrenzen ausgeschieden. Bei Erreichen des eutektoiden Punktes S wandeln sich die noch vorhandenen γ-MK in kohlenstoffarme α-MK und Sekundärzementit Fe_3C = Perlit um. Beim weiteren Abkühlen scheidet sich der Kohlenstoff im α-MK (Löslichkeit nimmt längs der Linie PQ ab) vorzugsweise an den Ferrit-Korngrenzen als Tertiärzementit aus. Metallographisch ist der Tertiärzementit nicht als besonderer Gefügebestandteil erkennbar, weil er an den vorhandenen Zementit ankristallisiert. Das Gefüge eines übereutektoiden Stahls mit 1,3% Kohlenstoff besteht bei langsamer Abkühlung aus Perlit (lamellare schwarz-weiße Strukturen) und Sekundärzementit (helle Bereiche), Bild 3.17. Im Gegensatz zum untereutektoiden Stahl sind keine hellen Ferritkörner vorhanden.

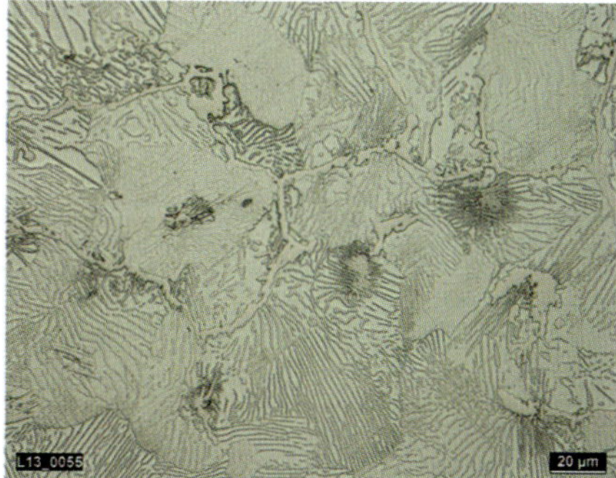

Bild 3.17: Perlitisches Gefüge mit Sekundärzementit eines C130, geätzt mit 3% alkoholischer HNO_3

Gusseisenbereich

Eisenlegierungen mit Kohlenstoffgehalten > 2% (Punkt E bzw. E′ in Bild 3.9) werden als Gusseisen bezeichnet. Sie sind wegen des großen Anteils der spröden Phasen C bzw. Fe_3C umformtechnisch nicht mehr bearbeitbar und werden durch den Gießvorgang in eine Bauteil- oder Halbzeugform gebracht. Sie werden deshalb als Gusseisen bezeichnet. Wie bereits bei der Vorstellung des Eisen-Kohlenstoffdiagramms, Bild 3.9, erwähnt, kann sich der Kohlenstoff als (helles)

Eisenkarbid Fe_3C (metastabiles System) oder als reiner Kohlenstoff = Graphit (stabiles System) beim Abkühlen aus dem schmelzflüssigen Zustand ausscheiden. Liegt der Kohlenstoff als Fe_3C vor, erscheint das Bruchbild weiß – man spricht von weißem Gusseisen. Liegt der Kohlenstoff als (dunkles) Graphit vor, erscheint das Bruchbild grau – man spricht von grauem Gusseisen.

Die Erstarrung im stabilen oder metastabilen System wird in der technischen Praxis über den Zusatz von Legierungselementen und die Beeinflussung der Abkühlgeschwindigkeit gesteuert. Zusätzlich können Gefügeveränderungen durch gezielte Wärmebehandlungen vorgenommen werden. In der Regel erfolgt die Erstarrung in zwei Stufen: der Beginn erfolgt zum Beispiel in der ersten Stufe „grau" oder „weiß". Die zweite Stufe ist der Temperatur unterhalb der eutektoiden Umwandlung zugeordnet. Erfolgt die Abkühlung im metastabilen „weißen" System erhält man eine perlitische Matrix, erfolgt die Abkühlung im stabilen „grauen" System erhält man eine ferritische Matrix mit Graphit.

Beispiel 5: Gusseisen mit Lamellengraphit mit 3% C

Gusseisen mit einem Kohlenstoffgehalt von rd. 3% (untereutektisches Gusseisen) beginnt, bei der Unterschreitung der Linie B-C′, primäre γ-MK in der

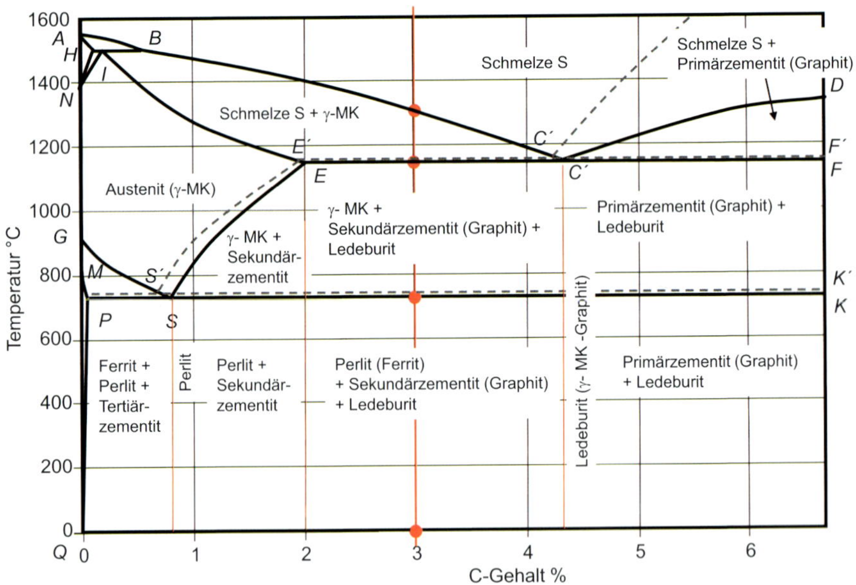

Bild 3.18: Zustandsschaubild Gusseisen, Beispiel 5

Bild 3.19: Gusseisen mit Lamellengraphit (GJL) – perlitische Matrix mit Ferritanteilen und Graphitlamellen, geätzt mit 3% alkoholischer HNO_3

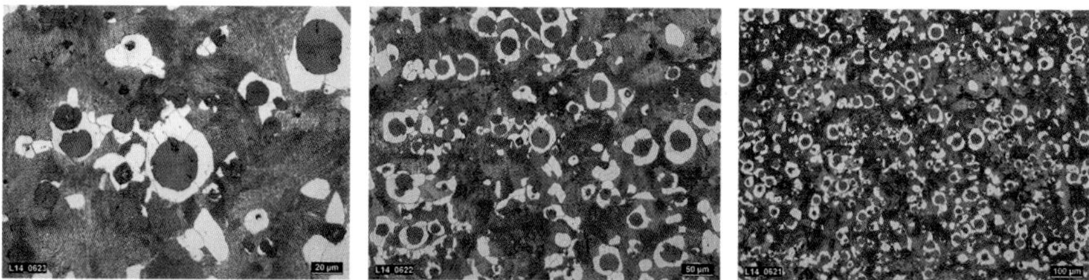

Bild 3.20: Gusseisen mit Kugelgraphit (GJS) – perlitische Matrix mit Ferrithöfen um den Kugelgraphit; geätzt mit 3% alkoholischer HNO_3

Schmelze zu bilden. Die Schmelze wird längs der Liquiduslinie mit Kohlenstoff angereichert und erreicht den eutektischen Punkt C′: Es bildet sich ein Austenit-Graphit-Eutektikum. Bei weiterer Abkühlung nimmt die Löslichkeit von Kohlenstoff im Austenit längs der Linie ES ab. Bei ausreichender Zeit scheidet sich (Sekundär)Graphit aus und kristallisiert an die Graphitkristalle des Eutektikums an. Bei Erreichen der eutektoiden Temperatur zerfällt der Austenit in Perlit (Ferrit + Sekundärzementit) im metastabilen System bzw. in Ferrit und Graphit im stabilen System. Der Graphit kristallisiert wieder an die vorhandenen Graphitlamellen an. Ein rein ferritisches Gefüge entsteht im Allgemeinen nicht, da die Graphitkristallisation mit sinkender Temperatur immer langsamer abläuft, sodass der Vorgang in das metastabile System umschlägt: es bildet sich Perlit als Grundmasse, die den Graphit umschließt, Bild 3.19. Die Ausbildung des Graphits als Lamelle oder Kugel wird durch eine Schmelzenbehandlung und Impfen mit geringen Mengen Magnesium, Cer oder Calcium kurz vor dem Abgießen erreicht, Bild 3.20.

Weitere mögliche Erscheinungsformen eines Gusseisengefüges sind in Bild 3.21 und Bild 3.22 dargestellt.

Bild 3.21: Gusseisen mit Lamellengraphit (GJL) – ferritische Matrix mit Graphitlamellen – stabile Erstarrung; geätzt mit 3% alkoholischer HNO_3

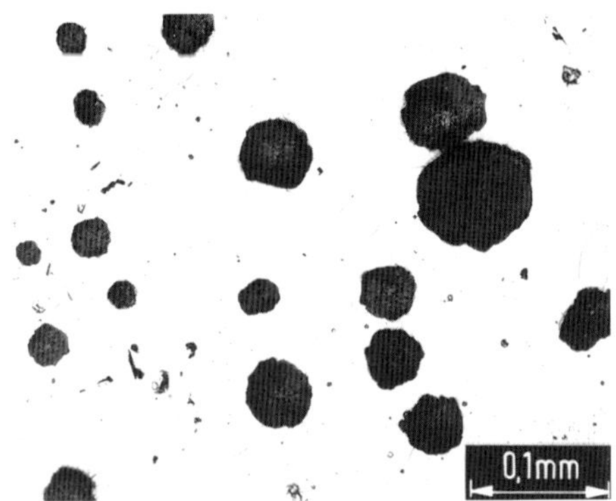

Bild 3.22: Gusseisen mit Kugelgraphit (GJS) – ferritische Matrix mit Kugelgraphit; geätzt mit 3% alkoholischer HNO_3

3.2.2.3 Zustandsdiagramme – Einfluss Abkühlgeschwindigkeit und Legierungselemente (Stahl)

Das bereits besprochene Eisen-Kohlenstoffdiagramm ist nur für langsame Abkühlung und für die Legierung Eisen und Kohlenstoff gültig. Bei Zugabe von Legierungselementen werden die Punkte, Linien und Felder verschoben.

Bei der *Wärmebehandlung* von Werkstoffen wird durch Einstellung und Halten einer bestimmten Temperatur bzw. durch Abkühlen mit einer bestimmten

Geschwindigkeit erreicht, dass sich besondere Gefügezustände einstellen, die von denen im Gleichgewichtszustand abweichen. Damit verbunden ist die Einstellung besonderer Eigenschaften. Mit der Erhöhung der Abkühlgeschwindigkeit wird die Diffusion von Atomen eines Legierungselementes im Gitter des Grundmetalls behindert, sodass mehr Fremdatome gelöst sind, als die Löslichkeit des Gleichgewichtszustandes eigentlich zulässt. Dadurch wird auch das Umwandlungsverhalten, d.h. die Umklappvorgänge von einem Gittertyp in den anderen massiv beeinflusst, sodass sich andere Gefügetypen, abweichend von denen des Gleichgewichtszustandes, einstellen. Diese Vorgänge können durch Erwärmen (Anlassen, Glühen) und danach langsames Abkühlen zum Teil oder vollständig rückgängig gemacht werden.

Bei Stahl können bei schroffer Abkühlung aus dem Austenitgebiet, die Kohlenstoffatome – wegen der kurzen Zeit bei erhöhter Temperatur – nicht mehr aus dem γ-Mischkristall diffundieren. Wird die Diffusion vollständig unterbunden, entsteht – bei Unterschreitung einer unter der eutektoiden Umwandlungstemperatur (A_1-Linie) liegenden Temperatur – Martensit. Das γ-Gitter klappt in das α-Gitter um, ohne dass die Kohlenstoffatome aus dem Gitter diffundieren. Durch den sich in Zwangslösung befindlichen Kohlenstoff wird das Gitter verspannt: Härte und Festigkeit steigen an, die Verformungsfähigkeit nimmt ab. Martensit ist im Gefüge als nadelige Struktur erkennbar, wobei die Ausprägung der Nadeln von der Legierungszusammensetzung beeinflusst wird, Bild 3.23 und 3.24. Es muss jedoch darauf hingewiesen werden, dass Bauteile mit martensitischen Gefügen im Normalfall angelassen werden, d.h. geglüht werden, um die Rissempfindlichkeit bzw. die Zähigkeit zu verbessern. Bei diesem Glühvorgang scheiden sich je nach Höhe der Anlasstemperatur Eisenkarbide aus, vgl. auch Abschnitt 3.5.1.5.

Wird die Abkühlgeschwindigkeit aus dem Austenitgebiet so eingestellt, dass die Diffusion der Kohlenstoffatome noch begrenzt erfolgen kann, entsteht das bainitische Gefüge. Bainit oder nach einer alten Bezeichnung „Zwischenstufe“ besteht wie Perlit, aus Ferrit und Zementit. Das metallographische Erscheinungsbild des Gefüges ist aber wegen der kurzen Diffusionswege der Kohlenstoffatome anders. Aus dem mit Kohlenstoff übersättigten Ferrit (α-Gitter), der sich nadelförmig im Austenitkorn bildet, scheiden sich Zementitkristalle aus. Bainit hat lichtoptisch betrachtet eine ähnlich nadelige Struktur wie Martensit. Die Kohlenstoffübersättigung ist im bainitischen Ferrit geringer als im Martensit.

Das bei höheren Temperaturen sich bildende Bainitgefüge, enthält noch lichtoptisch erkennbare Karbidausscheidungen an und in den Bainitnadeln und wird als „oberer“ Bainit bezeichnet, Bild 3.25. In dem bei tieferen Temperaturen sich bildenden Bainitgefüge scheiden sich die Karbide wegen der geringen Diffusion unvollständig und in feinster, nur elektronenoptisch auflösbarer

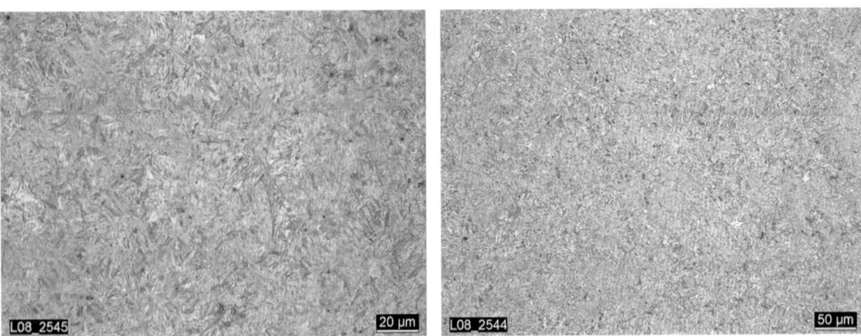

Bild 3.23: Martensitisches Gefüge eines C60; geätzt mit 3% alkoholischer HNO_3

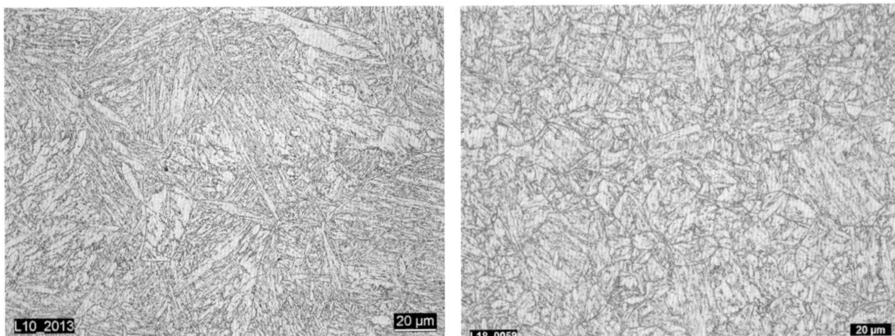

Bild 3.24: Martensitisches Gefüge eines 12% Cr-Stahles (links) und eines 9% Cr-Stahles (rechts); geätzt mit Pikrin-Salzsäure

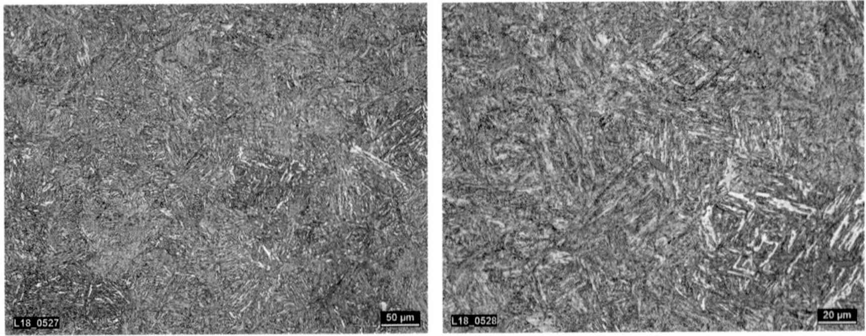

Bild 3.25: Bainitisches Gefüge eines 40CrMnMoS8-6; geätzt mit 3% alkoholischer HNO_3

Verteilung aus. Zementitteilchen und Bainitnadeln stehen in einem bestimmten Winkel zueinander. Dieses Gefüge wird als „unterer" Bainit bezeichnet

Der Einfluss der Abkühlgeschwindigkeit auf das sich ausbildende Gefüge des Stahls wird durch das

ZTU-Schaubild (**Z**eit-**T**emperatur-**U**mwandlungsschaubild)

beschrieben. Je nach Darstellung unterscheidet man zwischen dem Schaubild für isotherme (Bild 3.26) und dem für kontinuierliche (Bild 3.29) Umwandlung. Das Zustandsschaubild für isotherme Umwandlung beschreibt die Vorgänge bei Halten einer Temperatur (nach vorausgegangener rascher Abkühlung). Wird hingegen kontinuierlich abgekühlt, müssen die Umwandlungsvorgänge dem Schaubild für kontinuierliche Abkühlung entnommen werden.

Für die gebräuchlichen Stähle sind ZTU-Diagramme vorhanden (z.B. im Atlas zur Wärmebehandlung der Stähle, Verlag Stahleisen, Düsseldorf). Mit Hilfe der Diagramme kann das Gefüge für eine vorgegebene Wärmebehandlung eines bestimmten Stahls ermittelt werden.

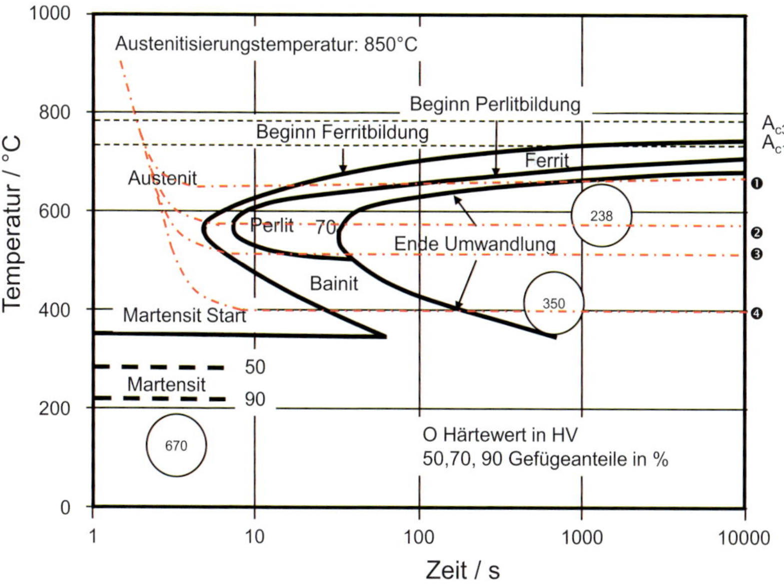

Bild 3.26: Schematisches isothermes Zeit-Temperatur-Umwandlungsschaubild für einen unlegierten, untereutektoiden Stahl

Für Wärmebehandlungen bei denen die Temperatur über einen bestimmten Zeitbereich konstant gehalten wird, wird das isotherme ZTU-Diagramm verwendet.

In Bild 3.26 sind die Auswirkungen einer Glühung auf die Gefügeausbildung für einen unlegierten, untereutektoiden Stahl exemplarisch dargestellt. Rasche Abkühlung aus dem Austenitgebiet und Halten bei rd. 650°C führt dazu (Kurve ❶), dass sich zunächst nach rd. 12 s Ferrit und nach rd. 100 s ein grobstreifiger Perlit mit ungefähr gleichen Flächenanteilen bildet, Beispiel Bild 3.14. Die Umwandlung ist nach rd. 1000 s abgeschlossen. Wird die Temperatur bei 575°C (Kurve ❷) gehalten, ist der Ferritanteil geringer (30%) und Perlit erscheint feinstreifiger, Bild 3.27. Dies ist auf die Unterkühlung des Austenits und die wegen der tieferen Temperatur langsamere Diffusionsgeschwindigkeit des Kohlenstoffs, d.h. die kürzeren Diffusionswege zurückzuführen. Bei dieser Temperatur setzt der Umwandlungsvorgang bereits nach rd. 4 s ein und ist nach rd. 40 s abgeschlossen. Kurve ❸ zeigt die Umwandlungsvorgänge bei einer Haltetemperatur von 520°C: die Umwandlung beginnt nach rd. 8 s. Es bildet sich Bainit und sehr feinstreifiger Perlit mit geringen Anteilen von Ferrit, Bild 3.28. Die Umwandlung ist nach rd. 40 s abgeschlossen. Kurve ❹ zeigt die Umwandlung in der Bainitstufe: die Diffusionsgeschwindigkeit bei rd. 400°C ist stark herabgesetzt, die Umwandlung beginnt nach ca. 30 s und ist nach rd. 200 s abgeschlossen. Das Gefüge besteht zu 100% aus Bainit, wegen der herabgesetzten Diffusionsgeschwindigkeit des Kohlenstoffs hat sich kein Perlit mehr gebildet, Beispiel Bild 3.25.

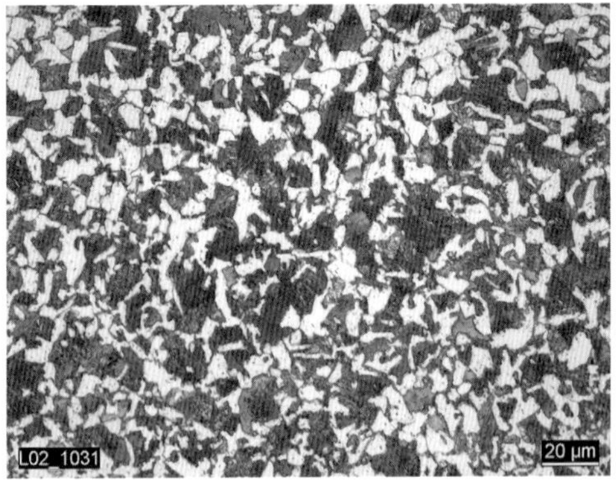

Bild 3.27: Gefüge nach Umwandlung Kurve ❷, 30% Ferrit und 70% Perlit; Werkstoff C45 (geätzt mit 3% alkoholischer HNO_3)

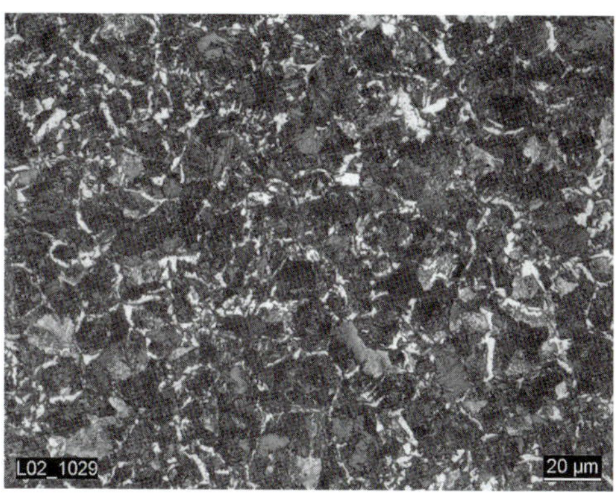

Bild 3.28: Gefüge nach Umwandlung Kurve ❸, 40% Bainit und 45% Perlit und 15% Ferrit; Werkstoff C45 (geätzt mit 3% alkoholischer HNO_3)

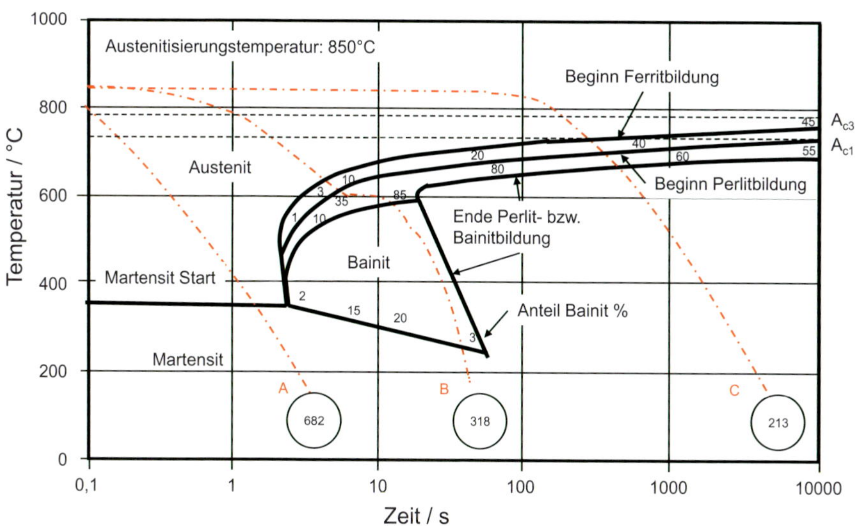

Bild 3.29: Schematisches kontinuierliches Zeit-Temperatur-Umwandlungsschaubild für einen unlegierten, untereutektoiden Stahl

Für die Gefügeanalyse hilfreich ist die Angabe von Härtewerten: in dem schematischen ZTU Bild weist das ferritisch-perlitische Gefüge im Übergang zum bainitischen Zustand eine Härte 238HV auf, der vollbainitische Zustand eine Härte von 350HV auf.

Die Auswirkungen von unterschiedlichen Abkühlgeschwindigkeiten auf die Gefügeausbildung eines unlegierten, untereutektoiden Stahl, vgl. Bild 3.29, sind nachfolgend zusammengestellt. Unterschiedliche Abkühlgeschwindigkeiten treten an einem Bauteil, z.B. bei örtlicher Erwärmung (Schweißen) oder bei ungleichmäßigen Wanddicken auf. Bei sehr rascher Abkühlung von der Austenitisierungstemperatur gemäß Kurve A erfolgt die Umwandlung in Martensit mit einer Härte von 682HV. Bei langsamer Abkühlung nach Kurve B wandelt sich der Austenit nacheinander um in: Ferrit (10%), Perlit (85%), Bainit (3%) und Martensit (2%). Bei noch langsamerer Abkühlung nach Kurve C erhält man 30% Ferrit und 70% Perlit. Der Gleichgewichtszustand nach dem Eisen-Kohlenstoffdiagramm wird am rechten Rand des Diagramms angezeigt mit 45% Ferrit und 55% Perlit.

3.2.2.4 Phasendiagramm – Aluminiumlegierungen

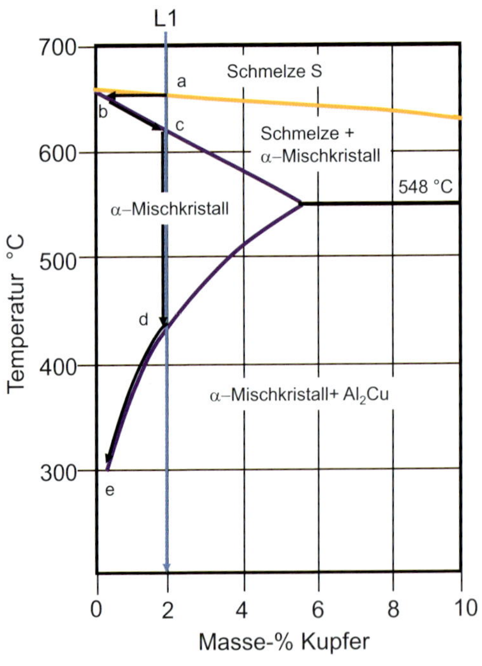

Bild 3.30: Phasendiagramm Aluminium – Kupfer

Bei Aluminiumlegierungen können durch Ausscheidungen Aushärtungseffekte erzielt werden. Im Gegensatz zu Stahl finden jedoch keine Phasenumwandlungen statt. Ein dem Stahl vergleichbares ZTU-Diagramm gibt es für Al-Legierungen nicht. Die Härtungseffekte können mit dem Phasendiagramm erklärt werden. Aus dem Phasendiagramm, Bild 3.30, geht hervor, dass die Legierung L1 bei Raumtemperatur und langsamer Abkühlung aus α-Mischkristallen, die sich aus der Schmelze bilden (a – b – c), und der Phase Al_2Cu besteht. Diese scheiden sich während der Abkühlung d – e aus dem α-Mischkristall aus. Bei schneller Abkühlung aus dem α-Mischkristallbereich bleibt das Kupfer in übersättigter Lösung im α-Mischkristall. Die Ausscheidung von Kupfer aus dem übersättigten α-Mischkristall kann sowohl bei Raumtemperatur (Kaltaushärten) als auch bei erhöhten Temperaturen (Warmaushärten) erfolgen. Je nach Zeitdauer ergibt sich eine Steigerung der Härte bzw. der Festigkeit. Aushärtbare Al-Cu Legierungen werden mit Silizium, Zink oder Magnesium/Silizium legiert. Damit lassen sich verbesserte Festigkeitswerte bei verkürzten Auslagerungszeiten erzielen. Der Werkstoff- bzw. Aushärtungszustand einer Aluminiumlegierung wird mit einem Buchstaben und einer Zahl angegeben, vgl. DIN EN 573-1:2004.

Die sich bei einer Kalt- bzw. Warmaushärtung einstellenden Ausscheidungszustände sind nur begrenzt mit dem Lichtmikroskop im metallographischen Schliff erkennbar, Tabelle 3.3.

Tabelle 3.3: Darstellung der Ausscheidungshärtung bei AlMgCu bzw. AlZnMg(Cu) Legierungen

	Cluster	Guinier-Preston Zone I	Guinier-Preston Zone II	Θ'; η' Phase (AlMgCu; AlZnMg(Cu)	Θ; η Phase (AlMgCu; AlZnMg(Cu)
Kaltaushärten	■	■			
Warmaushärten	▒	▒	▒	▒	▒
	Wolkenförmige Anhäufung Legierungselement	Plättchenförmige Ausscheidungen: 1 Atomlage dick; wenige Nanometer Durchmesser; *kohärent*	Plättchenförmige Ausscheidungen: mehrere Atomlagen dick, wenige Nanometer Durchmesser; kohärent	Plättchenförmige bzw. kugelförmige Ausscheidungen: mehrere Atomlagen dick, rd. 200 Nanometer Durchmesser; teilkohärent	Ausscheidung der (stäbchenförmigen) Gleichgewichtsphase Al_2Cu; $MgZn_2$ bzw. $(Al, Zn)_{49}Mg_{32}$; inkohärent
Metallographische Erkennbarkeit			TEM	TEM/REM	TEM/REM LiMi: wenn Größe im Bereich µm
Technische Auswirkung	Aushärtung: zunehmende Festigkeitssteigerung			Überhärtung/überaltert: abnehmende Festigkeit	
TEM: Transelektronenmikroskop; REM: Rasterelektronenmikroskop; LiMi: Lichtmikroskop					

3.2.2.5 Thermodynamische Phasenberechnung

Mit Hilfe thermodynamischer Berechnungen können Phasendiagramme von mehrkomponentigen Legierungssystemen erstellt werden, d.h. die sich bildenden Ausscheidungen und Phasen einer Legierung bei unterschiedlichen Temperaturen berechnet werden. Sie basieren auf experimentell ermittelten Datenbanken für spezifische Werkstoffe.

Tipps für die Anwendung

Stahl:

Zeit-Temperatur-Umwandlungsschaubilder werden zur Bestimmung des Gefüges (Phasen, Phasenanteile und Härte) herangezogen. Voraussetzung ist, dass ein Schaubild für den jeweiligen Stahl vorliegt und der Abkühlverlauf des Bauteils bekannt ist. Die Abkühlung muss aus dem vollaustenitisiertem Zustand erfolgen.

Längere Haltezeiten bei Temperaturen > Austenitisierungstemperatur führen zu Unsicherheiten wegen des damit verbundenen Wachstums des Austenitkorns.

Anlasseffekte werden im ZTU Diagramm nicht berücksichtigt: die Härtewerte liegen unterhalb der Angaben des ZTU Schaubilds. Ausscheidungen von Karbiden bzw. Nitriden aus dem Martensit/Bainit können nur in besonderen Zeit-Temperatur-Ausscheidungsdiagrammen erfasst werden.

Aluminiumlegierungen:

Gefüge sind aus Phasendiagrammen ableitbar.

Bei schnellem Abkühlen aus einem Bereich einer homogenen Phase und anschließendem Auslagern (kalt, warm) stellen sich aufgrund der sehr feinen, lichtoptisch nicht erkennbaren Ausscheidungen der Fremd- bzw. Legierungsatome Festigkeitssteigerungen ein. Bei lichtoptisch erkennbaren Ausscheidungen liegt vermutlich eine Überhärtung/Überalterung vor.

Bei Wärmebehandlungen stellen sich keine Phasenumwandlungen ein. Das sich ausbildende Gefüge kann nur im schmelzflüssigen Zustand oder bei der Erstarrung beeinflusst werden, z.B. im Rahmen einer Kornfeinung über den Zusatz von z.B. Natrium, Strontium oder Phosphor.

3.2.3 Bestimmung der Korngröße

Die Korngröße und -verteilung beeinflussen die Werkstoffeigenschaften, z.B.:

- die Festigkeit nimmt mit kleinerem Korn zu
- die Verformungsfähigkeit nimmt mit kleinerem Korn zu
- die Beständigkeit gegen bestimmte Formen der Korrosion nimmt mit kleinerem Korn zu
- bei kleinen Korngrößen ist die Richtungsabhängigkeit der Eigenschaften weniger ausgeprägt (Isotropie)
- bei kleiner Korngröße liegt eine bessere Verteilung der Verunreinigungen vor
- die Zerspanbarkeit nimmt mit größer werdendem Korn zu
- bestimmte elektrische Eigenschaften werden beeinflusst, z.B. nimmt die Koerzitivkraft mit größer werdendem Korn ab
- Die (Ein)Härtbarkeit wird von der ungleichmäßigen Verteilung des Kohlenstoffs bei nicht gleichmäßiger Korngröße beeinflusst.

Aus diesem Grund ist die Qualitätskontrolle zur Ermittlung der Korngröße von technischer Bedeutung und wird in vielen Normen und Spezifikationen vorgeschrieben.

Die Möglichkeiten der Korngrößenbestimmung ergeben sich z.B. für:

- Stähle: Mikrophotographische Bestimmung der erkennbaren Korngröße (DIN EN ISO 643:2013)
- Kupfer und Kupferlegierungen – Bestimmen der mittleren Korngröße (ISO 2624:1990); Deutsche Fassung EN ISO 2624:1995.

Die Grundlage für die ordnungsgemäße Bestimmung ist die Anfertigung eines Schliffes mit ausreichender Kontrastierung. Da die Korngröße auch von der Lage bzw. Orientierung im Bauteil abhängen kann, ist auf eine repräsentative Entnahmestelle zu achten. Ziel der Präparation ist die Sichtbarmachung der Körner bzw. Korngrenzen. Dazu sind die passenden Ätzmittel zu verwenden. Dies gilt besonders für zweiphasige Gefüge. Entsprechende Hinweise finden sich im Abschnitt 8 bzw. in der DIN ISO EN 643:2012.

Nach der DIN ISO EN 643:2013 wird die Korngröße durch mikrophotographische Untersuchung einer Schnittfläche der Probe bestimmt, die nach einem der Stahlsorte und dem Ziel der Untersuchung entsprechenden Verfahren vorbereitet wurde.

Die Korngrößen-Kennzahl ist eine Zahl G, die positiv, Null oder möglicherweise negativ ist und aus der mittleren Anzahl m der Körner bestimmt wird, die auf 1 mm^2 Querschnittsfläche der Probe gezählt werden:

$$m = 8 \times 2^G$$

Bei 16 Körnern auf 1 mm^2, ergibt sich G = 1.

Die Kennzahl wird üblicherweise durch einen Vergleich mit genormten Bildreihentafeln (siehe Anhang B der DIN ISO EN 643:2013) zur Bestimmung der Korngröße ermittelt.

Alternativ kann eine Zählung der mittleren Anzahl von Körner je Flächeneinheit erfolgen. Hierzu wird ein Kreis mit 79,8 mm Durchmesser (Fläche 5000 mm²) auf eine Mikrogefügeaufnahme oder ein auf der Mattscheibe des Mikroskops erkennbares Beobachtungsfeld aufgezeichnet oder aufgelegt, Beispiel Bild 3.31. Die Vergrößerung ist im Regelfall 100fach. Wenn andere Vergrößerungen verwendet werden, muss dies in der Berechnung berücksichtigt werden. Alternativ kann die Auszählung auch über ein Rechteck erfolgen.

Es werden zwei Zählungen durchgeführt: n_1 ist die Anzahl Körner, die vollständig innerhalb des Prüfkreises liegen, während n_2 die Anzahl der Körner ist, die vom Prüfkreis bzw. den Seitenkanten geschnitten wird. Aus der ermittelten Anzahl der Körner lässt sich anhand der Tabelle C1.1 in der DIN EN ISO 643:2013 die Korngrößenzahl bestimmen.

Die mit Hilfe der Auszählung ermittelte Korngröße enthält verfahrensbedingte Messabweichungen und wird durch die Erkennbarkeit der einzelnen Körner und damit durch die Präparation beeinflusst.

Bei der Ermittlung der Korngröße nach dem Linienschnitt-Verfahren wird auf einem Projektionsschirm, einem Rasternetz, einem Monitor oder einer Mikrogefügeaufnahme, Beispiel Bild 3.32, einer für das Bauteil repräsentativen Probe bei einer bekannten Vergrößerung g, die Anzahl der Schnittpunkte gezählt, die zwischen einer Messlinie bekannter Länge mit den Körnern N oder mit den Korngrenzen P auftreten. Die Messlinie kann geradlinig oder kreisförmig sein. Die Vergrößerung muss so ausgewählt werden, dass mindestens 50 Schnittpunkte in einem Beobachtungsfeld gezählt werden. Es müssen mindestens fünf zufällig ausgewählte Beobachtungsfelder mit einer Gesamtanzahl von mindestens 250 Schnittpunkten ausgewertet werden.

Ermittelt wird die mittlere Anzahl Schnittpunkte der Körner je Längeneinheit der Messlinie bzw. die mittlere Anzahl Schnittpunkte der Korngrenzen je Längeneinheit der Messlinie. Aus diesen Werten lassen sich aus der Tabelle C.1 in der DIN EN ISO 643:2013 die Korngrößenzahl bestimmen.

Der Zusammenhang zwischen G(EN 643) und der Korngröße nach ASTM G(ASTM) ist wie folgt:

$$G(ASTM) - G(EN\ 643) = 0{,}0458$$

Wie bereits eingangs erwähnt, ist die deutliche Erkennung der Körner bzw. Korngrenzen die Voraussetzung für eine zuverlässige Korngrößenbestimmung. Im Abschnitt 8 bzw. in der DIN EN ISO 643:2013 finden sich Hinweise für die Vorgehensweise bzw. Ätzung bei komplexeren Gefüge. Nachfolgend werden zwei Verfahren aus dem Abschnitt 8 erläutert.

Bild 3.31: Ermittlung mit der Methode der Auszählung

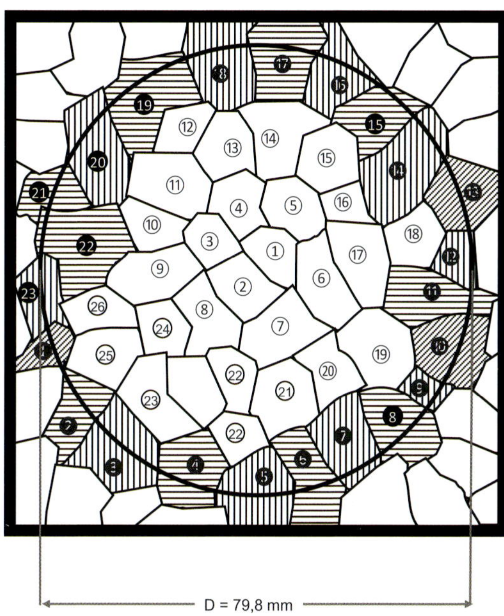

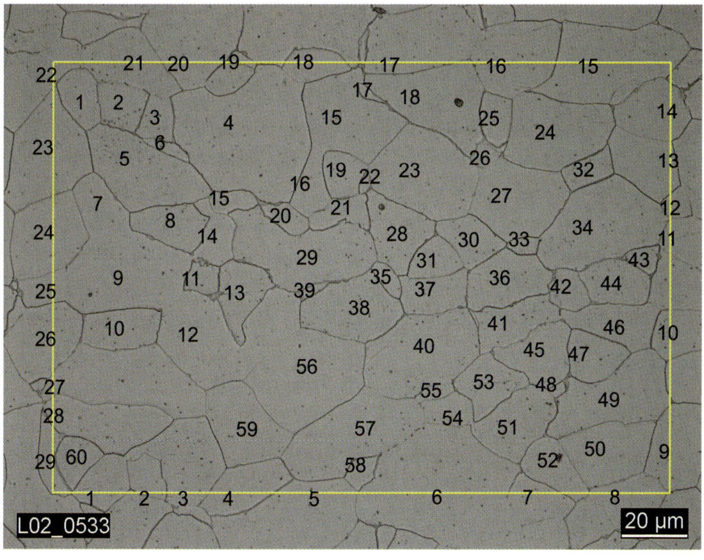

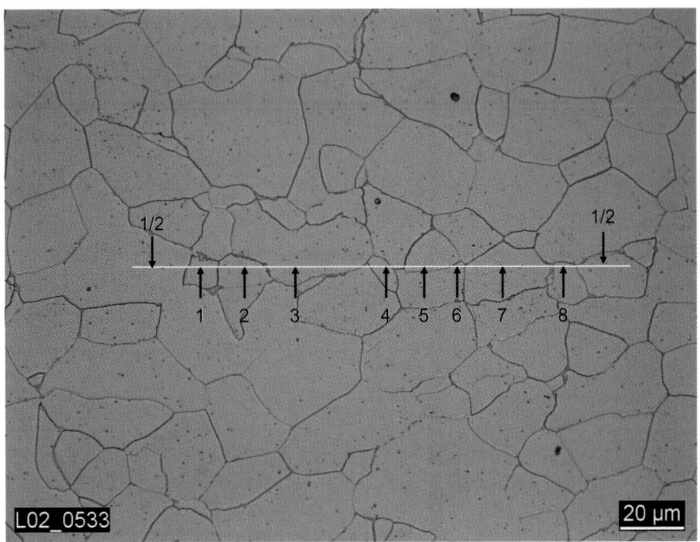

Bild 3.32: Linienschnittverfahren

Die Bechet-Beaujard Ätzung macht die ehemaligen Austenitkörner sichtbar, die nach einer Wärmebehandlung schwieriger zu erkennen sind. Sie ist auf martensitische oder bainitische Gefüge anwendbar. Um eine effektive Ätzung zu erzielen, muss jedoch ein Mindestgehalt von 0,005% P vorliegen. Für andere Gefügearten ist eine zusätzliche Wärmebehandlung der Probe erforderlich. Falls die Bedingungen zur Behandlung der Probe in der Produktnorm nicht angegeben werden und keine gegenteiligen Festlegungen getroffen wurden, müssen für wärmebehandelte unlegierte Baustähle und niedrig legierte Stähle folgende Bedingungen angewendet werden:

- 1,5 h bei (850 ± 10)°C für Stähle mit einem Kohlenstoffgehalt größer als 0,35%,
- 1,5 h bei (880 ± 10)°C für Stähle mit einem Kohlenstoffgehalt kleiner als oder gleich 0,35%.

Nach dieser Behandlung muss die Probe in Wasser oder Öl abgeschreckt werden.

Nach der Wärmebehandlung muss die Probe neu poliert werden. Danach wird über eine geeignete Dauer mit gesättigter wässriger Pikrinsäurelösung geätzt, die mindestens 0,5% Natriumalkylsulfonat oder ein anderes Entspannungsmittel enthält. Die Ätzdauer kann wenige Minuten bis mehr als eine Stunde betragen.

Eine Erwärmung der Lösung auf 60°C kann die Ätzwirkung verbessern und die Ätzdauer abkürzen. Die Ätzwirkung ist unter dem Mikroskop kontinuierlich zu überprüfen.

Zur Verstärkung des Kontrastes zwischen den Korngrenzen und der Grundmasse der Probe ist es mitunter notwendig, das Ätzen und Polieren einmal oder mehrere Male zu wiederholen. Proben aus durchgehärtetem Stahl dürfen vor der Auswahl angelassen werden.

Das über die zusätzliche Wärmebehandlung eingestellte Gefüge darf nicht für die eigentliche Gefügebeurteilung des Bauteils herangezogen werden. Diese sollte vor der Wärmebehandlung erfolgen.

Ein Beispiel einer Bechet-Beaujard Ätzung zeigt Bild 3.33.

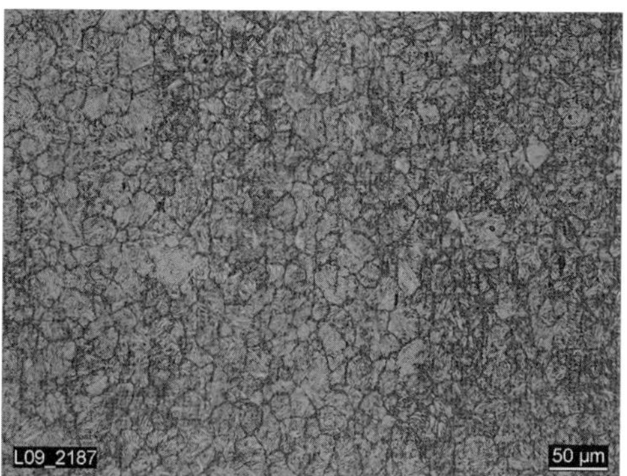

Bild 3.33: Bechet-Beaujard Ätzung; X3CrNiMo13-4

Beim Verfahren nach „Kohn“ wird durch eine kontrollierte Oxidation der polierten Schliffläche das austenitische Korngefüge durch eine selektive Oxidation der Korngrenzen erkennbar. Die polierte Fläche der Probe darf – mit Ausnahme des Oxidnetzes, das sich auf den Korngrenzen bildet – keine Oxidspuren aufweisen. Die polierte oder mit Vilella geätzte Probe wird in einen Wärmeschrank gebracht, in dem entweder ein Vakuum von 1 Pa vorhanden ist oder ein inertes Gas umläuft (z.B. gereinigtes Argon). Die Probe wird nach dem vom Käufer oder in der Internationalen Produktnorm festgelegten Austenitisierungsverfahren wärmebehandelt. Nach Abschluss der festgelegten Erwärmungsdauer muss über eine Dauer von 10 s bis 15 s Luft in den Wärmeschrank eingeleitet werden. Danach wird die Probe in Wasser abgeschreckt. Die Probe kann im Allgemeinen direkt unter einem Mikroskop untersucht werden. Bei erfolgreicher Durchführung sollten an den Korngrenzen keine Oxidkügelchen auftreten. Eine Schrägbeleuchtung oder DIC-Verfahren (englisch: Differential Interference Contrast) kann helfen, die Grenzen durch Kontrast besser erkennbar zu machen.

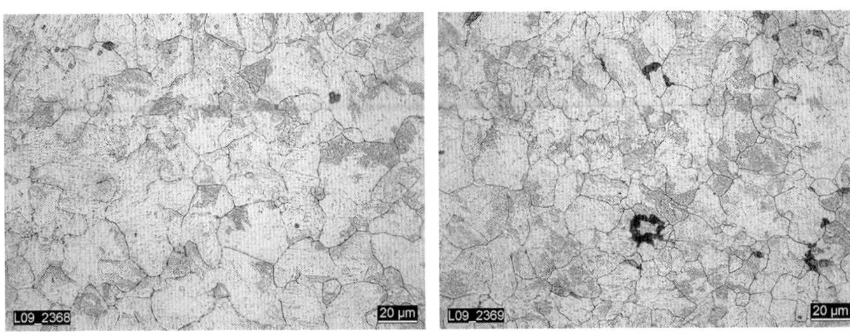

Bild 3.34: Verfahren nach Kohn zur Sichtbarmachung der Austenitkorngrenzen; 14CrMoV6-9 bei 940°C geglüht

Ein Beispiel ist in Bild 3.34 zu sehen.
Weitere Verfahren z.B. für Einsatzstähle, können der Norm entnommen werden.

> **Tipps für die Anwendung**
>
> Die Ermittlung von Korngrößen ist bei Werkstoffen, die ein Umwandlungsgefüge aufweisen mit Schwierigkeiten verbunden, wenn sich die Primärkörner, d.h. die Körner, die vor der Umwandlung vorhanden waren, nicht abbilden und mit besonderen Verfahren dargestellt werden müssen.
>
> Bei Werkstoffen mit einer unregelmäßigen Verteilung von Korngrößen ist die Angabe einer mittleren Korngröße nicht zutreffend.
>
> Der Unterschied zwischen der Korngröße nach ASTM A112 und ISO 643 ist in der Praxis zu vernachlässigen.
>
> Bei Stählen werden Korngrößen ≤ 3 als Grobkorn, zwischen 4 und 6 als mittlere Korngröße und ≥ 7 als Feinkorn bezeichnet.

3.2.4 Zusammenfassung Grundlagen Gefügeanalyse

Aus den Zustandsdiagrammen lassen sich für bekannte Werkstofftypen die ordnungsgemäßen Gefügezustände ableiten, wenn die Abkühlungsbedingungen bzw. die Wärmbehandlung bekannt sind.

Bei unlegierten Stählen mit langsamer Abkühlung kann das Gefüge im Gleichgewichtszustand nach langsamer Abkühlung direkt aus dem Eisen-Kohlenstoffdiagramm abgelesen werden, wenn der Kohlenstoffgehalt bekannt ist. Die möglichen Gefügezustände sind in Tabelle 3.4 aufgeführt.

Tabelle 3.4: Gefügezustände nach dem Eisen-Kohlenstoffdiagramm

C < 0,025%	0,025 < C < 0,8%	C = 0,8%	0,8 < C < 2,03%
Ferrit + Tertiärzementit Bild 3.12	Ferrit + Perlit + Tertiärzementit (+ Tertiärzementit*) Bild 3.14	Perlit (+ Tertiärzementit*) Bild 3.15	Perlit + Sekundärzementit (+ Tertiärzementit*) Bild 3.17

* kristallisiert an vorhandenen Fe_3C an, metallographisch lichtoptisch nicht erkennbar

Über den im Schliff erkennbaren Flächenanteil Perlit ist eine Abschätzung des Kohlenstoffgehalts möglich, siehe Abschnitt 3.2.2, *Stahlbereich*, Beispiel 3.

Wenn die Bedingungen des Eisen-Kohlenstoffdiagramms wegen der Zugabe von Legierungselementen und bei einer schnelleren Abkühlung nicht eingehalten werden, kann die Gefügebestimmung anhand von Zeit-Temperaturschaubilder erfolgen.

Voraussetzung ist, dass für die betreffende Stahlsorte ein solches spezifisches ZTU-Schaubild zur Verfügung steht und die Abkühlbedingungen bzw. Wärmebehandlungsbedingungen bekannt und mit denen im ZTU-Schaubild kompatibel sind.

Bei legierten, umwandlungsfähigen (ferritischen) Stählen bzw. unlegierten Stählen mit einem ausreichenden Kohlenstoffgehalt können die in Tabelle 3.5 genannte Gefügezustände auftreten.

Tabelle 3.5: Gefügezustände nach dem ZTU-Schaubild

Sehr langsame Abkühlungsgeschwindigkeit	Langsame bis mittlere Abkühlungsgeschwindigkeit	Mittlere bis schnelle Abkühlungsgeschwindigkeit	Schnelle Abkühlungsgeschwindigkeit
Ferrit + Perlit Bild 3.35	Bainit + Perlit + Ferrit Bild 3.36	Bainit + Martensit Bild 3.37	Martensit (+ Restaustenit)* Bild 3.38; Bild 3.39

* Martensitbildung bei Raumtemperatur noch nicht abgeschlossen (legierungsabhängig)

Die Ausbildung von Restaustenit ist eine Folge der Unterkühlung des Stahls, sodass die Umklappvorgänge Austenit → Ferrit bzw. Martensit nicht abgeschlossen werden können und Austenitanteile im Gefüge nach der Abkühlung vorliegen. Restaustenit bildet sich, wenn das Ende der Martensitbildung beim Abkühlen bei Stählen mit erhöhtem Kohlenstoffgehalt (> 0,6%) nicht erreicht

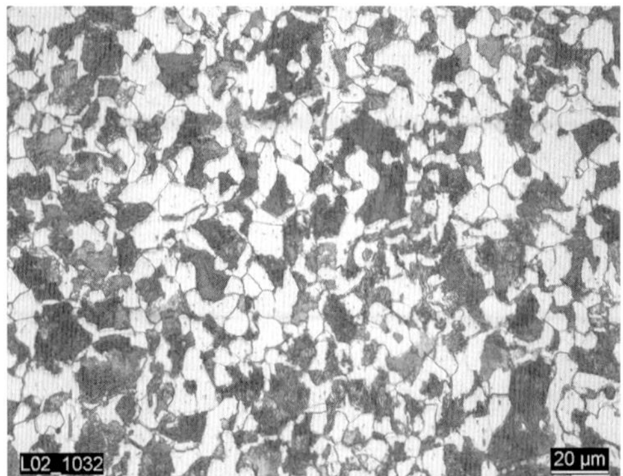

Bild 3.35: Gefügeausbildung eines C45 bei sehr langsamer Abkühlgeschwindigkeit nach Austenitisierung: Gefüge aus Ferrit – Perlit

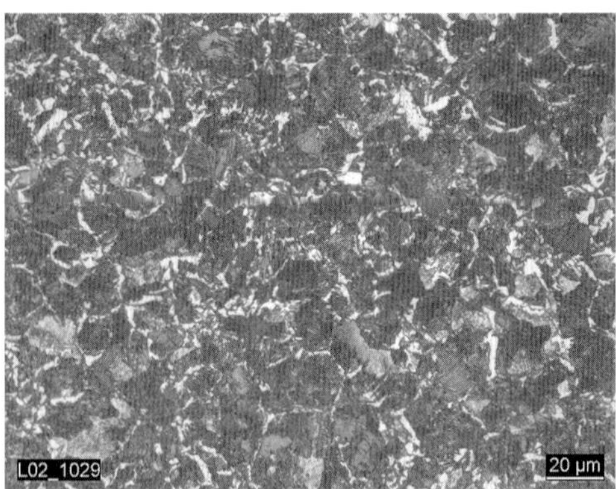

Bild 3.36: Gefügeausbildung eines C45 bei langsamer bis mittlerer Abkühlgeschwindigkeit nach Austenitisierung: Gefüge aus Perlit mit streifigem Muster und Körnern mit leicht nadeligen Strukturen (Bainit); geringer Anteil von hellen Körnern (Ferrit)

Bild 3.37: Gefügeausbildung eines C45 bei mittlerer bis schneller Abkühlgeschwindigkeit nach Austenitisierung: Gefüge aus Martensit mit ausgeprägter nadeliger Struktur und abgeschwächter nadeliger Struktur (Bainit)

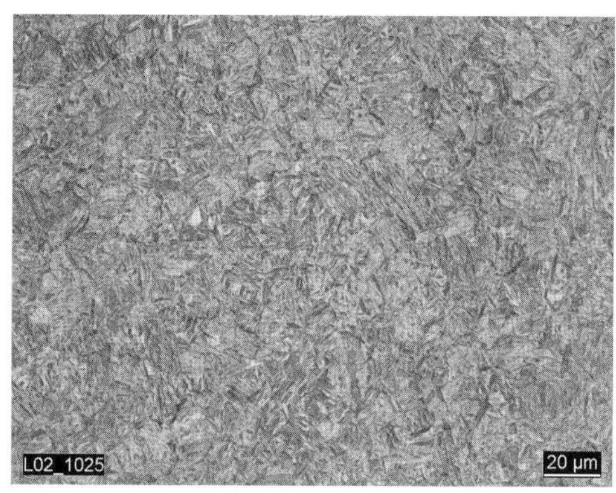

Bild 3.38: Gefügeausbildung eines C45 bei schneller Abkühlgeschwindigkeit nach Austenitisierung: Gefüge aus Martensit mit ausgeprägter nadeliger Struktur

(Mf < Raumtemperatur) wird und/oder, wenn die Temperatur des Abkühlmittels über der Martensitendtemperatur Mf liegt, Bild 3.39. Die nachträgliche Umwandlung des Restaustenits führt im Gefüge zu Umwandlungsspannungen und kann die im Bild 3.39 sichtbaren Mikrorisse verursachen.

Eine Möglichkeit, die Gefügeausbildung in Abhängigkeit von der Abschreckgeschwindigkeit zusammen mit der Härte für einen vorgegebenen Werkstoff experimentell zu bestimmen, bietet der *Jominy- bzw. Stirnabschreckversuch.*

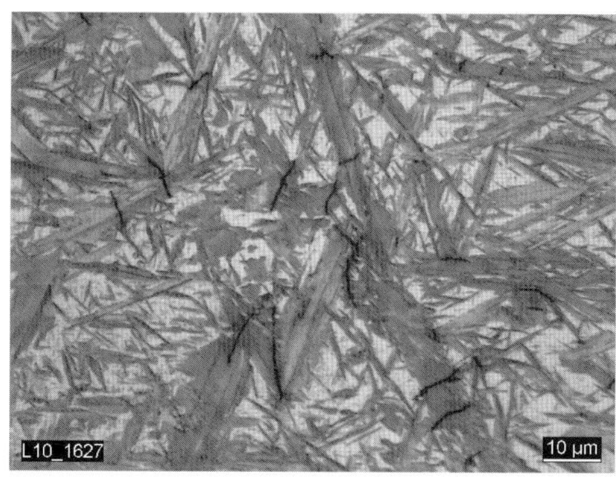

Bild 3.39: Gefügeausbildung eines Stahls mit 1,4% Kohlenstoff bei schneller Abkühlgeschwindigkeit nach Austenitisierung: Gefüge aus Martensit mit ausgeprägter nadeliger Struktur und Restaustenit

Die Ausbildung von Restaustenit im Gefüge kann auch über die Austenitisierungstemperatur beim Härten beeinflusst werden wie in Bild 3.40 am Beispiel des ledeburitischen *Kaltarbeitsstahls* X210Cr12 gezeigt wird. Bei rascher Abkühlung von der Härtetemperatur wandelt sich der Austenit (Primäraustenit wie auch der Austenit des eutektischen Ledeburitgefüges) in Martensit um (bei

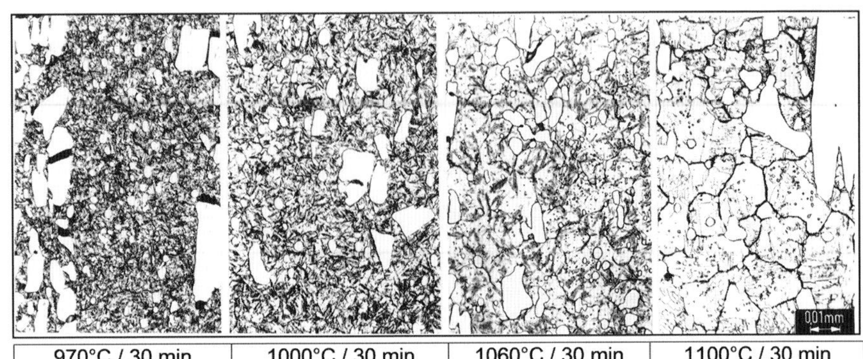

970°C / 30 min	1000°C / 30 min	1060°C / 30 min	1100°C / 30 min
768HV10	737HV10	653HV10	400HV10
10%	35%	65%	85%

Abschrecken im Warmbad bei 550°C - Abkühlung in Luft - Anlassen im Warmbad bei 200°C/2h

Bild 3.40: Ledeburitischer Kaltarbeitsstahl X210Cr12 – martensitische Matrix bei ordnungsgemäßer Härtebehandlung. Zunehmender Anteil von Restaustenit in der Matrix bei Überhitzung.

Tipps für die Gefügeanalyse

Ziel der Gefügeanalyse ist der Ermittlung des Istzustandes und die Feststellung einer Abweichung vom geforderten Sollzustand.

Es ist hilfreich, wenn der geforderte Sollzustand über ein Musterbeispiel, z.B. ein akzeptiertes Bauteil aus einer anderen Serie ermittelt werden kann oder bereits ein Schliff aus einer früheren Qualitätsbeurteilung vorliegt.

Eine detaillierte Beschreibung des Gefüges (Phasenausbildung, Härte, Korngröße) in der Spezifikation/Bestellung ermöglicht eine objektive Beurteilung.

Beim optischen Vergleich Ist – Soll eines Gefüges (Schliff, Bild) sollte darauf geachtet werden, dass subjektive Einflüsse den Vergleich erschweren, wie z.B.:

- unterschiedliche Ätzmittel (Konzentration, Temperatur, Ätzmittel nicht mehr frisch)
- Kürzere oder längere Ätzdauer
- Tauchverfahren – Abwischen
- Bei Vergleich von Fotodokumentationen:
  - Auflösung des Bildes bzw. des Druckers,
  - Vergrößerung,
  - schwarz-weiße bzw. farbige Bilder.

langsamer Abkühlung in Perlit). Mit zunehmender Austenitisierungstemperatur oder Abkühltemperatur stellt sich ein Anteil von bis zu 85% an Restaustenit im ursprünglichen Ledeburitgefüge ein – bei gleichzeitigem Abfall der Härte.

3.3 Gefügeanalyse bei Halbzeugen

Vorgefertigte Materialformen wie beispielsweise Bleche, Stangen, Rohre und Coils sind die verbreitetste Lieferform für Metallwerkstoffe, Bild 3.41. Die Herstellung beeinflusst die lokale Ausbildung des Gefüges. In der Regel wird daher in den Werkstoffnormen Bezug auf die Halbzeugform genommen und festgelegt, an welcher Stelle Proben für die Ermittlung der Eigenschaften, z.B. der Zugfestigkeit und Streckgrenze, zu entnehmen sind.

3.3.1 Ort der Schliffentnahme

Bei Strukturen mit kleineren Abmessungen wird normalerweise ein Querschliff zur Längsrichtung des Halbzeugs angefertigt, der – soweit technisch möglich – den gesamten Querschnitt erfasst. Bei Halbzeugen, deren Größe die Abmessungen eines üblichen Schliffes übersteigen, müssen entweder mehrere Querschliffe angefertigt werden oder aber eine repräsentative Stelle für die Gefügeanalyse ausgewählt werden.

Sofern zwischen Besteller und Lieferant keine Vereinbarung zum Ort der Gefügeermittlung getroffen wird, sollte der Ort der Schliffentnahme dem Ort entsprechen, der für die Ermittlung der maßgebenden mechanischen Eigenschaften in der Norm vorgegeben ist. Die Lage der Schliffebene richtet sich danach, ob ein herstellungsbedingter Einfluss, z.B. Zeiligkeit durch Umformen, abgebildet werden soll, vgl. Abschnitt 3.3.2.

Bild 3.41: Halbzeugmuster

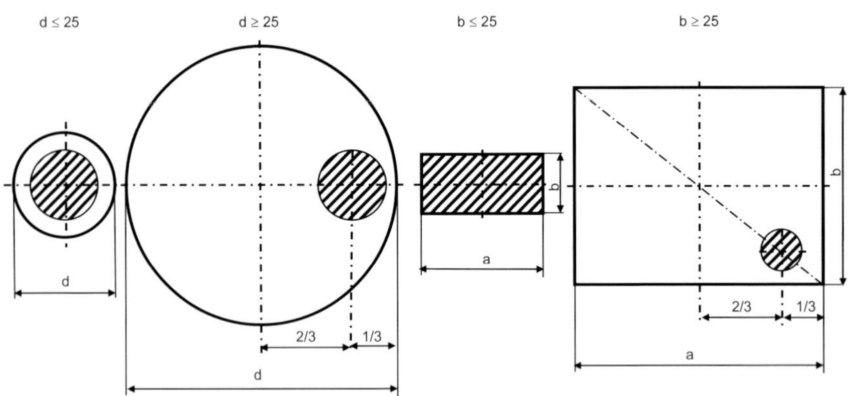

Bild 3.42: Probennahme für Zugversuche nach DIN EN 10207:2017 bei Rund- und Stabmaterial (schraffiert = Zugprobenquerschnitt)

Beispiel: DIN EN 10207:2017: Stähle für einfache Druckbehälter – Technische Lieferbedingungen für Blech, Band und Stabstahl.

Je nach Erzeugnisform ist in Abhängigkeit von den Erzeugnisabmessungen ein bestimmter Abstand von der Walzoberfläche einzuhalten. Der Grund für diese Vorschrift ist, dass sich Gefüge und die Eigenschaften im Randbereich als Folge der Herstellung von denen im Querschnitt unterscheiden können.

3.3.2 Herstellungsbedingte Einflüsse auf die Gefügeausbildung

Halbzeuge werden über besondere Formgebungsverfahren, wie z.B. Schmieden, Walzen, Strangpressen, Ziehen usw. bei herstellungsspezifischen Temperaturen erzeugt. Daraus folgt, dass sich die Gefügeausbildung im Querschliff und im Längsschliff unterscheiden kann, z.B. in Bezug auf die Ausbildung des Korns oder der Anordnung der nichtmetallischen Einschlüsse und Phasen. Bei Formgebungsprozessen, die bei höheren Temperaturen stattfinden oder mit einer nachfolgenden Wärmebehandlung verbunden sind, kann dieser Effekt aufgehoben werden.

Im Querschliff von kalt gewalzten oder gezogenen Profilen ist die ursprüngliche Gefügeausbildung des Vormaterials, aus dem das Halbzeug hergestellt wurde, noch erkennbar. Voraussetzung ist, dass die äußere Oberfläche nicht bearbeitet wurde. Das Gefüge im Längsschliff wird hingegen durch die Verformung

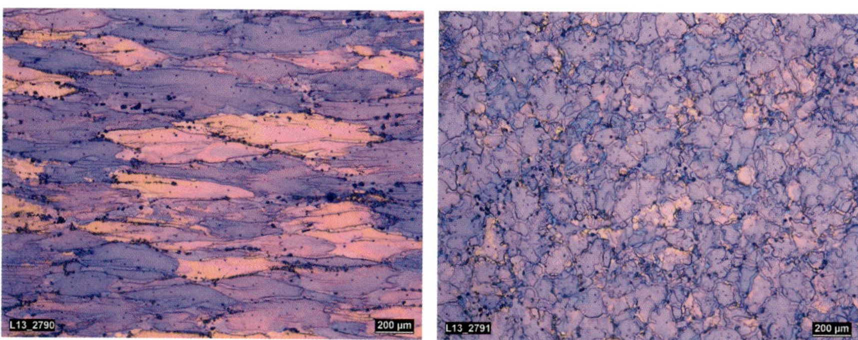

Bild 3.43: Effekt der Kaltverformung auf das Gefüge: Längsschliff links und Querschliff rechts an einem stranggepressten AlSi1MgMn-Stab, elektrolytisch geätzt nach Barker

Bild 3.44: Seigerungszeilen in einer randschichtgehärteten Welle aus C60, geätzt mit 3% alkoholischer HNO_3

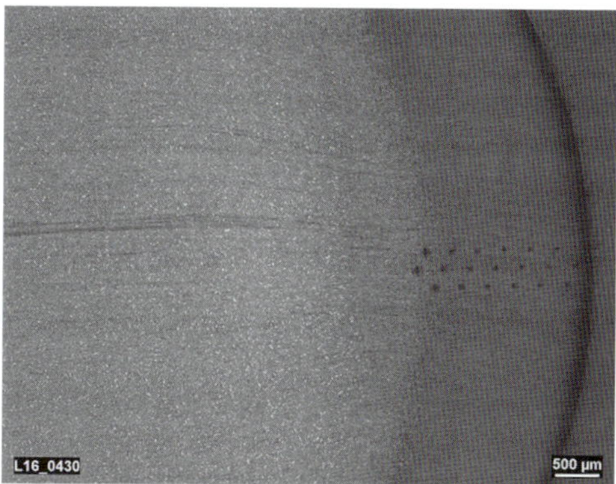

Bild 3.45: Rekristallisiertes Gefüge im Verformungsbereich eines Brinellhärte-eindruckes nach einer Wärmebehandlung; niedrig legierter Stahl; geätzt nach Klemm

Tabelle 3.6: Exemplarische Zusammenstellung von Gefügeinterpretationen in Quer- und Längsschliffen von Halbzeugen in Abhängigkeit von Herstellungsparametern

Formgebung	Querschliff	Längsschliff	Metallkundlicher Vorgang	Bild
Kaltziehen	Keine Kornverformung, ursprüngliche Form des Korns, sofern der ursprüngliche Querschnitt gleichmäßig in Längsrichtung gezogen wird Keine (geringe) Zeiligkeit von Gefügephasen bzw. Einschlüssen	Kornverformung in Abhängigkeit vom aufgebrachten Verformungsgrad sichtbar, Zeiligkeit von Gefügephasen bzw. Einschlüssen	Kaltverformung mit erhöhter Versetzungsdichte Anhebung der Festigkeit und Härte	Bild 3.43
Kaltziehen + Wärmebehandlung: Vergüten	Neugebildetes Gefüge	Neugebildetes Gefüge, Zeiligkeit von Einschlüssen, die sich beim Vergüten nicht auflösen	Zweimalige Phasenumwandlung (nur bei umwandlungsfähigen Werkstoffen)	Bild 3.44
Kaltziehen + Erwärmung oberhalb Rekristallisierungstemperatur	Kornneubildung, ggf. Kornvergröberung	Kornneubildung, ggf. Kornvergröberung, Zeiligkeit von Einschlüssen	*Rekristallisation* abhängig vom Kaltverformungsgrad und der Höhe der Temperatur	Bild 3.45
Kaltziehen + Erwärmung unterhalb Rekristallisierungstemperatur	Wie bei Kaltziehen, Erholung metallographisch lichtoptisch nicht erkennbar		*Kristallerholung*	–
Warmumformen	Neugebildetes Gefüge	Neugebildetes Gefüge, ggf. Zeiligkeit von Einschlüssen in Hauptverformungsrichtung	Sofortige Rekristallisation bzw. Phasenumwandlung bei ausreichend hoher Umformtemperatur	–

bestimmt, z.B. durch die *Zeiligkeit* des Gefüges oder von Einschlüssen. Diese Effekte können jedoch durch eine nachfolgende Wärmebehandlung teilweise aufgehoben werden, Tabelle 3.6.

Tipps für die Gefügeanalyse bei Bauteilen

Folgende zusätzliche Effekte können die Ausbildung des Gefüges in der Randzone im Vergleich zu dem in der Kernzone beeinflussen:

- Die Randzone weist eine abweichende chemische Zusammensetzung und demzufolge ein anderes Gefüge auf, z.B. durch gezielte Oberflächenbehandlung (Beschichtung), durch Entkohlung im Ofen oder andere Umwelteinflüsse
- Beim Wärmebehandeln stellt sich aufgrund der Unterschiede in der Temperatur bzw. der Abkühlgeschwindigkeit zwischen Rand und Kern ein anderes Umwandlungsgefüge ein, z.B. beim Randschichthärten oder beim Abkühlen großer Querschnitte
- Aufgrund mechanischer Einwirkung während der Verarbeitung (z.B. spanende Bearbeitung, Umformen, Schneiden) ist das Gefüge im Randbereich der Bearbeitung verformt und kann zusätzlich bei nachfolgender Temperatureinwirkung Rekristallisationseffekte zeigen

Im Normalfall bezieht sich die Bezeichnung Längs- bzw. Querschliff auf die Verformungsrichtung: der Schliff quer zur Verformungsrichtung, z.B. eines gezogenen Stabes ist der Querschliff. In der Praxis wird die Bezeichnung auch pragmatisch angewendet: längs oder quer zur Längsachse eines Bauteils. Die Angabe wie der Schliff entnommen wurde, gehört daher zur korrekten Dokumentation der metallographischen Arbeit.

Mit Hilfe eines Makroschliffes kann überprüft werden, ob eine angegebene bzw. vorgegebene Herstellungsgeschichte eingehalten wurde (vgl. Tabelle 3.6).

3.4 Fallbeispiel

3.4.1 Überprüfung der ordnungsgemäßen Wärmebehandlung und des Gefüges

Vorgang: Im Rahmen der Wareneingangskontrolle soll mit Hilfe einer metallographischen Untersuchung der ordnungsgemäße Gefügezustand ermittelt werden.

Prüfstücke: Stangenmaterial aus C45 für die weitere zerspanende Bearbeitung mit anschließender Randschichthärtung

Maßgebende Norm: Vergütungsstähle – Teil 2: Technische Lieferbedingungen für unlegierte Stähle EN 10083-2:2006 (Nachfolgenorm DIN EN 683-1:2018)

Vorgegebene (spezifizierte) Merkmale gemäß Vereinbarung und Norm:

- Wärmebehandlungszustand: vergütet
- Feinkornstahl.

Daraus ergeben sich folgende kennzeichnenden Merkmale:

- Gefüge: Bainit
- Der Stahl muss bei Prüfung nach EN ISO 643:2012 eine Austenitkorngröße von 5 oder feiner haben (EN 10083-2:2006; Anhang A3).

Vorgehensweise:

1. Festlegung der Schliffebene

Wenn in der Produkt- bzw. Werkstoffnorm nichts anderes festgelegt ist oder mit dem Kunden vereinbart wurde, muss die Schlifffläche in Längsrichtung der ausgewählten Probe liegen, Bild 3.46, d.h. parallel zur Hauptverformungsachse bearbeiteter Produkte. Damit kann überprüft werden, ob eine Kaltverformung vorliegt, d.h. ob das Material nach der Wärmebehandlung nochmals verformt wurde (= Qualitätsmangel). Im vorliegenden Fall wird das bei einer Kaltverformung gestreckte Gefüge im Zuge der Wärmebehandlung (bainitischer Lieferzustand) aufgelöst und neu gebildet. Die eventuell vorhandenen, durch die Umformung gestreckten Mangansulfide bleiben jedoch erhalten.

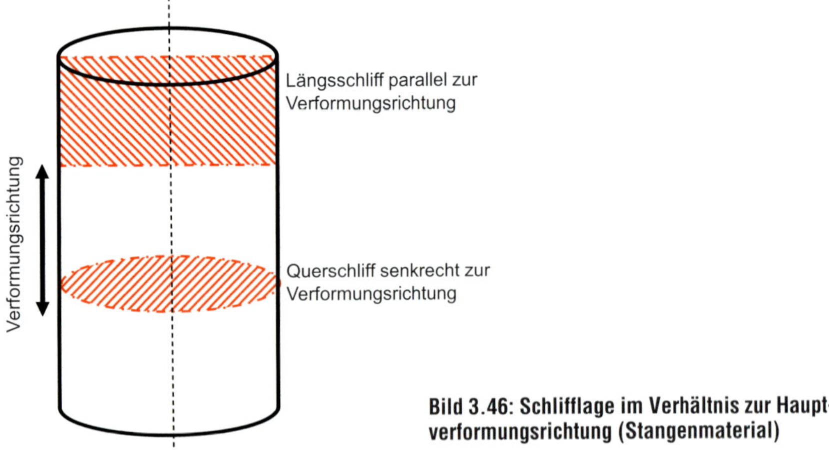

Bild 3.46: Schlifflage im Verhältnis zur Hauptverformungsrichtung (Stangenmaterial)

Die EN ISO 643:2012 für die Korngrößenbestimmung schreibt ebenfalls diese Schlifflage vor. Durch eine Bestimmung der Korngröße in einer Querebene wird bei nicht gleichachsigen Körnern ein systematischer Messfehler eingebracht.

2. Besondere Maßnahmen bei der Schliffanfertigung

Für die Überprüfung, ob ein für die gute Bearbeitbarkeit ausreichender Schwefelzusatz vorhanden ist, reicht es aus, den polierten Schliff im Mikroskop zu betrachten. Die Mangansulfide haben gegenüber dem hellen Untergrund eine graue Farbe und können dadurch identifiziert werden, Bild 3.47.

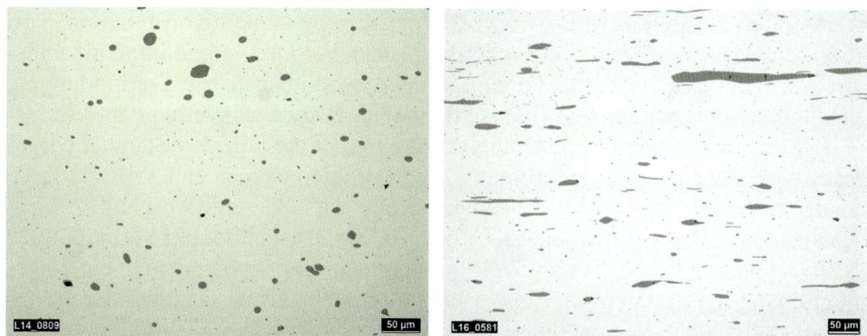

Bild 3.47: Querschliff (links) und Längsschliff (rechts) mit Mangansulfiden. Im Längsschliff in gestreckter Form

Das ordnungsgemäße Gefüge für den geforderten bainitischen Zustand ist in Bild 3.48 dargestellt.

Bild 3.48: Bainitisches Gefüge eines C45 mit Anteilen von Martensit (ca. 10%)

Ob eine eventuell vorgeschriebene Härte erreicht wird, wird mit einer Härteprüfung am Schliff ermittelt.

Für die Bestimmung der Korngröße sind die Anforderungen der EN 643:2012 zu erfüllen. Wenn, wie in Bild 3.48 die Austenitkorngrenzen nicht erkennbar sind, muss auf die in Abschnitt 3.2.3 beschriebenen Sonderätzverfahren zurückgegriffen werden.

3.5 Gefüge- und Strukturanalyse bei Bauteilen

Bauteile können aus einem Werkstoff bestehen und unterschiedliche Werkstoffzustände (z.B. eine randschichtgehärtete Welle) aufweisen oder aus mehreren Werkstoffen zusammengesetzt sein. Bei der letztgenannten Konstellation wird über Schweißverbindungen ein metallurgischer Verbund, d.h. eine stoffschlüssige Verbindung hergestellt. Bauteile können auch über lösbare Verbindungen, z.B. Schraubenverbindungen (Flansch) zu einer *Baugruppe* verbunden sein.

Für die metallographische Untersuchung muss die Stelle des Bauteils vorgegeben sein, die entweder repräsentativ für das Bauteil ist oder eine kritische, z.B. hochbeanspruchte, potenzielle Versagensstelle darstellt, vgl. Abschnitt 4.6. In besonderen Fällen werden auch die form- oder kraftschlüssigen Verbindungen (Stiftverbindungen oder Schraubverbindungen) zusammenhängend in einem gemeinsamen Schliff untersucht. In diesem Fall besteht das Risiko, dass der Trennschnitt vorhandene Verspannungen löst und dadurch Verschiebungen zwischen den verbundenen Teilen auftreten.

Die Be- bzw. Weiterverarbeitung von Halbzeugen zu einem Bauteil führt dazu, dass sich das Gefüge und damit die Eigenschaften des Bauteils im Ganzen oder in Teilbereichen ändern. Unter Be- und Weiterverarbeitung können folgende Vorgänge (inklusive der damit verbundenen Wärmebehandlungen) verstanden werden:

- Nicht spanabhebende Verarbeitung (Schmieden, Gießen, Walzen…)
- Spanabhebende Verarbeitung (Drehen, Hobeln, Bohren, Fräsen, Schleifen, Trennen..)
- Oberflächenbearbeitung (Beschichten, Oberflächenhärten…)
- Verbindende Verarbeitung (Schweißen, Löten, Kleben…).

Die Gefügeuntersuchung an Bauteilen verfolgt folgende Ziele:

1. Im Rahmen der Qualitätssicherung kann über die Ermittlung des Gefügezustandes – ggf. in Verbindung mit einer mechanisch-technologischen Untersuchung – der Nachweis der ordnungsgemäßen Herstellung erfolgen.
2. Bei Reklamationen und Schadensfällen liefert der Gefügebefund Hinweise auf mögliche Abweichungen bei der Herstellung oder auf betriebliche Schadensursachen.

Der Aufwand der metallographischen Untersuchung richtet sich nach dem Ziel. Wenn die makroskopische Beurteilung von Strukturen oder Unregelmäßigkeiten im Vordergrund steht, ist der Aufwand für die Schliffpräparation im Vergleich zu einer qualitativen mikroskopischen Gefügebeurteilung geringer, vgl. Abschnitt 4.6.3.

3.5.1 Einfluss der Herstellungsbedingungen auf die Gefügeausbildung

3.5.1.1 Erstarren und Abkühlen

Beim Erstarren aus der Schmelze beeinflusst die Abkühlrate maßgeblich das sich bildende Gefüge. Im Querschliff eines gegossenen Rundmaterials lässt sich der Aufbau des Gefüges am besten erkennen. An der Formwand liegt ein hoher Abkühlgradient vor: in der hellen Randzone 1 liegt eine sehr feinkristalline, globulare, in der Regel wenig texturierte Struktur vor, Bild 3.49. Die Zone 2 ist gekennzeichnet durch stängelige Kristalle mit Längsachsen parallel zur Wärmeflussrichtung als Folge der langsameren Abkühlgeschwindigkeit. In der Mitte des Gussteiles sammelt sich Restschmelze an, die am langsamsten abgekühlt wird und deren Temperatur unter der eigentlichen Erstarrungstemperatur liegen kann („unterkühlte Schmelze"). Es bildet sich ein globulitisches Gefüge mit äquiaxialen Körnern ohne Vorzugsorientierung aus, Zone 3 [5].

Die in gegossenen Bauteilen sich möglicherweise einstellenden Fehler bzw. Mängel, wie z.B. Warmrisse, Mikroporen bzw. -lunker sind eine Folge von ungünstig verlaufenden Erstarrungsvorgängen, siehe Abschnitt 3.5.8.

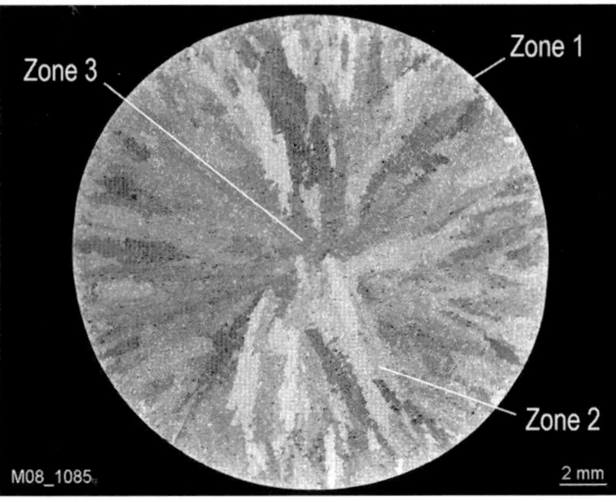

Bild 3.49: Ausbildung des Makrogefüges nach Erstarrung in einer Stange aus einer Nickel-Kobalt-Legierung (MAR-M-247); Schliff quer zur Stangenachse

Bei massiven Bauteilen bzw. Bauteilen mit großer Wanddicke, die nach oder während der Herstellung einer Wärmebehandlung unterzogen werden, kann sich aufgrund der unterschiedlichen Aufheiz- und Abkühlbedingungen an der Oberfläche und in der Bauteilmitte ein unterschiedlicher Gefügezustand einstellen. Wenn z.B. die Abkühlgeschwindigkeit auf die Einstellung eines duktilen Gefügezustands (z.B. Bainit) im Kernbereich einer Welle eingestellt wird, kann sich u.U. in den oberflächennahen Bereichen ein härterer, spröder Zustand (z.B. Martensit) ausbilden, da hier die Abschreckwirkung größer ist.

Bei der metallographischen Präparation des Schliffes sind diese Effekte – ebenso wie andere Einflüsse auf den Randbereich, wie z.B. die Entkohlung, vgl. Abschnitt 3.5.1 – zu beachten: sie können zu Beeinträchtigungen der Schliffqualität führen, da sich wegen der unterschiedlichen Härte ein ungleicher Abtrag beim Schleifen/Polieren einstellt. Die unterschiedlichen Gefüge können ein anderes Ätzverhalten zeigen, sodass ggf. ein Bereich überätzt bzw. zu schwach geätzt wird.

Umgekehrt kann sich auch in der Mitte des Bauteilquerschnitts ein ungünstiger Gefügezustand mit schlechten Werkstoffeigenschaften einstellen, wenn der oberflächennahe Bereich auf ein optimales Gefüge eingestellt wird.

Darstellen lassen sich diese Zusammenhänge im ZTU-Schaubild. Der in Bild 3.29 gezeigte Verlauf A steht für die optimale Einstellung an der Oberfläche mit einem martensitischem Gefüge mit entsprechender Festigkeit und Härte 682HV (ohne Anlassbehandlung). In der Bauteilmitte ist der Wärmeabtransport durch das Abschreckmedium deutlich geringer, die Abkühlung erfolgt langsamer. Es stellt sich ein ferritisch-perlitisches Gefüge mit geringerer Festigkeit und Härte ein, Kurve C. Diese Vorgänge werden wesentlich von der Dicke bzw. Masse des Bauteils sowie von der Umwandlungsträgheit des Werkstoffs beeinflusst.

Ein bekanntes Beispiel hierfür sind Bauteile aus Gusseisen: weist das Bauteil eine ungleichmäßige Wanddicke auf, ergibt sich zwangsläufig eine der jeweiligen Dicke angepasste Abkühlgeschwindigkeit, die sich auf die lokale Gefügeausbildung auswirkt. Bei schroffer Abkühlung können dünne Querschnitte weiß erstarren, d.h. der Kohlenstoff bildet sich als Fe_3C aus (vgl. Abschnitt 3.2.2), während sich in dickeren Querschnitten mit langsamer Abkühlung der Kohlenstoff als Graphit ausscheidet, Beispiele Bild 3.19 (weißes Gusseisen, metastabiles System) und Bild 3.21 (graues Gusseisen, stabiles System).

Während des Erstarrens aus dem schmelzflüssigen Zustand reichert sich die Schmelze mit bestimmten Elementen, wie z.B. Kohlenstoff an, da die Löslichkeit im festen Zustand geringer ist. Mit abnehmender Temperatur verringert sich die Diffusionsgeschwindigkeit im festen Zustand. Beide Effekte können zu makroskopischen Seigerungen, d.h. Zonen mit erhöhten Konzentration spezifischer Elemente, im abgegossenen Block führen. Aber auch im Kristallbereich können Konzentrationsunterschiede von innen nach außen auftreten auf. Die Bildung solcher Zonenmischkristalle wird bei manchen Legierungen (z.B. Cu-Zn) durch die beim Erstarren ablaufende *peritektische Reaktion* begünstigt.

Beim Erstarren der Restschmelze können sich in diesem Bereich Lunker oder Warmrisse als Folge der vorliegenden Schrumpfspannungen bilden.

3.5.1.2 Umgebungsbedingte Oberflächenveränderungen

Während Herstellung, Verarbeitung und Betrieb werden die Oberflächen von Halbzeugen/Bauteilen einem Medium ausgesetzt. Dieses greift den Werkstoff an bzw. kann chemische Reaktionen verursachen. Eine erhöhte Temperatur und /oder ein feuchtes Medium beschleunigt in der Regel diese Vorgänge, die von Werkstoff zu Werkstoff unterschiedlich sein können.

Aluminium

Die sich in Luft bildende Oxidschicht des Aluminiums ist nur wenige Nanometer dick. Aluminiumbauteile werden oft elektrolytisch oxidiert (Eloxieren). Die Eloxal-Schutzschicht wird durch Umwandlung der obersten Metallschicht in ein Oxid bzw. *Hydroxid* erzeugt, welche 5 bis 25 μm dick ist. Die Schutzwirkung

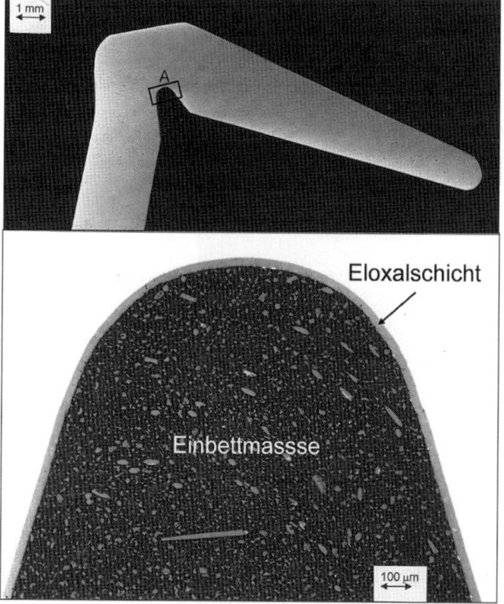

Bild 3.50: Aluminiumteil mit Eloxal-Schicht. Unteres Teilbild ungeätzt mit grauer Eloxalschicht (Ausschnitt A aus oberem Übersichtsbild) – poliert

gegen Korrosion ist nur gegeben, wenn keine Lücken oder Risse vorhanden sind. Bild 3.50 zeigt ein Aluminiumbauteil mit einer gleichmäßigen geschlossenen Eloxalschicht mit einer Dicke zwischen 13 bis 15 µm.

Kupfer

Kupfer bildet an Luft und Feuchtigkeit stabile Deckschichten aus. Durch Zugabe von Legierungselementen wird die Deckschichtbildung positiv beeinflusst.

Die sich in der Atmosphäre bildenden Schichten bestehen aus Oxiden und schwer löslichen basischen Salzen, Beispiel Bild 3.51.

Stahl

Die Ausbildung von Oxidschichten an Stahlbauteilen und -halbzeugen wird wesentlich von der Legierungszusammensetzung und den Umgebungsbedingungen beeinflusst.

Bild 3.51: Deckschicht in Kupfer mit Lochfraß (Schliff A)

Bild 3.52: Entkohlte Zone an der Außenoberfläche eines nahtlosen Rohres aus 7CrMoVTiB10-10; geätzt mit 3% alkoholischer HNO_3.

Herstellungsbedingt weisen Stähle mit einem ferritischem Gefüge in der Regel eine sogenannte Zunderschicht aus Eisenoxid auf, die aus dem Herstellungsvorgang wie z.B. Strangpressen, Walzen oder Schmieden stammt, da hierbei hohe Temperatur und Luft als Umgebungsmedium vorliegen. Die herstellungsbedingte Oxid- oder auch Zunderschicht kann nach der Herstellung durch Strahlen oder Beizen entfernt werden, wobei die metallische blanke Oberfläche – sofern sie nicht geschützt wird – sofort wieder mit der Umgebung reagieren kann. Zusätzlich können noch Entkohlungseffekte auftreten, wenn die Bearbeitung nicht unter einer schützenden Atmosphäre erfolgt ist. Bei der Entkohlung wird dem Stahl durch Diffusion Kohlenstoff entzogen.

Bei der Ermittlung der Entkohlungstiefe ist der Schliff quer zu dieser Zone so zu ätzen, dass alle Gefügebestandteile sowie deren Korngrenzen bis zum Rand hin erkennbar sind. Die Zone hebt sich als heller Rand vom Kerngefüge ab. Bild 3.52 zeigt ein Beispiel für ein warmgezogenes Rohr aus 7CrMoVTiB10-10: in der hellen entkohlten Zone an der Außenoberfläche wurde durch den Entzug des Kohlenstoffs Ferrit gebildet.

Die Struktur von oxidiertem Eisen kann in Abhängigkeit von der Temperatur in unterschiedlichen Formen vorliegen. Bei Temperaturen unter 150°C bildet sich an der metallischen Oberfläche von unlegiertem Stahl Rost. Dieser ist nicht festhaftend und weist eine rötlich braune Farbe auf. Bei legierten Stählen können sich durch bestimmte Legierungselemente basische Sulfate und Phosphate bilden. Diese bilden eine fest haftende, undurchlässige Sperrschicht zwischen Grundwerkstoff und der bereits vorhandenen Rostschicht. Bei den wetterfesten Baustählen wird durch die Zugabe von Kupfer, Chrom und Nickel eine bessere Korrosionsbeständigkeit erreicht. Die Witterungsbeständigkeit geht auf die

Bildung der o.g. Sperrschicht zurück. Durch diese Sperrschicht wird der Abrostungsvorgang signifikant herabgesetzt, jedoch nicht zum Stillstand gebracht. Die „gerostete“ Blechoberfläche weist eine narbige Struktur und ist anfangs hellbraun. Mit zunehmender Expositionszeit wird die Oberfläche braun, braunviolett bis dunkelbraun-violett, Bild 3.53.

Bild 3.53: Wetterfester Corten Stahl nach 50jährigem Einsatz

Wird der Eisenwerkstoff bzw. das Bauteil Temperaturen über 560°C ausgesetzt, bilden sich die festen Phasen FeO (Wüstit), Fe_2O_3 (Magnetit – grauschwarz) und Fe_3O_4 (Hämatit – rötlich), wobei FeO in Kontakt mit dem Metall und Fe_2O_3 in Kontakt mit der Atmosphäre/Gas steht. Unterhalb 570°C ist Wüstit thermodynamisch nicht stabil und zerfällt in Eisen und Hämatit. In Wasser bildet sich Fe_2O_3 (Magnetit) oberhalb 180°C. Hämatit entsteht bei erhöhten Sauerstoffgehalten. Die Schichten wachsen gleichzeitig auf, wobei die innere topotaktische Schicht die Körner aufzehrt und in den Stahl hineinwächst. Die epitaktische äußere Schicht wächst nach außen und ist meist poröser als die innere festhaftende Schicht, Bild 3.54. Bei Erreichen bestimmter Dicken neigt sie besonders bei Temperaturwechseln zum Abplatzen. Mit zunehmender Temperatur erhöht sich die Wachstumsgeschwindigkeit durch Übergang des parabolischen Verlaufs (d.h. die Verzunderungsrate nähert sich einem endlichen Grenzwert) in einen linearen Verlauf mit konstanter Verzunderungsrate. In diesem Bereich treten wegen der hohen Verzunderungsraten betriebliche Schäden auf. Die Dicke der Schichten wird wesentlich von der Temperatur und dem Sauerstoffgehalt des Mediums, der Legierungszusammensetzung und vom Abplatzverhalten beeinflusst. Mit zunehmendem Cr-Gehalt bilden sich Diffusionssperren aus Cr_2O_3 (Spinell), die die Verzunderung wirkungsvoll reduzieren. Von Bedeutung ist die Ausbildung dieser Schichten vor allem im Betrieb bei höheren Temperaturen, siehe Abschnitt 3.5.3.

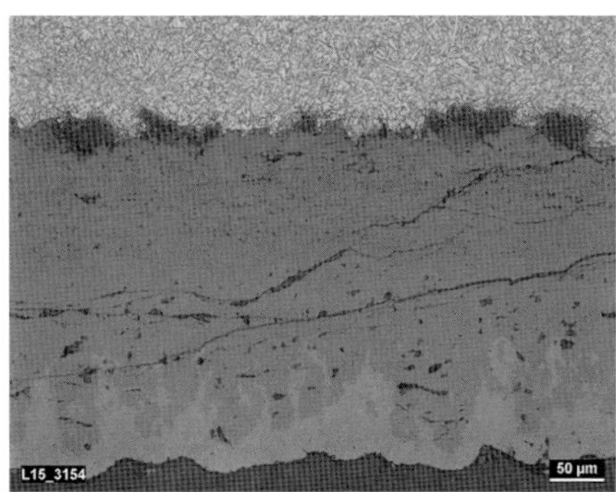

Bild 3.54: Ausbildung einer epitaktischen und topotaktischen Schicht in Wasserdampf 630°C/15000 h/165 bar: Links: martensitischer Stahl X10CrWMoVNb 9-2, Rechts: martensitischer 9%CrWCoB-Stahl

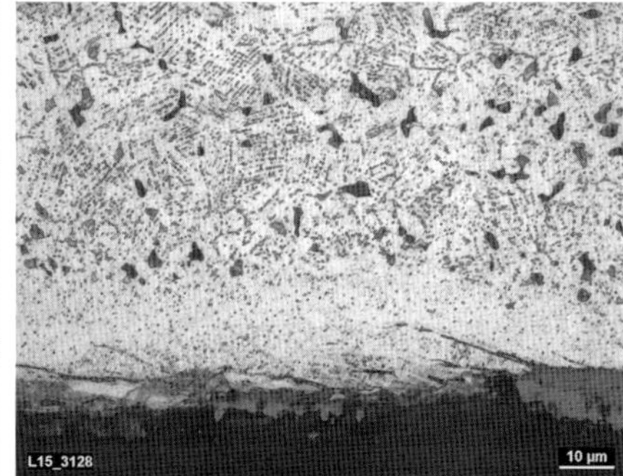

Bild 3.55: Oxidschicht in Wasserdampf 630°C/15000 h/165 bar; austenitischer Stahl X10CrNiCu Nb 18 9 Links: poliert, Rechts: geätzt mit V2A-Beize

Metallographisch ist es in Grenzen möglich, die erwähnten Oxidformen zu identifizieren. Voraussetzung ist eine sorgfältige Präparation. Bereits der Trennvorgang muss vorsichtig ausgeführt werden, um zu verhindern, dass die Oxidschicht, z.B. durch Abplatzen und Rissbildungen beschädigt wird. Beispiele für Oxidschichten in verschiedenen Stählen zeigen Bild 3.55, Bild 3.56 und Bild 3.57. Die Rohrinnenoberfläche des Stahls X10CrNiCuNb 18 9 in Bild 3.55 ist kugelgestrahlt (shot-peening, siehe auch Bild 3.61), deutlich erkennbar im geätzten Zustand. In diesem Bereich bildet sich während der angegebenen Bean-

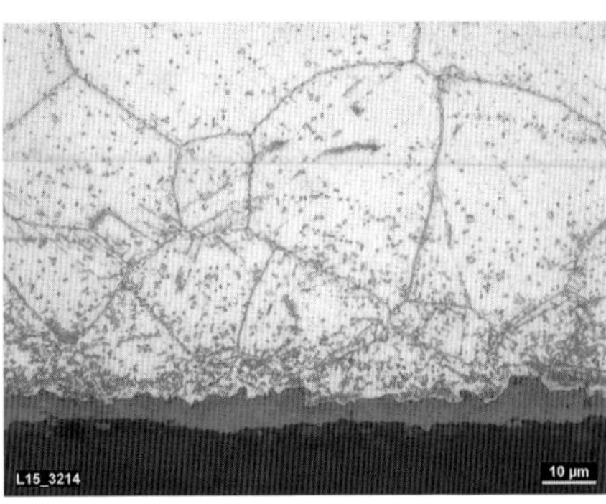

Bild 3.56: Oxidschicht in Wasserdampf 630°C/15000 h/165 bar; austenitischer Stahl X6CrNiNbN 25 20 Links: poliert, Rechts: geätzt mit V2A-Beize

spruchung keine *Sigma-Phase* (siehe auch Bild 3.74). Der austenitische Stahl in Bild 3.56 hat keine Oberflächenbehandlung und zeigt eine dichte, geschlossene Oxidschicht mit deutlich erkennbaren epitaktischen und topotaktischen Bereichen. Im Vergleich dazu zeigen Nickellegierungen auch bei höheren Temperaturen eine verhältnismäßig geringe Oxidation, Bild 3.57. Typisch für Nickellegierungen ist der Saum an angegriffenen Korngrenzen in der Nähe der Oberfläche. Je nach Werkstoff hat dieser Saum eine Dicke von 10–30 µm; er übersteigt die Dicke der vorliegenden Oxidschichten.

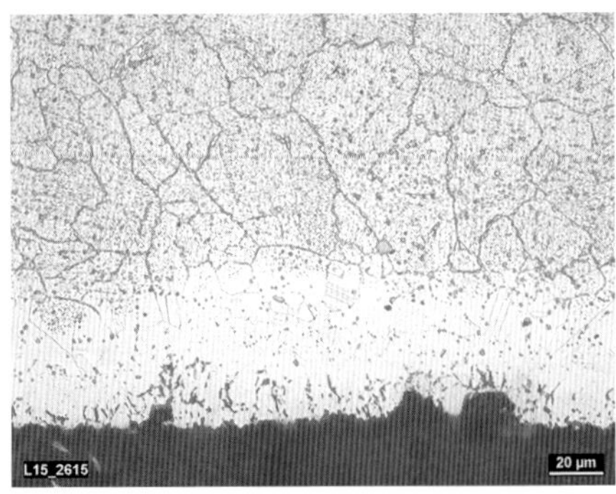

Bild 3.57: Oxidschicht in Wasserdampf 630°C/15000 h/65 bar von Nickellegierungen: Links – Alloy 617; Rechts – IN740; geätzt mit V2A-Beize

Tipps für die Bewertung einer Oxidationsschicht

Das Aussehen einer Oxidationsschicht kann zur Beurteilung des Entstehungszeitpunktes eines Anrisses herangezogen werden. Wenn die gleiche Oxidart und die gleiche Dicke wie auf der Oberfläche des Bauteils vorliegen, ist der Anriss/Fehlstelle zu Beginn der Oxidation des Bauteils entstanden.

Wenn sich Schichtdicke und Oxidart an der Rissflanke von der an der Bauteiloberfläche unterscheiden, liegt ein anderer Entstehungszeitpunkt als der Beginn der Oberflächenoxidation vor.

Diese Betrachtungen erfordern eine sorgfältige Präparation (siehe Abschnitt 3.5.6), damit sichergestellt ist, dass die vollständige Oxidschicht im Schliff erfasst wird und nicht durch eingetragene Präparationsmittel verfälscht wird.

Während des Betriebs können lose anhaftende Oxidationsbeläge abplatzen, z.B. während instationärer Betriebsphasen (wechselnde Temperaturen und Belastungen), sodass bei der metallographischen Untersuchung nicht mehr die gesamte Schicht analysiert werden kann. Es ist daher darauf zu achten, ob Reste einer losen Schicht sich noch auf einer fest anhaftenden Schicht befinden.

Bei Anrissen/offenen Hohlräumen kann sich – besonders bei flüssigen Medien – eine Aufkonzentration von Elementen einstellen, die zu einem beschleunigten Oxidations- bzw. in diesem Fall Korrosionsfortschritt führen und die ursprüngliche Anriss- bzw. Fehlergeometrie verändern.

3.5.1.3 Umformung

Beim Umformen wird der Werkstoff einer plastischen Verformung unterworfen, vgl. Abschnitt 3.3 bzw. Tabelle 3.6. Bei einer verminderten Verformungsfähigkeit, bedingt durch ungünstige Werkstoffzustände bzw. Umformtemperaturen, können Rissbildungen bzw. Gefügeauflockerungen auftreten, die im Allgemeinen quer zur Verformungsrichtung orientiert sind und an der Oberfläche verstärkt auftreten.

Mit Hilfe von Gefügeabdrücken, vgl. Abschnitt 4.2, kann die Art der Ausbildung und die Größe von Rissen an der Oberfläche ermittelt werden. Soll jedoch die Erstreckung in die Tiefe und die Verteilung über der Wanddicke beurteilt werden, müssen Schliffe quer zum Riss durchgeführt werden. Hierbei muss bei der Präparation darauf geachtet werden, dass die dokumentierte Schliffebene tatsächlich die maximale Risstiefe erfasst, d.h. es muss stufenweise geschliffen und poliert und die Veränderung der Risskonfiguration im Mikroskop beobachtet werden.

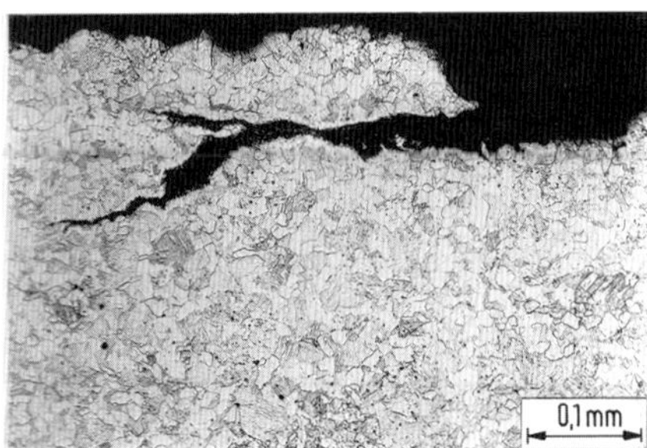

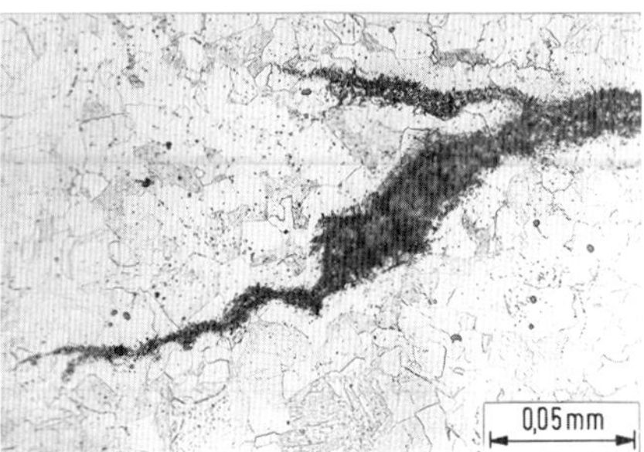

Bild 3.58: Gefügelockerung an der Außenoberfläche in einem induktiv gebogenen Rohr aus 10CrMo9-10 – Querschliff

Ein Beispiel für die Bildung von umformbedingten Rissen ist in Bild 3.58 wiedergegeben: die teilweise interkristallinen schalenartigen Rissbildungen sind während des *Induktivbiegens* eines Rohres aus 10CrMo9-10 entstanden.

3.5.1.4 Bearbeitete Oberflächen

Die Bearbeitung der Oberfläche durch z.B. Drehen, Schleifen, Schneiden, Sägen, Erodieren, Prägen oder Strahlen kann die lokale Gefügestruktur im oberflächennahen Bereich beeinflussen. Diese Veränderungen können sich zusätzlich im Zuge einer nachfolgenden Wärmebehandlung oder im Betrieb negativ auswirken.

Oberflächenverformungen stellen sich bei spanabhebenden Bearbeitungen oder Trennen ein. Zusätzlich können aber auch Risse bzw. Rissnetzwerke und Gefügeveränderungen durch die Bearbeitungswärme sowie unzulässige Rauigkeitsprofile auftreten. In Bild 3.59 links sind die Verformungslinien einer Abscherkante eines *TRIP*-Stahls abgebildet. Im rechten Teilbild sind Oberflächenverformungen in einem CuZn-Bauteil dargestellt. Für die Erzielung einer hohen Randschärfe und die Abbildung der lokalen Kornverformungen wurde das Vibrationspolieren eingesetzt, vgl. Abschnitt 5.6.1.

Die Verformungstexturen durch Walzen oder Ziehen sind sowohl an den in Walzrichtung gestreckten Körnern erkennbar als auch an den ausgewalzten nichtmetallischen Einschlüssen, Bild 3.60. Letztere bleiben auch bei einer nachfolgenden Wärmebehandlung und der dabei sich einstellenden Kornneubildung erhalten, sodass dies als Indikator für eine stattgefundene Verformung und die damit verbundene Richtung zu werten ist.

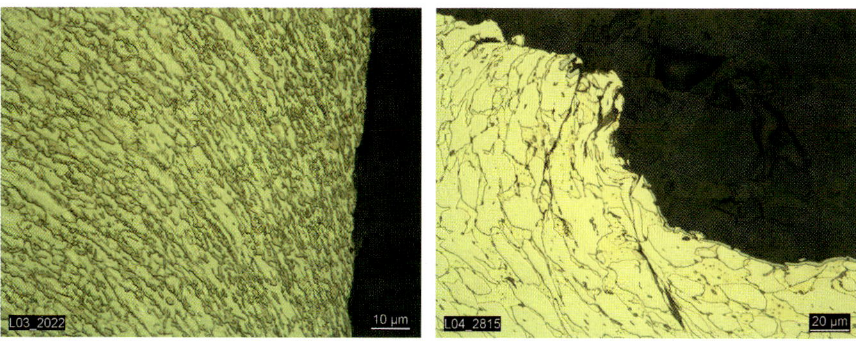

Bild 3.59: Links: Abscherkante TRIP –Stahl; Rechts: Oberflächenverformung in einem CuZn Bauteil. Beide Schliffe vibrationspoliert, geätzt mit HNO_3 (links) bzw. 10% wässriger Ammoniumpersulfatlösung (rechts)

Bild 3.60: Verformungstextur eines kaltgewalzten unlegierten Stahles mit nichtmetallischen Einschlüssen; geätzt mit HNO_3

Für bestimmte Anwendungszwecke kann die Oberfläche eines Bauteils verfestigt werden: die oberflächennahen Körner werden plastifiziert. Damit können gezielt Druckeigenspannungen in diesen Bereich eingebracht werden. Dadurch werden Eigenschaften wie Schwingfestigkeit („Autofrettage“) oder die Korrosionsbeständigkeit verbessert. Die ordnungsgemäße Ausführung ist eine Bedingung, dass das Bauteil im Betrieb nicht vorzeitig ausfällt.

Bild 3.61 zeigt die durch Kugelstrahlen mit einem metallischen Strahlgut veränderte Innenoberfläche („shot peening“) eines austenitischen Kesselrohres mit 18% Cr. Erkennbar ist, dass die austenitische Kornstruktur über eine Dicke von rd. 70 µm aufgelöst wurde. Dadurch wird erreicht, dass sich im späteren Betrieb bei hohen Temperaturen unter Dampfatmosphäre eine beschleunigte

Bild 3.61: Kugelgestrahlte Innenoberfläche eines austenitischen Kesselrohres, geätzt mit V2A-Beize

Cr-Diffusion an die Oberfläche einstellt. Diese erzeugt eine festhaftende, passivierende Deckschicht aus Cr_2O_3 (Spinell). Ohne „shot peening" würde sich die Spinellschicht lokal an den Korngrenzen bilden. Im späteren Betrieb löst sich diese shot-gepeente Zone über Erholungsvorgänge auf. Da sich aber die gewünschte Spinelldeckschicht bereits gebildet hat, ist dies nicht weiter von Bedeutung. Der Nachweis einer qualitätsfähigen Shot-Peening-Behandlung der Innenoberfläche eines Rohres ist nur metallographisch vor dem Betrieb möglich. Hierzu werden stichprobenhaft Querschliffe angefertigt. Auf eine ausreichende Randschärfe ist zu achten: im geätzten Schliff wird die kugelgestrahlte Zone sichtbar, Bild 3.61, sodass die geforderte Tiefe gemessen werden und nachgeprüft werden kann, ob sie gleichmäßig über dem Umfang vorhanden ist. Mikrohärtemessungen können unterstützend herangezogen werden.

3.5.1.5 Wärmebehandlungen

Bei vielen Werkstoffen wird über eine vorgegebene Wärmebehandlung ein besonderer Gefügezustand eingestellt. Bei Stahl stellt die Wärmebehandlung ein wichtiges Verfahren dar, um besondere Eigenschaften über die Einstellung des Gefüges zu erhalten. Die EN 10052:1993[2] bezeichnet den Vorgang „Wärmebehandeln" wie folgt: ein Werkstück ganz oder teilweise Zeit-Temperatur-Folgen zu unterwerfen, um eine Änderung seiner Eigenschaften und/oder seines Gefüges herbeizuführen. Gegebenenfalls kann während der Behandlung die chemische Zusammensetzung des Werkstoffs geändert werden. Der letzte Satz dieser Definition schließt technische Vorgänge, die die Oberfläche, z.B. Randschichthärten (Abschnitt 3.5.2) oder Beschichten (Abschnitt 3.5.5) beeinflussen bzw. verändern, mit ein.

[2] Norm zurückgezogen

Tabelle 3.7: Beispiele für gängige Verfahren der Wärmebehandlung bei Stahl und anderen Werkstoffen und metallographisch, lichtoptisch erkennbare Auswirkung im Gefüge

Verfahren	Metallkundliche Vorgänge	Erscheinung im Gefüge	Anwendbar bei
Diffusionsglühen ohne Abschreckung	Diffusion von Elementen; Konzentrationsausgleich	Grobkornbildung bei längeren Glühzeiten; Beseitigung von (Kristall)Seigerungen; Aufhebung von verformten Strukturen (Körner); Ausscheidungen gehen in Lösung	allen Werkstoffen; Kaltverformung kann Bildung von Grobkornbildung reduzieren
Stabilglühen	Auflösung bzw. Erzeugung von Ausscheidungen	Kornstruktur bleibt erhalten, sofern keine Kaltverformung vorhanden; gröbere Ausscheidungen im Korn und Korngrenzen lichtoptisch sichtbar; Härteprüfung	Nickellegierungen
Grobkornglühen ohne Abschreckung	Kornwachstum	Grobkornbildung Aufhebung von verformten Strukturen (Körner); Ausscheidungen gehen in Lösung	allen Werkstoffen
Normalglühen ohne Abschreckung	Zweimalige Phasenumwandlung (Aufheizen – Abkühlen)	Feinkörnig; feinlamellarer Perlit	umwandlungsfähigen Werkstoffen (Stahl)
Härten	Beim raschen Abkühlen wird die Diffusion von Fremdatomen aus dem Gitter stark behindert bzw. unterbunden. Fremdatome verbleiben in Zwangslösung	Bainit bzw. Martensit; Härteprüfung	umwandlungsfähigem Stahl
Weichglühen	Einformung von Karbiden	Körniger Perlit Härteprüfung	umwandlungsfähigem Stahl
Anlassen	Nach dem Härten: Diffusion von Fremdatomen aus dem Gitter: Bildung von mikroskopischen Ausscheidungen	Lichtoptisch nicht sichtbare Ausscheidungen im Härtungsgefüge; Härteprüfung	umwandlungsfähigem Stahl
Rekristallisierungsglühen	Nach Kaltverformung Neubildung von Körnern	Aufhebung von verformten Strukturen (Körner); Grobkornbildung bei kritischen Verformungsgraden und Temperaturen; Härteprüfung	Stahl, Aluminium
Spannungsarmglühen	Abbau von Eigenspannungen durch Herabsetzung der temperaturabhängigen Streckgrenze durch Umwandlung elastischer in plastische Dehnungen	Lichtoptisch nicht sichtbar Härteprüfung	allen Werkstoffen

Tipps für die Gefügeanalyse wärmebehandelter Bauteile

Bei großen Querschnitten können sich verfahrensbedingt (z.B. das Bauteil wird nicht durchgewärmt wegen zu kurzen Haltezeiten im Ofen, an der Oberfläche stellt sich eine Abschreckwirkung ein) über den Querschnitt inhomogene Gefügezustände einstellen. Sollen diese erfasst und beschrieben werden, muss dies bei der Schlifffestlegung berücksichtigt werden.

Das Ausgangsgefüge beeinflusst das Ergebnis der Wärmebehandlung: Seigerungen bewirken, dass die geseigerte Zone und Umgebung anders auf eine Wärmebehandlung reagieren, z.B. stellen sich beim Härten unterschiedliche Gefüge ein.

Wenn lichtoptisch keine erkennbaren Änderungen sichtbar sind, kann die Härteprüfung Möglichkeiten der Bewertung ergeben: beim Anlassen und begrenzt beim Spannungsarmglühen nimmt die Härte i. Allg. ab.

Die bei der Korngrößenbestimmung von Härtungsgefügen auftretenden Probleme werden in Abschnitt 3.2.3 behandelt.

Wenn Zweifel an der Zuordnung Gefüge – Werkstoff – Wärmebehandlung vorliegen, empfiehlt sich die Durchführung einer Wärmebehandlung nach Vorschrift an einem Probestück und dessen anschließende metallographische Untersuchung.

Die Änderung des Gefüges über eine Wärmebehandlung setzt voraus, dass beim Erwärmen und Abkühlen Phasenumwandlungen auftreten. Ist dies nicht der Fall – wie z.B. bei Aluminiumlegierungen – werden über Wärmebehandlungen Festigkeitssteigerungen durch Ausscheidungen erzielt.

Die Metallographie ist ein unverzichtbares Mittel für die Überprüfung, ob eine Wärmebehandlung korrekt durchgeführt wurde und das gewünschte Gefüge vorliegt. Hierzu wird an einer repräsentativen Stelle ein Schliff angefertigt, mit dem die Mikrostruktur, d.h. die Ausbildung des Gefüges zuverlässig beurteilt und mit den Vorgaben verglichen werden kann.

Bei Stahl werden unterschiedliche Wärmebehandlungen durchgeführt, die sich auf das Gefüge und die Eigenschaften auswirken. Bei Kohlenstoffstählen sind die Wärmebehandlungsverfahren ohne Abschrecken im Eisen-Kohlenstoffdiagramm, siehe Bild 3.10, eingezeichnet. Wird nach dem Aufheizen mit einer vorgegebenen Geschwindigkeit rasch abgekühlt, müssen die in Abschnitt 3.2.2.2 erwähnten Zeit-Temperatur-Schaubilder herangezogen werden. In der Regel wird jedoch das Gefüge bzw. der gewünschte Gefügezustand im Verfahren angegeben, siehe Tabelle 3.7.

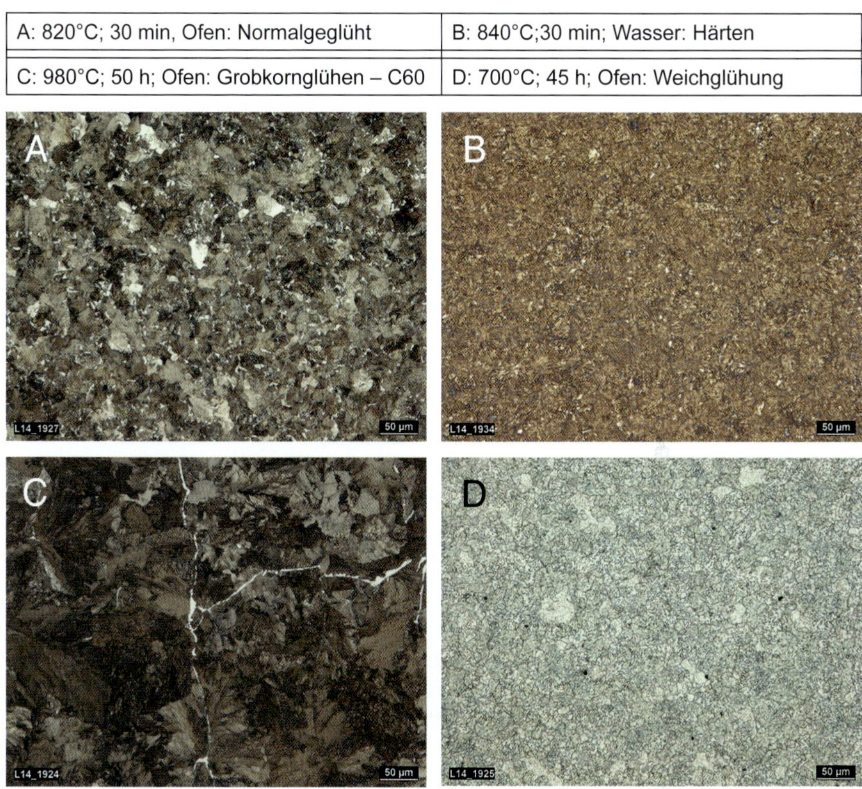

Bild 3.62: Beispiele für die Auswirkung unterschiedlicher Wärmebehandlungen beim Kohlenstoffstahl C60

Beispiele für die Gefügeänderungen nach einer Wärmebehandlung sind exemplarisch in Bild 3.62 dargestellt.

Die bei nicht umwandlungsfähigen Werkstoffen (z.B. austenitische Stähle, Nickellegierungen, Aluminiumlegierungen) eingesetzten Wärmebehandlungen führen i. Allg. nicht zu signifikanten Änderungen des Ausgangsgefüges. Beim Lösungsglühen können sichtbare Kristallseigerungen, z.B. bei Kupfer-Nickel-Legierungen beseitigt werden. Die dabei möglicherweise auftretende Kornvergröberung kann über eine vorhergehende Kaltverformung verhindert werden. Beim Stabilglühen von Nickellegierungen werden mikroskopische Ausscheidungen im Gefüge erzeugt, die lichtoptisch nur begrenzt sichtbar sind.

3.5.2 Randschichthärten – Stahl

Zum Randschichthärten werden Stähle verwendet, die über einen ausreichenden Kohlenstoffgehalt bzw. Gehalt an anderen Legierungselemente verfügen und die beim Abkühlen ein Härtungsgefüge (siehe Abschnitt 3.2.2.3) ausbilden. Der Bereich mit einem martensitischen Gefüge soll sich jedoch auf eine vorgegebene Randzone an der Oberfläche beschränken. Daher wird nur eine Randschicht des Bauteils auf Austenitisierungs- bzw. Härtetemperatur erwärmt. Das Aufheizen erfolgt z.B. induktiv mit hoher Wärmedichte innerhalb von Sekundenbruchteilen oder Sekunden. Damit wird verhindert, dass sich der Kern aufheizt und sich das Kerngefüge verändert. Anschließend wird in einem dem Werkstoffumwandlungsverhalten angepassten Medium abgeschreckt und ggf. eine Anlassbehandlung zum Entspannen des Martensits in der Randschicht nachgeschaltet.

Die Metallographie hat die Aufgabe, zusammen mit der Härteprüfung die vorgegebene Einhärtungstiefe zu überprüfen. Die Einhärtungstiefe DS nach EN 10328:2005 stellt den Abstand zwischen der Oberfläche des zu prüfenden Werkstücks und derjenigen Stelle in der Härtezone dar, an der die Vickers-Härte,

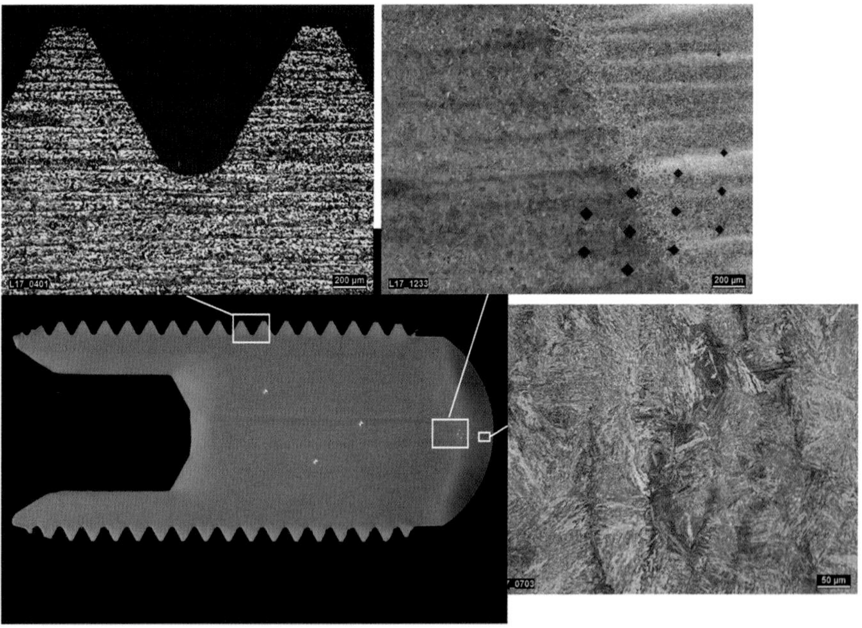

Bild 3.63: Randschichtgehärtetes Bauteil 42CrMo4: versetzte Härteeindrücke zur Ermittlung der Einhärtungstiefe in der gehärteten Randschicht

gemessen bei einer Prüfkraft von 9,807 N, der Grenzhärte entspricht. Als Grenzhärte wird ein Wert von 80% des Mindestwertes der geforderten Oberflächenhärte HV_{min} verstanden.

Bild 3.63 zeigt eine Querschliff durch eine randschichtgehärtete Zone eines Bauteils. In der Mitte liegt ein zeiliges, ferritisch-perlitisches Gefüge vor. Die dunkle Randzone gibt das martensitische Härtungsgefüge wieder. Zur Ermittlung der Einhärtungstiefe nach EN 10328:2005 wurden versetzt HV1 Eindrücke in vorgegebenen Abständen von der Oberfläche zur Ermittlung der Einhärtetiefe ausgemessen. Aus dem Ausschnitt, in dem der Übergang zur gehärteten Randschicht gezeigt wird, ist ersichtlich, dass sich die *Makroseigerungen* in die Härtezone fortsetzen und dort ggf. zu Härteschwankungen führen.

3.5.3 Einsatzhärten – Stahl

Beim Einsatzhärten erfolgt eine thermochemische Diffusionsbehandlung des Bauteils. Dies sind Verfahren, bei denen die chemische Zusammensetzung der Randschicht verändert wird. Durch Aufkohlen wird z.B. Kohlenstoff in der Bauteiloberfläche angereichert. Dadurch wird dieser Bereich härtbar. Diesem Vorgang schließt sich eine weitere Wärmebehandlung an, die den eigentlichen Härtungsvorgang darstellt, Bild 3.64.

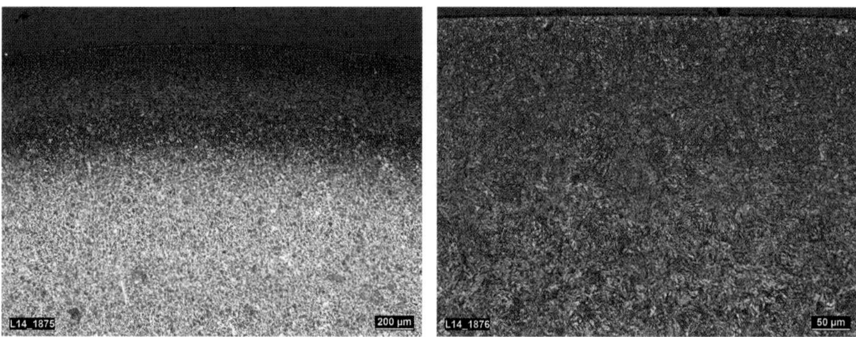

Bild 3.64: Aufgekohlte, gehärtete Zone eines 9SMn28

Wie schon beim Randschichthärten werden besondere Anforderungen an die Dicke der einsatzgehärteten Schicht bzw. den Härteverlauf gestellt. Am Schliff quer zur Einsatzschicht wird die Einsatzhärtungstiefe nach EN ISO 2639:2002 ermittelt. Die Einsatzhärtungstiefe ist der senkrechte Abstand von der Oberfläche bis zu einer Tiefe, die eine Grenzhärte von 550 HV1 aufweist.

3.5.4 Thermochemische Diffusionsbehandlung

Während besonderer thermochemischer Diffusionsbehandlungen wie Sulfidieren, Nitrieren, Nitrocarburieren, Bild 3.65, können sich bereits in der Diffusionsphase harte Karbide, Sulfide oder Nitride bilden, sodass eine weitere Wärmebehandlung nicht erforderlich ist.

Beim Borieren oder Chromieren kann sich wahlweise eine weitere Wärmebehandlung anschließen.

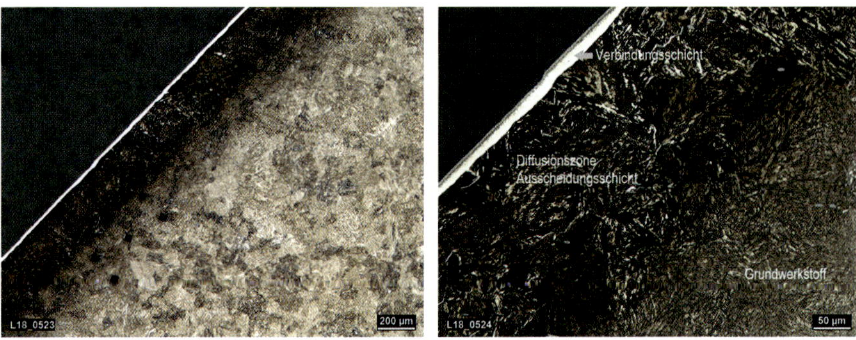

Bild 3.65: Nitrierschicht mit Verbindungs- und Diffusionsschicht auf einem 40 CrMnMoS 86

Die Nitrierhärtetiefe ist der senkrechte Abstand von der Oberfläche bis zu einer Tiefe, bei der der Härteverlauf einen Grenzhärtewert von 50 + Kernhärte in HV aufweist.

Tabelle 3.8: Bezeichnungen von Härtetiefen in Zeichnungen

Zeichnungs-Kurzzeichen DIN ISO 15787:2016	Zeichnungs-Kurzzeichen DIN ISO 6773 (veraltet)
CHD – Case hardening depth; Einsatzhärtungstiefe – Härtetiefe	Eht – Einsatzhärtungstiefe
CD – Carburization Depth; Aufkohlungstiefe – Härtetiefe	At – Aufkohlungstiefe
SHD – Surface Hardening Depth; Randschichthärtungs – Härtetiefe	Rht – Einhärtungstiefe*
NHD Nitriding Hardness Depth; Nitrier-Härtetiefe	Nht – Nitriertiefe
CLT Compound Layer Thickness; Verbindungsschichtdicke	VS – Verbindungsschichtdicke

* entspricht DS in EN 10328:2005

Tipps für die Präparation von oberflächengehärteten Bauteilen

Die Ermittlung der Anforderungen „Härtewert an der Oberfläche" bzw. „Verlauf der Härte" ist eine metallographische Aufgabenstellung, für die in den meisten Fällen Vorgaben in Normen gemacht werden.

Es wird ein Schliff senkrecht zur Oberfläche des Bauteils erstellt, der die Härtezone wie auch das Kerngefüge zeigt. Es ist darauf zu achten, dass die Härtezone nicht schräg angeschnitten wird, da sich sonst Fehler in der Einhärtungstiefe ergeben.

Durch makroskopisches Anätzen kann bereits optisch zwischen Randschicht und Kerngefüge unterschieden werden.

Wenn gleichzeitig das Gefüge beurteilt werden soll, müssen die Anforderungen an die Präparation für die Herstellung eines Mikroschliffes erfüllt werden. Für die reine Darstellung des Härteverlaufs muss weniger aufwändig präpariert werden – in erster Linie muss die Vorgabe der Prüfnorm für die Härteermittlung, nämlich die Gewährleistung einer exakten Messung der Eindruckdurchmesser möglich sein.

Es ist zu beachten, dass sich die Normen für die Ermittlung der Härtungstiefen sowie die zugehörigen Bezeichnungen in der Überarbeitung befinden: eine Gegenüberstellung der Bezeichnungen in den Zeichnungen ist in Tabelle 3.8 zusammengestellt. Eine Norm in der die Ermittlung der Härtetiefen nach Einsatzhärten, Randschichthärten und Nitrieren zusammengefasst werden soll, ist in der Bearbeitung (ISO 18203) – nach Erscheinen dieser Norm verliert die EN ISO 2639:2002 die Gültigkeit.

Mängel in der Homogenität der Härteverteilung haben – neben verfahrenstechnischen Problemen bzw. ungünstigem Geometrieverlauf – ihre Ursache in der Ausbildung des Ausgangsgefüges: grobkörnige Ausgangsgefüge mit einer ungleichmäßigen Kohlenstoffverteilung können zu Härteunterschieden in der Randschicht führen. Ebenso können Randentkohlungen sowie Restaustenit zu geringen Härtewerten an der Oberfläche führen. In diesen Fällen trägt die metallographische Beschreibung des Ausgangsgefüges zur Feststellung der Ursachen schlechter Qualität bei.

3.5.5 Oberflächenbeschichtungen

Beschichtungen erfüllen unterschiedliche Zwecke, z.B. Schutz des Bauteils gegen äußere mechanische Beanspruchungen (z.B. Verschleiß), gegen chemische Angriffe (z.B. Korrosion, Oxidation) und tragen damit zur Verbesserung der Funktionsfähigkeit und Lebensdauer des Bauteils bei.

Unter Beschichtung versteht man das Aufbringen eines Überzugs aus einem ausgewählten Werkstoff bzw. Werkstoffsystem auf die Oberfläche eines Bauteils (= Substrat). Die Dicken dieser Schichten können je nach Beschichtungsverfahren von wenigen mm (z.B. beim galvanischen Verzinken) bis zu mehreren µm (Thermisches Spritzen von Verschleißschichten) betragen. Auch Auftragsschweißen gehört zu den Beschichtungsverfahren.

Die metallographische Darstellung von Schichten stellt eine besondere Herausforderung dar. Dies liegt darin begründet, dass u. a.

- die Schichten sehr dünn sein können
- die Eigenschaften des Substrates sich signifikant von der der Schicht unterscheiden können, was präparative Probleme bei der Herstellung des Schliffs und beim Ätzen verursacht
- die Schichten nicht homogen sein können
- spröde Schichten bereits beim Trennen beschädigt werden können.

Mit Hilfe der metallographischen Untersuchung kann festgestellt werden, ob z.B.:

- die festgelegte Schichtdicke vorhanden ist und ob sie gleichmäßig ist
- die Schichtstruktur den Anforderungen entspricht
- die Schicht Defekte (Risse, Hohlstellen..) aufweist
- eine ausreichende Haftung über eine ggf. vorhandene Zwischenschicht (Bond) vorliegt.

3.5.5.1 Verzinkungen

Es gibt unterschiedliche technische Möglichkeiten Bauteile zu verzinken. Die Anforderungen an die Verzinkungsschicht bzw. -dicke werden von den jeweils gültigen Normen sowie den Vereinbarungen mit dem Kunden festgelegt. Die Homogenität und Schichtdicke stellt ein Qualitätsmerkmal dar.

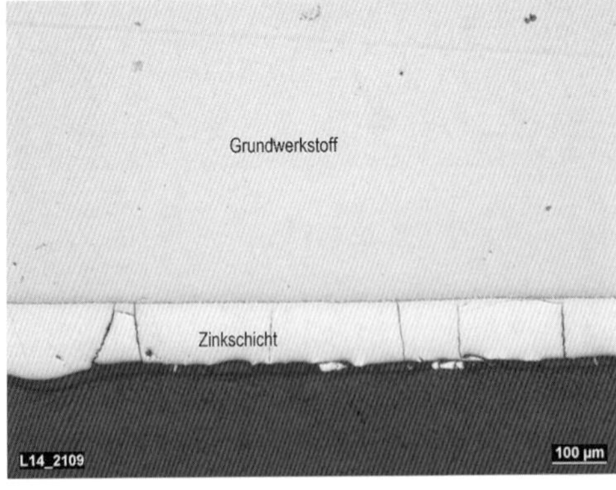

Bild 3.66: Feuerverzinkung eines niedriglegierten Stahles – poliert

3.5.5.2 Hartchromschichten

Hartchromschichten werden an Bauteilen zur Verbesserung des Korrosions- bzw. Verschleißverhaltens aufgebracht. Daraus leiten sich metallographisch bestimmbare Anforderungen an die Härte, Dicke, Haftung und Rissigkeit sowie Rauigkeit ab. Eine glatte Oberfläche mit einer nahezu homogenen Hartchromschicht ist in Bild 3.67 zu sehen. Die Dicke beträgt im Mittel 93 µm. Bei der Ermittlung der Dicke ist anzumerken, dass über Einzelmessungen ein repräsentativer Bereich des Bauteils erfasst werden muss.

Bild 3.67: Glatte Hartchromschicht auf einer Welle aus Kohlenstoffstahl – poliert

Die Riefenbildung nach betrieblicher Beanspruchung ist in Bild 3.69 zu sehen. Die Dicke beträgt im Mittel 79 µm. Der Effekt einer Eindrückung kann nur über eine Ätzung des Grundwerkstoffs erfasst werden, Bild 3.69. Damit kann die Verformung des Grundwerkstoffs nachgewiesen werden.

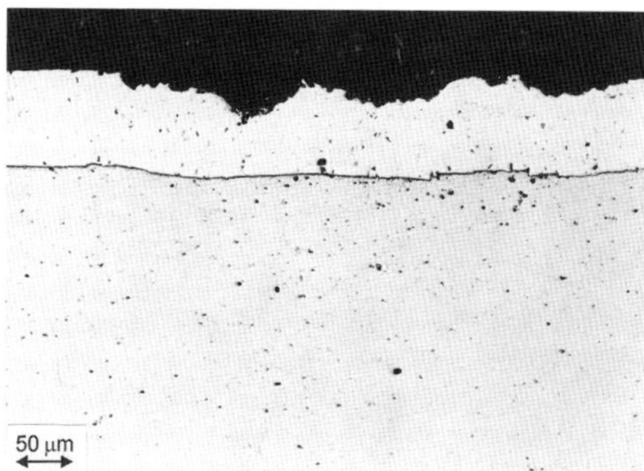

Bild 3.68: Riefenbildung auf der Oberfläche einer Hartchromschicht auf einer Welle aus Kohlenstoffstahl – poliert

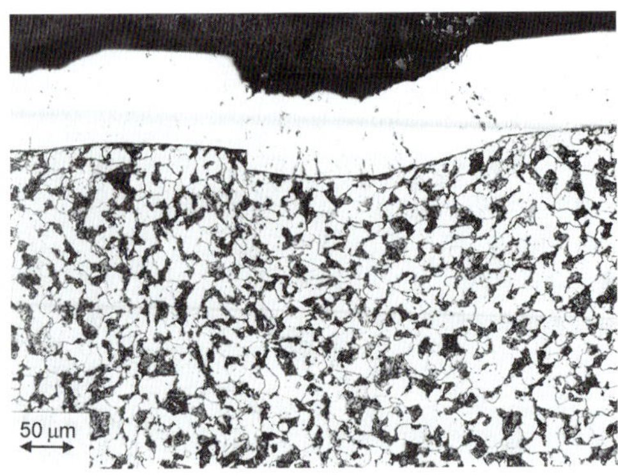

Bild 3.69: Eingedrückte Hartchromschicht auf einer Welle aus Kohlenstoffstahl – geätzt mit 3%iger HNO_3

Bei der Ermittlung der Härte im Querschliff muss ein angepasstes Verfahren eingesetzt werden. Bei der gezeigten Hartchromschicht wurde HV0,3 verwendet. Die gemessenen Härten betrugen 890 bis 1149 HV0,3.

Bei der Präparation ist darauf zu achten, dass der Trennschnitt mit genügend großem Abstand zur Schliffebene durchgeführt wird. Die Trennscheibe soll zuerst die harte Chromschicht anschneiden, bei möglichst geringem Vorschub. Die Abstufungen bei der Körnung sind möglichst klein zu wählen. Um Risse in der Chromschicht zu erkennen, ist das Vibrationspolieren zu bevorzugen.

3.5.5.3 Titanaluminiumbeschichtung

Titanaluminiumschichten auf Hartmetallwerkzeugen können mittels Vibrationspolieren (vgl. Abschnitt 5.6.1) besonders randscharf dargestellt werden, Bild 3.70.

Bild 3.70: Beschichtung mit Titanaluminium

3.5.5.4 Beschichtungen über Lichtbogen

Wird der Werkstoff aufgeschmolzen und mittels eines Lichtbogens auf die Oberfläche eines Substrates gebracht, ergibt sich ein Gefüge, das von den Abkühlbedingungen und der Menge des Niederschlags (Tropfengröße) sowie durch die nachfolgende Abscheidung weiterer schmelzflüssiger Tropfen beeinflusst wird. Die sich einstellende Struktur kann darüber hinaus Fehlstellen in Form von Hohlräumen aufweisen. In Bild 3.71 ist die poröse austenitische Schicht, die mit einem Lichtbogen (Vacuum Arc Deposition) auf einen martensitischen Grundwerkstoff aufgebracht wurde, zu sehen.

Bild 3.71: Über einen Lichtbogen im Vakuum aufgebrachte austenitische Schicht auf einem martensitischem Substrat (Pikrin–Salzsäure)

3.5.6 Optimale metallographische Präparation von Randeffekten und Schichten

Wie bereits erwähnt, ist die metallographische Darstellung von Randeffekten mit Problemen behaftet. Es können sich Schwierigkeiten beim Präparieren (Trennen, Schleifen) einstellen, z.B. wegen der hohen Härte einer Beschichtung oder dem losen Aufbau einer Oxidationsschicht. Auch beim Ätzen ergeben sich Probleme, wenn z.B. ein vom Grundwerkstoff abweichendes Gefüge oder ein Rissnetzwerk in der Schicht vorliegen.

Nachfolgend sind einige Hinweise zum zweckmäßigen Vorgehen aufgeführt.

3.5.6.1 Bestimmung der Dicke von Metall- und Oxidschichten

Zur Bestimmung von industriell aufgebrachten Schichten an Oberflächen gibt es eine Reihe von standardisierten Verfahren. Die mikroskopisches Ermittlung nach DIN EN ISO 1463:2004 ist eines davon.

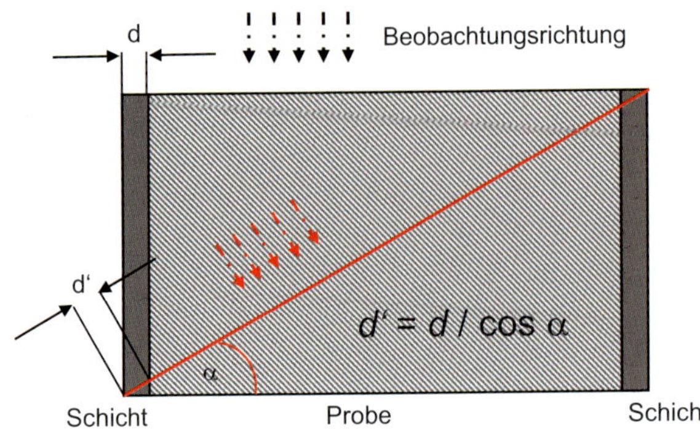

Bild 3.72: Auswirkung einer schrägen Schliffentnahme

Diese schreibt vor, dass die Probe so zu präparieren (Einbetten, Schleifen, Polieren, Ätzen) ist, dass:

1. die Querschnittfläche senkrecht zur Schichtebene liegt
2. die Querschnittfläche eben ist und die Schicht in ihrer gesamten abgebildeten Breite gleichzeitig scharf eingestellt werden kann (bei der für die Messung verwendeten Vergrößerung)
3. die durch die Präparation verformten Oberflächenzonen entfernt sind – die Schliffﬂäche verformungsfrei ist
4. die Materialgrenzen auf der Querschnittfläche lediglich durch das unterschiedliche Aussehen der Materialien (Kontrast) oder durch eine schmale, gut definierte Linie erkennbar sind.

Damit werden klare Anforderungen an die metallographische Herstellung des Schliffs gestellt. Diese beginnt bereits mit dem Trennen, d.h. der Herstellung der Schliffprobe aus dem zu untersuchenden Prüfgegenstand/Probe. Schräges Trennen, d.h. der Trennschnitt wird nicht senkrecht zur Schicht durchgeführt, erhöht die Wahrscheinlichkeit, dass die für die Messung der Schichtdicke verwendete Schliffﬂäche nicht senkrecht zur Schnittebene liegt (Punkt 1 der Normanforderung).

Wie aus Bild 3.72 ersichtlich, erscheint mit zunehmender Abweichung (Winkel α) vom senkrechten Schnitt die Schichtdicke im Schliff größer als sie in Wirklichkeit ist. Aus diesem Grund ist es besonders in Streit- und Qualitätsfällen wichtig, sicherzustellen, dass die Schliffﬂäche senkrecht zur Schicht steht.

Abweichungen vom senkrechten Anschliff ergeben sich beim Heraustrennen der Schliffprobe aus dem Prüfstück und/oder dem schrägen Anschleifen bei der Probenpräparation.

Möglichkeiten der Kontrolle, ob ein Schliff senkrecht zur Schicht orientiert ist, sind z.B.:

- Ermittlung von Prüfstückmaßen, die im Schliff kontrolliert werden können. Beispiel: Durchmesser oder Vierkant bei Profilen
- Anbringung von Bezugsmarken bei der Einbettung des Schliffs zur Überprüfung einer möglichen Kippung beim Schleifen.

Der Trennschnitt zur Entnahme der Probe aus dem Prüfstück muss so ausgeführt werden, dass die spätere Schlifffläche davon nicht beeinträchtigt wird. Durch die Wahl des falschen Trennverfahrens bzw. der schlechten Ausführung desselben, können sich folgende Fehler in der Schicht bilden, wie z.B.

- Anrisse, Krater in der Schicht
- Ablösungen im Bereich zwischen Werkstoff und Schicht
- Abplatzen von Schichtbereichen.

Beim Trennen bildet sich je nach Trennverfahren vor der Schneidwerkzeugkante ein Verformungsbereich (siehe auch Anforderung 3 ISO 1463), dessen Breite vom Schneidwerkzeug bzw. den Schneidbedingungen (Anpressdruck, Schnittgeschwindigkeit) beeinflusst wird und der im Schliff abgearbeitet werden muss. Darüber hinaus entsteht Wärme, die ggf. über ein Kühlmittel abzuführen ist. Diese lokale Wärmeentwicklung kann zu Gefügeveränderungen oder aber auch bei unterschiedlichem Ausdehnungsverhalten von Schicht und Werkstoff zu Wärmespannungen und Rissen führen.

Bei der Wahl des Trennverfahrens ist daher zu prüfen:

- Überhitzung und Beeinträchtigung des Schichtverbunds
- mit welcher Kühlflüssigkeit kann die vorliegende Kombination Werkstoff-Schicht gekühlt werden, ohne dass Reaktionen z.B. Oxidation, Aufquellen usw. erfolgen
- liegt die Gefahr der Zerstörung der Schicht (ganzes oder teilweises Abplatzen, Rissbildungen in der Schicht im Interface) vor
- zu starke Verformung der Schicht bzw. Grundwerkstoffs.

Sollten Hinweise auf eine unzulässige Beeinträchtigung der Schicht, z.B. durch die makroskopische Untersuchung im Stereomikroskop vorliegen, kann die getrennte Probe eingebettet und an der zu bearbeitenden Schlifffläche ein neuer Trennschnitt gemacht werden. Dies ist immer der Fall, wenn die Schicht nur in einem lockeren Verbund (siehe auch 3.5.6.2) vorliegt, dadurch kann verhindert werden, dass sich während des Trennvorgangs Teile von der Schicht ablösen. Für empfindliche Schichten empfehlen sich Präzisionstrennmaschinen. Im Normalfall sollte die Schicht von der Trennscheibe zuerst angeschnitten werden. Befindet sie sich im Auslaufbereich, besteht die Gefahr, dass die an die Oberfläche austretende Scheibe Ausbrüche – vor allem bei spröden Schichten – erzeugt.

Ist neben der Schichtdicke auch die Struktur (Gefüge, Anbindung an den Grundwerkstoff, Rissbildungen) das Ziel der metallographischen Untersuchung, muss besonders sorgfältig auf die Beeinflussung dieser Strukturgrößen durch die Präparation zu achten. Wenn möglich, sollte auf eventuelle Risse bereits vor dem Trennen im Stereomikroskop untersucht werden, ggf. unter Heranziehung gecigneter zerstörungsfreier Methoden. Die Veränderung eines Rissmusters während des Schleifens sollte regelmäßig von Schleifstufe zu Schleifstufe im Mikroskop erfasst werden.

Eine wesentliche Anforderung besteht in der Erzielung einer ausreichenden Randschärfe, d.h. die Schlifffläche muss im Randbereich eben sein und darf zum Rand nicht abgerundet sein, sodass die Schicht in ihrer gesamten abgebildeten Breite gleichzeitig scharf eingestellt werden kann (Anforderung 2 DIN EN ISO 1463:2004). Dies wird erreicht durch die geeignete Einfassung der Probe. Folgende Verfahren sind möglich:

1. Einbetten der Probe mit einem Kalt- oder Warmeinbettmittel
2. Metallische Klammern
3. Folienummantelung
4. Aufbringung einer Schutzschicht

Die Verfahren können auch kombiniert werden. Zum Beispiel können beim Einbettmittel zusätzliche Metallplättchen ähnlicher Härte im Randbereich der Probe eingelegt werden bzw. die Probe kann vernickelt oder mit Aluminiumfolie, z.B. bei Nitrierschichten, umwickelt und danach eingebettet werden.

Beim Einbetten ist darauf zu achten, dass sich kein Spalt zwischen Probe und Einbettmittel bildet. Die Härte des Einbettmittels ist an die der Probe anzupassen. Die optimale Probenlage im Einbettmittel ist – bei einseitig beschichteten Proben – zwei Proben mit einem geringen Spalt zwischen den gegenüberliegenden Schichten gleichzeitig einzubetten. Das Kalteinbetten ist bei empfindlichen Schichten (porös, rissbehaftet, weich, nicht festanhaftend) dem Warmeinbetten vorzuziehen. Zur Vermeidung einer Ablösung von Schichten durch die Schrumpfspannungen beim Erstarren des Einbettmittels sollten Einbettmittel verwendet werden, die sich beim Erstarren nur gering erwärmen (z.B. Polyurethan).

Beim Aufbringen von Schutzschichten zur Verbesserung der Randschärfe (Verkupfern, Verzinken, Vernickeln) können beim späteren Ätzen Probleme auftreten. Angeätztes Kupfer kann sich auf die auszumessenden bzw. zu beurteilenden Schichten ablagern.

Zur Erzielung der geforderten hohen Randschärfe ist beim Schleifen mit geringem Anpressdruck zu arbeiten, um eine Abschrägung der Oberfläche zu vermeiden. Die Vorgehensweise wird in der EN ISO 1463 wie folgt beschrieben: Üblicherweise wird mit Schleifpapier der Körnung 100 oder 180 begonnen, um die Oberfläche der eigentlichen Probe freizulegen und durch den Trennvorgang hervorgerufene Verformungen oder auch ggf. Beschädigungen der Schicht vollständig zu entfernen. Anschließend sind nacheinander Schleifpapiere mit den

Körnungen 240, 320, 500 und 600 einzusetzen[3], wobei eine Schleifdauer von 30 s bis 40 s je Stufe anzustreben ist. Bei jedem Papierwechsel ist die Schleifrichtung um 90° zu ändern. Anzuraten ist die Kontrolle nach den einzelnen Stufen unter dem Mikroskop. Für das abschließende Polieren auf einer rotierenden Polierscheibe mit Diamantpaste (Partikelgröße: 4 µm bis 8 µm) und einem Schmiermittel[4], sind 2 bis 3 min meist ausreichend, um die Schleifriefen für die abschließende Untersuchung zu beseitigen. Wenn zur Gefügecharakterisierung eine besonders hohe Oberflächengüte gefordert wird, wird zusätzlich unter Verwendung von Diamantpaste mit einer Partikelgröße von etwa 1 µm poliert.

Für die Schichtdickenermittlung ist meist eine (Tauch)Ätzung zweckmäßig, um den Kontrast zwischen der Schicht und dem Grundwerkstoff zu verbessern. Damit kann die Oberfläche von Resten der Präparation gereinigt und die Trennlinie zwischen Grundwerkstoff und Schicht schärfer entwickelt werden. Einige typische Ätzlösungen sind in Kapitel 8, Tabelle 8.1 angegeben.

Bei einer normgerechten Ausmessung der Schicht unter dem Mikroskop sind zusätzlich die Vorgaben in Bezug auf Messfehler und Messungenauigkeiten zu beachten.

3.5.6.2 Lose anhaftende, poröse Schichten – Korrosions- und Oxidationsschichten

Die metallographische Bewertung des betrieblichen Korrosions- und Oxidationsverhaltens ermöglicht die Quantifizierung des zeitlichen Wachstums der Schicht sowie der damit verbundenen Reduktion des tragenden metallischen Querschnitts. Damit können die Sicherheitszuschläge (Wanddickenzuschläge zur Berücksichtigung von Korrosion und Oxidation) abgeleitet werden. Die metallographische Abbildung von porösen bzw. aus unterschiedlichen Phasen aufgebauten Schichten ist eine besondere Herausforderung für die Schliffentnahme und die Präparation. Zuverlässige und vergleichbare, d.h. wiederholbare Ergebnisse werden nur erhalten, wenn bestimmte Vorgaben bei der Durchführung der metallographischen Untersuchung eingehalten werden.

Im Rahmen eines Forschungsvorhabens [4] wurde von mehreren beteiligten Metallographielaboren eine gemeinsame Vorgehensweise zur qualitativen und quantitativen Bewertung der Oxidschichtdicke von Rohrwerkstoffen festgelegt. Damit lassen sich reproduzierbare und somit vergleichbare Ergebnissen erzielen:

[3] Eine bessere Schliffgüte lässt sich durch Schleifen mit Körnung bis zu 1000 und Polierstufen von 15, 6, 1 µm erreichen

[4] Wasser oder Benzin nach EN ISO 1463:2004

Schritt 1: Untersuchung des Bauteils und Schliffentnahme

Bereits beim Heraustrennen der Schliffprobe besteht die Gefahr, dass Teile der lose anhaftenden Oxid- bzw.- Korrosionsschichten abfallen. Außerdem ist bei der späteren Bewertung im Schliff zu berücksichtigen, dass sich auch während des Betriebs die Schichten verändert haben können. Bei Rohren, deren Innenoberfläche auf die Ausbildung einer Oxidschicht in Heißdampfatmosphäre bzw. Außenoberfläche auf Korrosion durch heiße Rauchgase metallographisch zu untersuchen sind, können als Folge von Aufheiz- und Abkühlvorgängen und der Erschütterungen beim Heraustrennen die Schichten abplatzen. Eine eingehende makroskopische Untersuchung stellt daher die Vorstufe der Schliffentnahme dar.

Makroskopische Untersuchung

Bei der visuellen Beurteilung der Prüflingsoberflächen sollten folgende Punkte beachtet werden:

- Bewertung der vorhandenen Beläge (Aussehen, abgeplatzte oder zum Teil abgeplatzte Bereiche, Dicke)
- Erfassung eventueller geometrischer Veränderungen wie Aufweitungen oder andere Verformungen
- Überlagerung mit anderen Mechanismen, wie z.B. Erosionserscheinungen

Die Befunde sind im Bericht zu beschreiben und zu dokumentieren.

Schlifffestlegung

Nach der makroskopischen Untersuchung werden die Stellen für eine Schliffuntersuchung festgelegt. Die Stellen sollten repräsentativ für den Zustand sein und/oder besonders kritische Bereiche erhöhter Oxidation und Korrosion abbilden.

Trennen

Für die Vorbereitung der Schliffe, die als Querschliffe quer zur Rohrlängsachse oder als Längsschliffe parallel zur Rohrlängsachse ausgeführt werden können, müssen aus dem Bauteil geeignete Probenstücke herausgetrennt werden. Wie bereits an anderen Stellen hierzu ausgeführt, sollten diese Trennschnitte nicht mit einem groben Sägeblatt unter Einbringung hoher Spannungen und Wärme, z.B. durch hohen Anpressdruck durchgeführt werden. Optimal ist ein Schnitt, an dessen Kante die Oxidations- bzw. Korrosionsschicht nur minimal abblättert. Bei Rohrproben wird im Allgemeinen der Querschliff (ggf. an mehreren Stellen) bevorzugt, da man dadurch Informationen über den gesamten Umfang erhält. Da die Innenoberfläche makroskopisch nicht untersucht werden kann, wird das Rohr in zwei Halbschalen getrennt, sodass eine Besichtigung der Innenoberfläche möglich wird.

Schritt 2: Präparation und lichtoptische Auswertung

Die Präparation ist vom Probenwerkstoff abhängig. Entsprechende Vorgaben finden sich in Tabelle 3.9 bis Tabelle 3.11.

Am polierten Schliff werden folgende Untersuchungen durchgeführt und die Ergebnisse dokumentiert:

- Restwanddicke mit Außen- / Innendurchmesser
- Bestimmung der Schichtdicken in Abhängigkeit der sich unterscheidenden Oxidschichten, z.B. topotaktische und epitaktische Schicht

Am geätzten Schliff werden nachfolgende Untersuchungen durchgeführt und die Ergebnisse dokumentiert:

- Gefügebeurteilung inkl. Gefügezustand in der Nähe der Oberfläche insbesondere bei besonders behandelten Oberflächen (z.B. shot-peened, vgl. auch Abschnitt 3.5.1)
- Korngrößenbestimmung
- Härtemessungen ggf. auch Härteverlauf über der Wanddicke

Tabelle 3.9: Probenpräparation von martensitischen Stählen; alle Zeitangaben sind Anhaltswerte und können je nach Größe und Zustand der Proben variieren

Präparationsschritt	Körnung / Ätzmittel	Bearbeitungskriterium
Grobes Vorschleifen	SiC 80 bis SiC 120 (Korn 150)	plane Fläche
Feinschleifen	SiC 240 / 60 µm Diamantscheibe	Schleifspuren der Vorstufe sind zu entfernen; ca. 3 bis 5 min pro Schleifstufe (Diamantscheibe)
	SiC 600 / 25 µm Diamantscheibe	
	SiC 1200 / 15 µm Diamantscheibe	
Polieren	3 µm Diamantpaste weiches Tuch	ca. 3 bis 5 min
	1 µm Diamantpaste weiches Tuch	
Zwischenätzen	Zwischenätzen Pikrin-Salzsäure (Tabelle 8.3)	ca. 10 – 30 s
Endpolieren	1 µm Diamantpaste weiches Tuch	ca. 3 min bis Ätzangriff beseitigt ist
Schlussätzung	Pikrin-Salzsäure (Tabelle 8.3)	ca. 10 – 30 s

Tabelle 3.10: Probenpräparation von austenitischen Stählen; alle Zeitangaben sind Anhaltswerte und können je nach Größe und Zustand der Proben variieren (OPS – oxidische Poliersuspension)

Präparationsschritt	Körnung / Ätzmittel	Bearbeitungskriterium
Grobes Vorschleifen	SiC 80 bis SiC 120 (Korn 150)	plane Fläche
Feinschleifen	SiC 240 / 60 µm Diamantscheibe	Schleifspuren der Vorstufe sind zu entfernen; ca. 3 bis 5 min pro Schleifstufe (Diamantscheibe)
	SiC 600 / 25 µm Diamantscheibe	
	SiC 1200 / 15 µm Diamantscheibe	
Polieren	6 µm Diamantpaste weiches Tuch	ca. 3 bis 5 min
	1 µm Diamantpaste weiches Tuch	
Endpolieren	OPS-Politur synthetisches Kunstfasertuch	ca. 2 min
Schlussätzung	V2A-Beize bei 45 – 50°C	ca. 30 – 50 s

Tabelle 3.11: Probenpräparation von Nickellegierungen; alle Zeitangaben sind Anhaltswerte und können je nach Größe und Zustand der Proben variieren (OPS – oxidische Poliersuspension)

Präparationsschritt	Körnung / Ätzmittel	Bearbeitungskriterium
Grobes Vorschleifen	SiC 80 bis SiC 120 (Korn 150)	plane Fläche
Feinschleifen	SiC 240 / 60 µm Diamantscheibe	Schleifspuren der Vorstufe sind zu entfernen; ca. 10 bis 15 min pro Schleifstufe (Diamantscheibe)
	SiC 600 / 25 µm Diamantscheibe	
	SiC 1200 / 15 µm Diamantscheibe	
Polieren	6 µm Diamantpaste weiches Tuch	ca. 3 bis 5 min
	1 µm Diamantpaste weiches Tuch	
Endpolieren	OPS-Politur synthetisches Kunstfasertuch	ca. 2 bis 5 min
Schlussätzung	V2A-Beize bei 45 – 50°C	ca. 30 – 50 s

Schritt 3: Untersuchung im Rasterelektronenmikroskop

Die exakte Bewertung des Oxidschichtaufbaus sowie des Bereichs unterhalb des Oxidbelags im Metall erfolgt über eine rasterelektronenmikroskopische Untersuchung. Mit Hilfe der *energiedispersiven Röntgenspektroskopie* (elemental mapping) werden Elementverteilungen in der Schlifffläche angezeigt. Man erhält einen Überblick über die Elementverteilung, z.B. die Anreicherung von Chrom im Oxid bzw. die Verarmung an Eisen im Metall und kann daraus Schlussfolgerungen auf die Oxidations- bzw. Korrosionsmechanismen ziehen.

3.5.6.3 Sehr dünne Schichten

Wie bereits in Bild 3.72 dargestellt, kann durch schräges Anschneiden des Schichtbereichs die zu untersuchende Fläche vergrößert werden. Allerdings muss darauf geachtet werden, dass man damit auch unterschiedliche Tiefenzonen anschneidet, was die Bewertung der Gefügestruktur erschweren kann, wenn diese vom Diffusionsweg von Elementen aus Grundwerkstoff und Schicht beeinflusst wird. Bei der Bestimmung der Schichtdicke muss der Winkel berücksichtigt werden.

Qualitätsanforderungen bei Schichten

- Homogene Gefügestrukturen
- Gleichmäßige Schichtdicke
- Anhaftung an Grundwerkstoff ggf. über die Ausbildung einer Zwischenschicht
- Keine Abplatzungen
- Keine bzw. tolerierbare Anzahl von Rissen bzw. Poren

Tipps für die Präparation

Bei der Präparation von oberflächenbeschichteten Werkstoffen ist zu beachten, dass die Oberflächenschicht sich nicht in der Struktur und Geometrie verändert und nicht beschädigt wird.

Diese Anforderungen sind bereits bei der Probennahme, d.h. dem Trennen zu berücksichtigen. Lose anhaftende Schichten können durch die Erschütterung bzw. dem Schnitt beim Trennen abplatzen und sich lösen. Dies lässt sich durch die Wahl der korrekten Trennscheibe, der richtigen Fixierung der Probe, sodass der Trennscheibenaustritt nicht in der (spröden) Schicht erfolgt, einem angepassten Vorschub und entsprechender Kühlung erreichen. Es muss ferner entweder ein ausreichend großer Abstand zur späteren Schliffebene eingehalten werden oder der Probenkörper vor dem Trennen eingebettet werden. Das Kühlmittel für den Trennprozess darf die Schicht nicht angreifen.

Bei der Wahl des Einbettmittels für die Schliffpräparation muss darauf geachtet werden dass:

- beim Warmeinbetten Auswirkungen auf die Schicht (Gefüge, Struktur) wegen des Drucks und der hohen Temperatur möglich sind
- beim Kalteinbetten sich aufgrund der Schrumpfspannungen die Schicht ablösen kann oder sich Risse bilden sowie sich wegen des größeren Spaltes Abrundungen einstellen können.

Das Einbettmittel ist daher immer an die Konsistenz/Härte der Schicht anzupassen. In besonderen Fällen muss man zu nicht konventionellen Verfahren wie Einlagen, Ummantelung mit Kupfer- oder Aluminiumfolien greifen oder die Schliffprobe vernickeln oder verkupfern.

Beim Schleifen und Polieren ist wieder darauf zu achten, dass Kühl- und Schmiermittel nicht mit dem Probenwerkstoff reagieren. Da in der Regel Schicht und (Grund)Werkstoff ein anderes Gefüge und damit auch unterschiedliche Härte haben, müssen in der Regel mehr Stufen beim Schleifen, Feinschleifen und Polieren angewendet werden. Durch den möglichen Härteunterschied kann sich an der Grenze zwischen beiden Werkstoffen eine Stufe (Relief) bilden, an der sich der Präparationsabtrag ansammeln kann. Dadurch erscheint optisch eine Zone, die nicht vorhanden ist. Dieser Artefakt ist besonders ausgeprägt, wenn der Poliervorgang durch chemische Zusätze (OPS) unterstützt wird.

Bei porösen, rissbehafteten Schichten kann (Ätz)Flüssigkeit aus den Hohlstellen heraustreten und die Dokumentation beeinträchtigen. Diese Effekte können mit einer Wachsimprägnierung reduziert werden, siehe auch Abschnitt 3.5.7.2.

Eine Alternative zu den herkömmlichen Polierverfahren stellt in diesen Fällen das Vibrationspolieren (Abschnitt 5.6.1) dar.

3.5.7 Einfluss des Betriebs auf die Gefügeausbildung

3.5.7.1 Temperatur

Werden Bauteile erhöhten Temperaturen ausgesetzt, kann sich das Ausgangsgefüge ändern. Dies betrifft besonders Gefügezustände, die sich nicht im thermodynamischen Gleichgewichtszustand befinden, d.h. sich als Folge einer schnellen Abkühlung eingestellt haben. Sie weisen Mischkristalle und Ausscheidungen auf, die durch eine Behinderung der Diffusion von gelösten Elementen während des Abkühlens entstanden sind. Bei Erwärmung im Betrieb können Fremdatome diffundieren. Je nach Zeit und Temperatur diffundieren zwangsgelöste Atome ganz oder teilweise aus dem Gitter, sodass sich ein energetisch stabiler Zustand einstellt. Je nach Höhe der Temperatur und Zeitdauer lösen sich darüber hinaus nichtstabile Ausscheidungen auf, koagulieren oder bilden sich neu. Es stellt sich daher ein vom Ausgangszustand unterschiedliches Gefüge ein.

Die metallographische Gefügeanalyse stellt ein Hilfsmittel dar, mit dem festgestellt werden kann, ob das Bauteil/Gefüge einer (zulässigen) Temperatur ausgesetzt war, die zu (zulässigen) Änderungen in der Struktur im Vergleich zum Ausgangszustand geführt hat. Voraussetzung ist die Kenntnis des Werkstoffs (Zusammensetzung) und der vorausgegangenen Wärmebehandlung, damit man

Bild 3.73: Ausgangszustand eines warmfesten austenitischen Stahls (X5CrNi18-10)

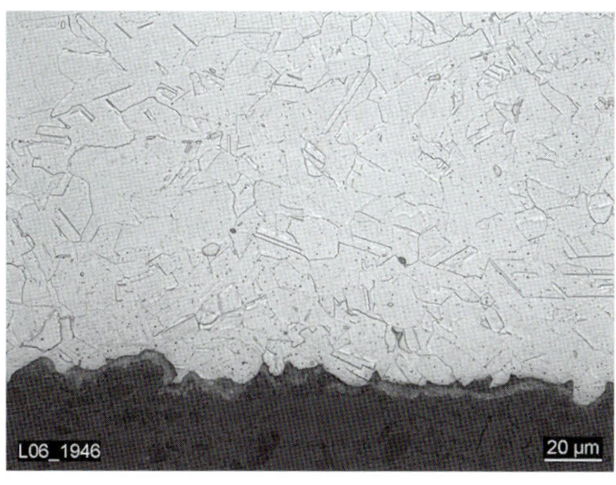

auf den Gefügeausgangszustand schließen kann. Alternativ kann auch vergleichend ein Bauteil verwendet werden, das den Ausgangszustand aufweist, weil es noch nicht im Betrieb war. Für die Gefügeanalyse des Ausgangszustandes werden die in Abschnitt 3.2 beschriebenen Methoden eingesetzt.

Wie bereits eingangs beschrieben, ändert sich bei Temperatureinwirkung der durch eine Wärmebehandlung „voreingestellte" Ausscheidungszustand. Beispielsweise bilden sich in hochlegierten austenitischen Stählen Ausscheidungen, die lichtoptisch erkennbar sind. In Bild 3.73 ist die austenitische Gefügestruktur eines warmfesten austenitischer Stahls (X5CrNi18-10) dargestellt. Im Ausgangszustand – nach dem Lösungsglühen – sind die typischen polyedrischen Körner mit teilweiser Zwillingsbildung erkennbar. Vereinzelt befinden sich Aus-

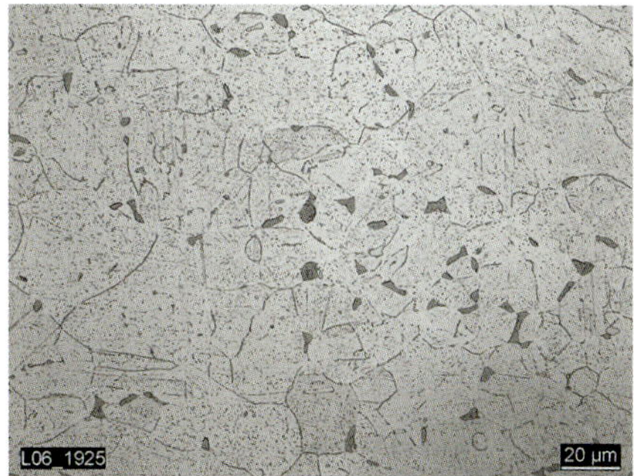

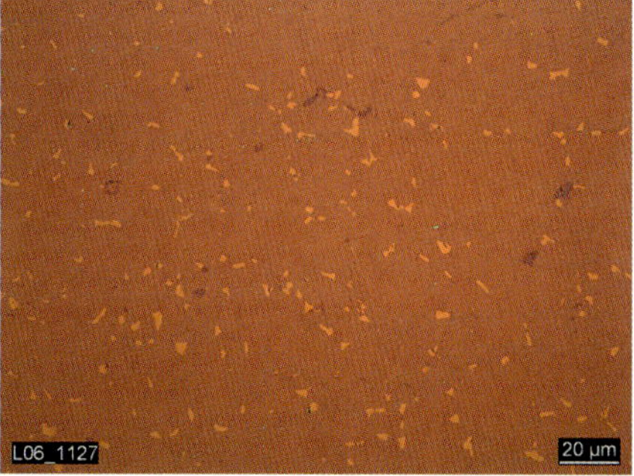

Bild 3.74: Gefügezustand eines warmfesten austenitischen Stahls (X5CrNi18-10) nach Glühung bei rd. 650°C (25000 h): Links mit V2A gebeizt, rechts mit *Interferenzschichtmetallographie* präpariert. Dunkle bzw. helle Phasen stellen Sigma-Phasen dar.

scheidungen an den Korngrenzen und im Korninneren. Nach einer Temperatureinwirkung im Bereich von 600 bis 900°C bilden sich zahlreiche Ausscheidungen bevorzugt an den Korngrenzen sowie σ-*Phase (Sigma-Phase)*, Bild 3.74.

Bei martensitischen Stählen liegt eine relativ stabile Ausscheidungsstruktur nach dem Anlassen vor. Werden diese Stähle bei Betriebstemperaturen unterhalb der maximalen Anlasstemperatur eingesetzt, so führt auch langzeitiges Glühen zu keiner lichtoptisch erkennbaren Gefügestrukturänderung. In Bild 3.75 ist gezeigt, dass sich bei einer Glühtemperatur von 850°C (100°C höher als die maximale Anlasstemperatur) lichtoptisch erkennbare Ausscheidungen gebildet haben: die martensitisch körnige Lattenstruktur erscheint weniger ausgeprägt, die Martensitkörner sind abgerundet. Wird der Stahl teilaustenitisiert[5], abgekühlt und angelassen, verstärkt sich dieser Eindruck. Die Martensitlatten sind deutlich schlechter erkennbar. Die korrespondierenden Härtewerte zeigen diese Gefügeunterschiede nicht auf. Bei derartigen Interpretationen ist Vorsicht geboten, wenn die zu vergleichenden Schliffe nicht unter gleichen Bedingungen präpariert und geätzt wurden!

Werden Bauteile zu hohen Temperaturen ausgesetzt, stellt sich ein überhitztes Gefüge ein. Allerdings muss hierzu eine Phasenumwandlung stattfinden, d.h. die Temperatur muss im Allgemeinen über einer Phasenumwandlungstemperatur liegen. Erfolgt die Abkühlung langsam, kann sich ein Gleichgewichtsgefüge, bei rascher Abkühlung ein Härtungsgefüge einstellen. Ob eine lichtoptisch feststellbare Gefügeänderung dabei stattfindet, hängt vom Ausgangszustand ab. Die Wärmeeinflusszone einer Schweißverbindung in einem umwandlungsfähigen Stahl stellt in diesem Sinn ein Beispiel für eine Überhitzungszone dar: der Grundwerkstoff erfährt im Kontakt mit dem schmelzflüssigen Schweißgut eine Aufheizung bis zum Schmelzpunkt. Mit größer werdendem Abstand von der Schmelzlinie nimmt die Temperatur ab. Lichtoptisch metallographisch ist die Wärmeeinflusszone nur in dem Bereich erkennbar, in welchem die Temperatur eine Phasenänderung oder die Veränderung einer Phase bewirkt[6]. Bild 3.76 zeigt die möglichen Gefügeänderungen in einem ferritisch-perlitischen C-Stahl in Abhängigkeit von der Überhitzungstemperatur. Martensitisch-bainitische Strukturen treten auf, wenn die Temperatur über der A_3-Linie (siehe Eisen-Kohlenstoffdiagramm Bild 3.10) liegt und eine rasche Abkühlung erfolgt (siehe ZTU Bild 3.26). Wenn die Abkühlung langsam erfolgt, kann sich wieder ein ferritisch-perlitisches Gefüge einstellen. Bei Temperaturen zwischen A_1 und

[5] Die legierungsspezifische Austenitisierungstemperatur eines Stahles kann dem entsprechenden ZTU Schaubild entnommen werden und muss deutlich über der Anlasstemperatur des entsprechenden Werkstoffblattes liegen

[6] Bei kaltverformten Grundwerkstoffen kann zusätzlich eine Kornvergröberung durch Rekristallisation stattfinden

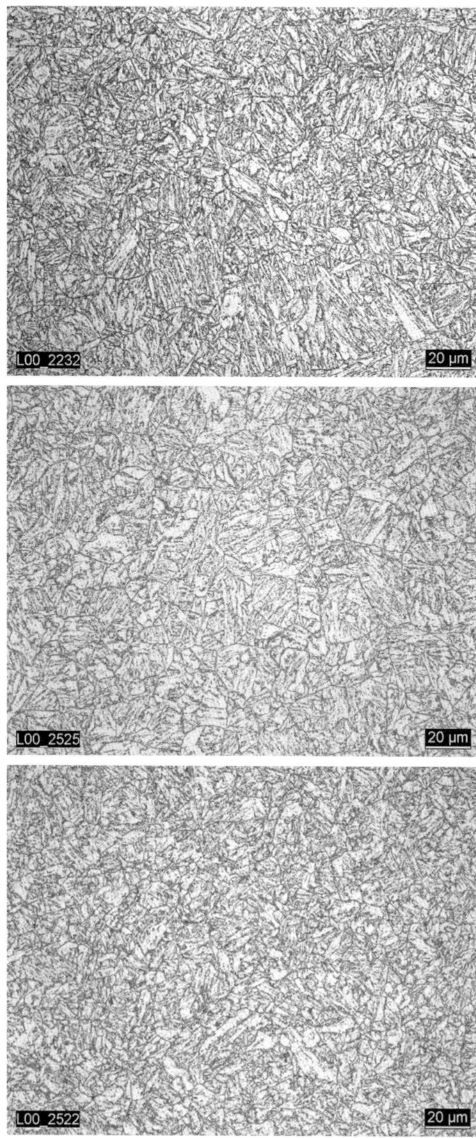

Bild 3.75: Gefüge eines martensitischen Stahls (X10CrWMoVNb 9-2) im Normalzustand, Bild oben; nach Glühen bei überhöhter Anlasstemperatur (850°C), Bild Mitte und nach zu niedriger Austenitisierung (950°C), Bild unten

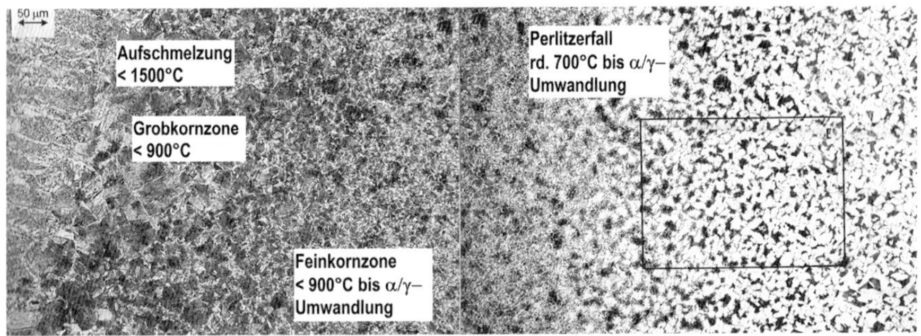

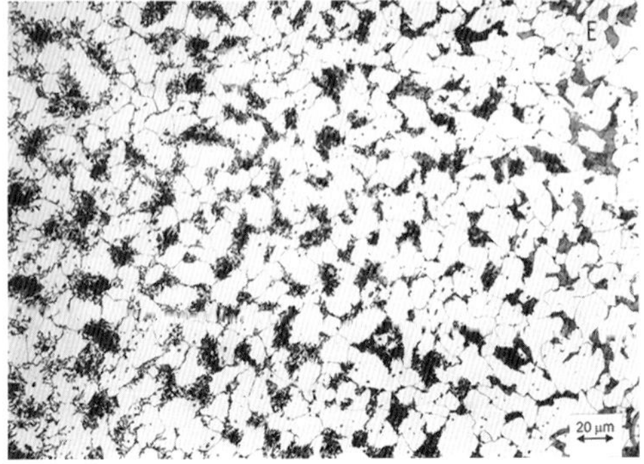

Bild 3.76: Wärmeeinflusszone in einem niedriglegierten Kohlenstoffstahl zur Darstellung möglicher Überhitzungszonen in einer ferritisch-perlitischen Ausgangsstruktur

A_3 wird das Gefüge nur teilaustenitisiert, d.h. es stellt sich ein Mischgefüge aus geringer werdenden Anteilen von Martensit/Bainit und Ferrit ein. Der Perlit ist weitgehend aufgelöst. Bei Temperaturen knapp unter 723°C formt sich der Perlit ein. Dies ist deutlich in dem Ausschnitt zu sehen, der den Übergang zum unbeeinflussten Grundwerkstoff darstellt.

Überhitzungsgefüge in einem martensitischen/bainitischen Ausgangsgefüge sind – bei entsprechenden Abkühlgeschwindigkeiten und Temperaturen über der Austenitisierungstemperatur – durch eine Auflösung der Martensitnadeln (langsame Abkühlung) bzw. Austenitkornvergröberung und ausgeprägtere Nadelstruktur gekennzeichnet, siehe Bild 3.75.

Eine Zusammenfassung der lichtoptisch erkennbaren Gefügeänderungen in umwandlungsfähigen Stählen nach Überhitzung (Betriebstemperatur > Anlasstemperatur) ist in Tabelle 3.12 zusammengestellt.

Tabelle 3.12: Lichtoptisch erkennbare Gefügeänderungen in umwandlungsfähigen Stählen nach Überhitzung (Betriebstemperatur > Anlasstemperatur)

Ausgangsgefüge	Gefüge nach Überhitzung und schneller Abkühlung	
	> A_1 bis < A_3[7]	> A_3
Ferritisch-perlitisch	Auflösung der perlitischen Strukturen, größerer Anteil ferritischer Bereiche mit eingeformten (Zementit) Ausscheidungen	bainitische/martensitische Strukturen, vollständige Auflösung von Perlit Härteanstieg
Bainitisch angelassen	Auflösung nadeliger Strukturen bis hin zu Feinkornbildung Vergröberungen Ausscheidungen Härteabfall	Martensitische Strukturen Härteanstieg
Martensitisch angelassen	Auflösung nadeliger Strukturen bis hin zu Feinkornbildung Vergröberungen Ausscheidungen Härteabfall	Martensitische Strukturen Härteanstieg

Wird der Werkstoff bzw. das Bauteil so hoch erhitzt, dass eine vollständige Austenitisierung erfolgt, bildet sich bei Abkühlung ein neues Gefüge. Welches Gefüge sich einstellt, hängt von der Abkühlgeschwindigkeit ab. Deren Wirkung lässt sich anhand eines ZTU Diagramms abschätzen, vgl. Abschnitt 3.2.2. Bei längerer Austenitisierung tritt zusätzlich der Effekt der Grobkornbildung ein, die auch nach Abkühlung erkennbar bleibt, Beispiel Bild 3.62.

Warmfeste Stähle werden im *Kriechbereich* bei erhöhten Temperaturen unterhalb der legierungsspezifischen Anlasstemperatur eingesetzt. Die Gefügestruktur von warmfesten ferritischen Stählen wird zur Optimierung der Kriechfestigkeit über eine vorgeschriebene Wärmebehandlung eingestellt. Durch die bei den höheren Temperaturen vorhandene erhöhte Diffusion ändert sich das lichtoptische Aussehen des Gefüges von warmfesten Stählen, besonders wenn sie eine ferritisch-bainitische Struktur haben. Bei Stählen mit martensitischer Struktur ist lichtoptisch weniger zu sehen, Tabelle 3.13.

Es muss jedoch angemerkt werden, dass die Änderung der Ausscheidungsstruktur am besten über eine elektronenmikroskopische Untersuchung im Rasterelektronenmikroskop bzw. Transmissionselektronenmikroskop festgestellt werden kann. Mit Hilfe dieser Untersuchungen können die Veränderungen der

[7] Vgl. Abschnitt 3.2.2: A1 Kohlenstoffstahl: 723°C; A3 Kohlenstoffstahl: 723°C bis 900°C (abhängig vom C-Gehalt): die Haltepunkte A_1 und A_3 verschieben sich beim Aufheizen mit steigender Aufheizzeit nach oben! Im normalgeglühten Zustand ist die Verschiebung ausgeprägter als im gehärteten Zustand, da die Diffusionswege größer sind.

Tabelle 3.13: Auswirkung thermischer Beanspruchung auf das lichtoptisch erkennbare Gefüge

Stahl	Lichtoptische Beschreibung des Gefüges	
	Ausgangszustand	Gefügezustand nach thermischer Beanspruchung bei Temperaturen im Bereich der maximal erlaubten Betriebstemperatur
Warmfester austenitischer Stahl (X2CrNiMoN17-12):	Polyedrisches austenitisches Gefüge mit Zwillingen; wenig Ausscheidungen im Korninneren und an den Korngrenzen	Ausscheidungen im Korn und an den Korngrenzen; weniger Zwillinge
Warmfester ferritisch-bainitischer Stahl (10CrMo9-10)	Ferritisch und bainitische Gefügestruktur; wenig Ausscheidungen im Korninneren und an den Korngrenzen	Auflösung der Bainit-Struktur, Struktur teilweise nicht mehr erkennbar, Einformung und Vergröberung der Karbide, beginnende Belegung der Korngrenzen mit Karbidausscheidungen, Auftreten gröberer Karbide an den ehemaligen Austenitkorngrenzen
Martensitischer Stahl (X20CrMoV12-1)	Nadelige Martensitstruktur: Belegung der Martensitnadelgrenzen	Stärkere Karbidbelegung der Martensitlattengrenzen

Tipps für die Präparation und Interpretation

Für die Beurteilung, ob sich eine Gefügeänderung durch die Betriebstemperatur eingestellt hat oder ob eine unzulässige Überhitzung vorliegt, muss das Ausgangsgefüge als Referenzzustand herangezogen werden. Wenn dies nicht möglich ist, muss der originale Gefügezustand aus den vorhandenen Unterlagen (Analyse, Herstellung und Wärmebehandlung) unter Verwendung von Phasen- bzw. Zustandsdiagrammen ermittelt werden.

Es ist zu beachten, dass auch bei normgerechter Wärmebehandlung im Ausgangszustand leicht voneinander abweichende Gefügestrukturen für eine Legierung vorliegen können. Diese Unterschiede ergeben sich aus dem Streuband der chemischen Zusammensetzung sowie der Parameter bei der Wärmebehandlung (Austenitisierungstemperatur, Haltezeit, Abkühlgeschwindigkeit).

Bei warmfesten ferritisch-bainitischen Stählen stellt sich nach längerer Temperatureinwirkung ($T > 450°$) eine Auflösung des Ausgangsgefüges ein: z.B. ist beim 10CrMo9-10 nach 100000 h bei 550°C die Bainitstruktur nach Einformung der Karbide nicht mehr erkennbar, in ferritischen Körnern scheiden sich ebenfalls Karbide aus.

Die Oxidationsschicht kann im Hinblick auf Temperatur und Zeit ausgewertet werden:

- bestimmte Oxidationsformen sind spezifischen Temperaturen zuordenbar, vgl. Abschnitt 3.5.1
- die Dicke lässt ebenfalls Rückschlüsse auf die Dauer der Temperatureinwirkung zu: allerdings ist zu berücksichtigen, dass poröse Schichten abplatzen können und die Dicke von Faktoren wie Druck, strömendes Medium und Temperatur(wechsel) abhängig ist.

Die Härteprüfung dient zum Nachweis, ob Erholungs- bzw. Aufhärtungsvorgänge stattgefunden. Eine Mikrohärteprüfung kann zur Identifizierung von z.B. Martensit eingesetzt werden.

Bei der Auswahl der Stelle zur Schliffentnahme ist die makroskopische Untersuchung auf Anlassfarben und/oder Bereiche mit besonderen Oxidationserscheinungen notwendig.

Größe und der Art der Ausscheidungen qualitativ und quantitativ beurteilt werden. Für die Beurteilung des Ausscheidungszustandes kann – soweit für den Werkstoff vorhanden – ein Zeit-Temperatur-Ausscheidungsdiagramm verwendet werden.

Weiterhin können verschiedene Rechenprogramme zur Simulation der Ausscheidungsvorgänge (z.B. THERMOCALC, DICTRA) eingesetzt werden. Diese berechnen werkstoffspezifisch (sofern ausreichend Daten vorhanden sind) die Bildung von Ausscheidungen nach Art und zeitlichem Erscheinen bei unterschiedlichen Temperaturen.

3.5.7.2 Medium

Gefügeänderungen stellen sich im Zusammenhang mit einem Betriebs- bzw. Umgebungsmedium ein, wenn dieses über eine chemische bzw. elektrochemische Reaktion einen Schädigungsprozess auslöst, der als Oxidation bzw. Korrosion bezeichnet wird, vgl. Abschnitt 3.5.1.

Am häufigsten tritt die Korrosion lokal auf, d.h. es erfolgt ein örtlicher Angriff des Werkstoffs. Dieser kann an der Werkstoffoberfläche z.B. in Form von Lochfraß, Spaltkorrosion, selektive Korrosion erfolgen. Von der Oberfläche kann sich die Korrosion trans- oder interkristallin in den Werkstoff hinein ausbreiten.

An der Oberfläche können unterschiedliche Formen der Gefügeveränderungen auftreten, wie z.B. Auflösung oder Zerfall von Körnern und/oder Rissbildungen, Bild 3.78. Weitere Beispiele für die lokale Korrosion sind in Bild 3.77 bis Bild 3.80 dargestellt.

Oxidations- und korrosionsbedingte Schäden können durch die Wahl geeigneter Werkstoffe weitgehend ausgeschlossen werden. Bei Korrosionsschäden liegt daher in der Regel ein für das vorgesehene Betriebsmedium ungeeigneter Werkstoff vor oder umgekehrt: das Bauteil wurde in einem nicht zulässigen Medium betrieben.

Kesselrohre aus Stahl werden vor dem Betrieb einer Schutzschichtfahrt unterworfen, bei der sich an der Oberfläche eine geschlossene Magnetitschicht bildet. Bei legierten Stählen mit ausreichend Cr bildet sich eine beständigere Spinell-Schicht. Die Beständigkeit dieser Schichten ist temperaturabhängig.

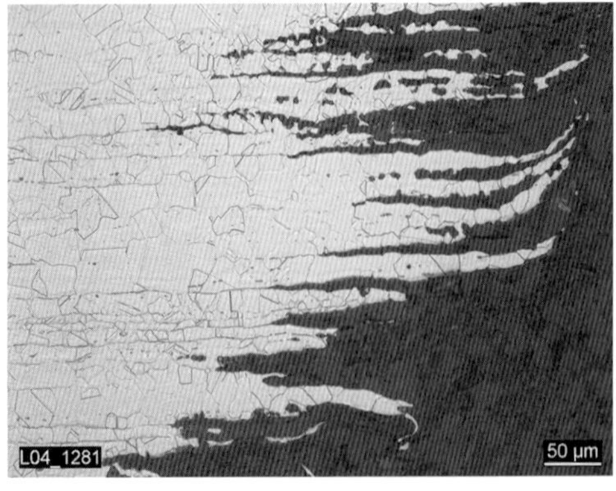

Bild 3.77: Korrosionsangriff entlang der Deltaferritzeilen in einem austenitischen Stahl

Aufgrund der Spinell-Schutzschicht verhalten sich Cr-haltige Stähle bei einer höheren Dampftemperatur besser als unlegierte bzw. niedrig legierte Stähle. In Bild 3.54 bis Bild 3.57 sind für verschiedene Stähle und Nickellegierungen die

Bild 3.78: Interkristalline Korrosion an einem austenitischen Rohrleitungswerkstoff X6CrNiNbN25-20

Bild 3.79: Dehnungsinduzierte transkristalline Risskorrosion in einem Ti-stabilisierten X6CrNiTi18-10

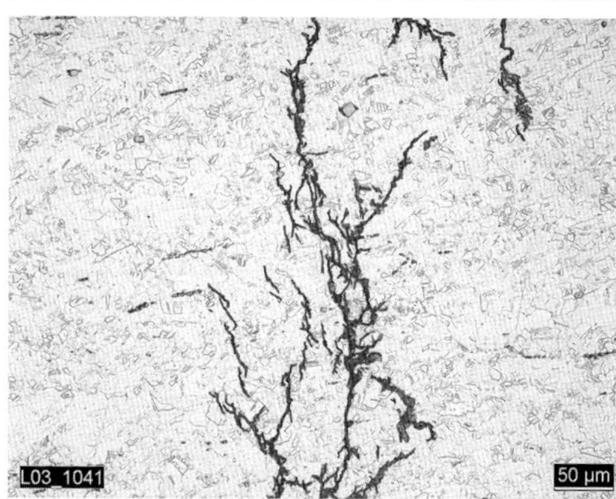

Bild 3.80: *Spongiose* in einer Trinkwasserleitung aus lamellaren Grauguss (GJL)

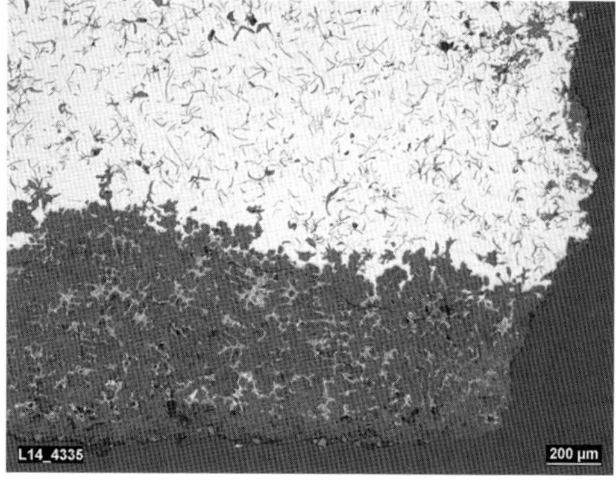

Tipps für die Präparation und Interpretation

Die Auswahl der Stelle für die Probennahme ist wichtig, da sonst das Ausmaß der Schädigung nicht richtig erfasst wird. Dazu gehört auch, dass die sich auf der Oberfläche befindliche Korrosions- bzw. Oxidationsschicht möglichst erhalten bleibt.

Der Trennschnitt muss in ausreichendem Abstand, z.B. von einer Stelle mit Lochkorrosion erfolgen, damit keine Beeinträchtigungen der Schliffebene durch den Trennvorgang auftreten, wie z.B. Verformungen, Ablösen loser Teilchen (Oxid oder Metall), Aufweiten von feinen Rissen.

Bei Rissbildungen ist darauf zu achten, ob ein Zusammenhang mit Korrosionserscheinungen vorliegt: z.B. Lochfraß als Ausgangsstelle oder die Bildung von korrosionsbedingten Auskolkungen im Rissverlauf. Ggf. sind mehrere Schliffebenen herzustellen und auszuwerten.

Die Präparation muss auf die Erzielung einer hohen Randschärfe eingestellt werden.

Es empfiehlt sich eine regelmäßige Kontrolle der einzelnen Präparationsschritte im polierten Zustand vorzunehmen und darauf zu achten, ob sich ein Rissmuster entwickelt.

Treten klaffende Risse auf, tritt nach der Präparation im geätzten Zustand – auch im getrockneten Zustand – Flüssigkeit aus und beeinträchtigt die metallographische Untersuchung und die anschließende Dokumentation. Diese Effekte können mit einer Wachsimprägnierung[8] beseitigt bzw. reduziert werden.

Die lichtmikroskopische Untersuchung von Korrosionsschäden wird in der Regel durch elektronenmikroskopische Untersuchungen ergänzt. Ziel dieser Untersuchungen ist die genauere Untersuchung der Ausscheidungen im Bereich der Rissränder und der Oxidations- und Korrosionsprodukte. Durch die Schliffprobenpräparation können sich Artefakte ergeben, z.B. durch den Eintrag von Schleif- und Poliermitteln sowie von Elementen (z.B. Chlor) aus dem Abspülen mit Leitungswasser. Diese führen bei der chemischen Analyse mittels EDX im Rasterelektronenmikroskop zu falschen Ergebnissen.

sich unter Temperaturwechsel in Wasserdampf ausbildenden Oxidationsschichten dargestellt. Es wird ersichtlich, dass die Ausbildung der Oxidschichten und damit auch ihre Schutzwirkung von der Legierungszusammensetzung beeinflusst werden.

[8] Dazu wird der Schliff mit dem Föhn oder im Wärmeschrank auf rd. 45°C erwärmt und mit der Schlifffläche nach oben in flüssiges Wachs getaucht. Die Poren und Risse füllen sich mit dem Wachs, erkennbar an der Blasenbildung. Der Vorgang sollte ca. 2 Minuten lang erfolgen, dabei sollte das Wachs nicht abkühlen und dünnflüssig bleiben. Nach der Entnahme aus dem Wachsbad und kurzer Abkühlung wird mit einem weichen Tuch das fest werdende Wachs an der Oberfläche abgewischt. Danach kann die lichtmikroskopische Untersuchung durchgeführt werden.

3.5.8 Fehlstellen in Stahlguss und Schmiedestücken

Aufgrund physikalischer und chemischer Abläufe während des Erstarrungsprozesses nach dem Gießen stellen sich Inhomogenitäten und Fehler in Bauteilen aus Stahlguss bzw. großen Schmiedeteilen ein. Fehlstellen an der Oberfläche oder im Inneren des Bauteils sind als potenzielle Ausgangsstellen für ein Versagen zu betrachten und müssen im Rahmen einer Qualitätssicherung zuverlässig erfasst und bewertet werden. Aus ökonomischen Gründen ist es jedoch erforderlich, dass im Bauteil sicherheitstechnisch unbedenkliche Herstellungsfehler belassen werden. Für den sicheren Nachweis von Fehlern und zur Bestimmung von deren Abmessungen und Lage im Bauteil werden neben zerstörungsfreien Prüfverfahren, z.B. *bruchmechanische Methoden* eingesetzt. Diese ermöglichen die Bewertung nachgewiesener Fehler auf ihre Zulässigkeit, d.h. den Nachweis, dass von ihnen kein Risswachstum ausgeht.

Typische Gussfehlstellen sind beispielsweise Oberflächenfehler (Oxidhaut, Korngrenzenanriss, Schlauchporen, Formstoffeinschlüsse) oder Volumendefizitfehler (Mikroporen, -lunker und Warmrisse). Bei einer Weiterverarbeitung durch Schmieden (bei Stahl) werden im Normalfall die Volumenfehler verschmiedet. Bei nicht vollständiger Verschmiedung stellen diese Fehlstellen ein Risikopotenzial dar. Sicherheitsrelevante Bauteile werden deshalb vor und während der Herstellung einer Qualitätsprüfung mit zerstörungsfreien Methoden unterworfen. Bei geringer zulässiger Größe stellt dies eine Herausforderung an die Möglichkeiten der zerstörungsfreien Prüfung dar, besonders wenn die Anzeigen auf eine Gruppe von Fehlstellen und weniger auf eine Einzelfehlstelle hinweisen. In kritischen Fällen muss dann ein Referenzbauteil metallographisch untersucht werden, um Art und Größe der Fehlstelle zu verifizieren, siehe Abschnitt 5.

Bei der metallographischen Bewertung von Fehlstellen wird neben dem Schliff die fraktographische Untersuchung freigelegter Fehlstellen im REM bevorzugt eingesetzt, da damit relativ schnell auf Entstehungsart und Größe sowie bei Untersuchung nach betrieblicher Beanspruchung auf ein mögliches Risswachstum geschlossen werden kann.

Mit Hilfe einer Schliffuntersuchung quer zur Fehlstellenfläche lässt sich der Zusammenhang mit dem Gefüge ermitteln. Es kann festgestellt werden, ob die Fehlstelle in einem geseigerten Bereich liegt und ob Besonderheiten bei der Korngröße vorliegen, wie das Beispiel in Bild 3.81 zeigt. Die REM Übersichtsaufnahme rechts zeigt eine nadelförmige, mit Al-Oxiden belegte, frei erstarrte Oberfläche eines nicht verschmiedeten Warmrisses. Dieser ist in einen glattstrukturierten Bereich eines ermüdungsbedingten Rissfortschrittes eingebettet. Der Schliff S1 (Bildreihe unten) zeigt, dass der Ermüdungsriss bevorzugt im geseigerten Bereich mit grober Kornstruktur und höherer Härte verläuft.

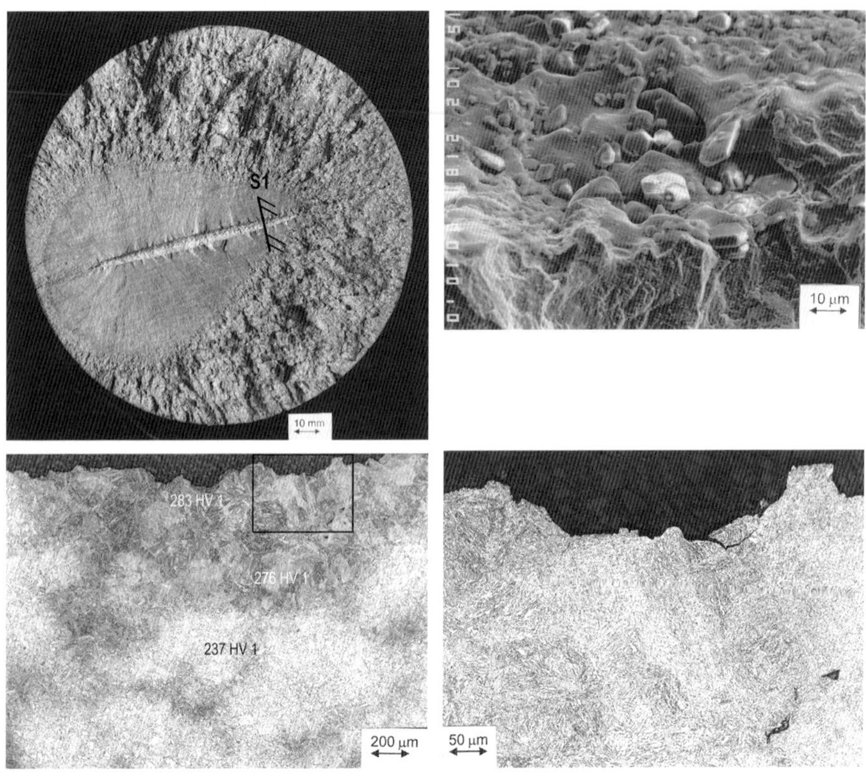

Bild 3.81: Fehlstelle in einer Ermüdungsprobe aus 3% NiCrMoV Schmiedestahl

Wenn Gruppen von kleinen Fehlstellen vorliegen, ist eine fraktographische Untersuchung im REM nur möglich, wenn es gelingt diesen Bereich gezielt aufzubrechen und deren Oberflächen freizulegen, siehe auch Abschnitt 5.6.2.

In Bild 3.82 sind in einem Schliff Gruppenfehler in einer Schmiedewelle aus 30CrMoNiV5-11 angeschnitten. Es handelt sich dabei um (Al, Ca)Oxide, die in der Ultraschallprüfung eine Gruppenanzeige auslösten. Wichtig in diesem Zusammenhang ist, dass in den Endstufen Schleifen bzw. Polieren sorgfältig vorgegangen wird, um Ausbrüche der Oxide aus der bainitisch-martensitischen Matrix zu verhindern bzw. verformungsbedingte Ablösungen darzustellen. Der Nachweis, ob sich die Matrix von der Ausscheidung abgelöst hat, gelingt am besten im polierten Zustand. Die REM Aufnahme des Hohlraums, in dem sich

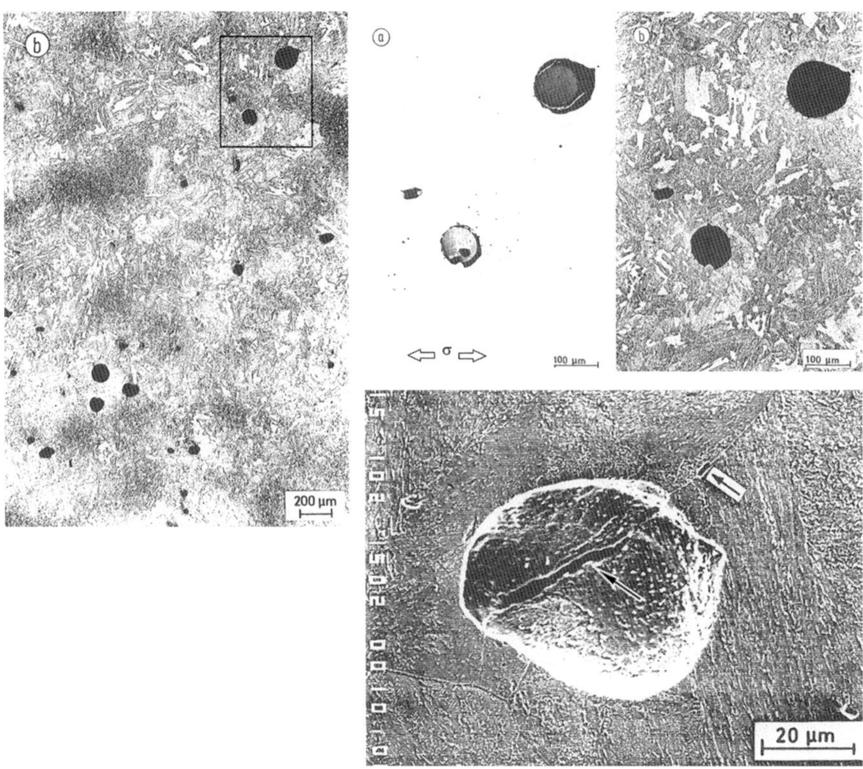

Bild 3.82: Gruppenfehlstellen in einer Schmiedewelle aus 30CrMoNiV5-11; oberes Bild: geätzter und polierter Schliff; unteres Bild: REM Aufnahme – Pfeil: Pore an der Korngrenze und interkristalliner Mikroriss im Hohlraum

ein Oxid befunden hatte, zeigt, dass diese Stellen Ausgangspunkte von Mikrorissen unter Kriechbelastung darstellen.

Vorwiegend in Gusseisen mit Kugelgraphit tritt neben den bereits erwähnten Möglichkeiten der Erstarrung im stabilen bzw. metastabilen System (vgl. Abschnitt 3.2.2) noch die Möglichkeit der Entstehung von Dross auf. Es handelt sich hierbei um nichtmetallische Einschlüsse von unregelmäßiger Gestalt. Der Kugelgraphit ist häufig entartet, d.h. er weicht von der kugelförmigen Ausbildung ab. Dross findet man vorzugsweise an der Gussteiloberfläche oder unter der Gusshaut, oft vergesellschaftet mit Gasblasen und Zunder. Diese Bereiche können zusätzlich nicht aufgelöste Impfmittelreste, Sand- und Schlackeneinschlüsse in Verbindung mit Graphitanreicherungen enthalten. Sie erscheinen im

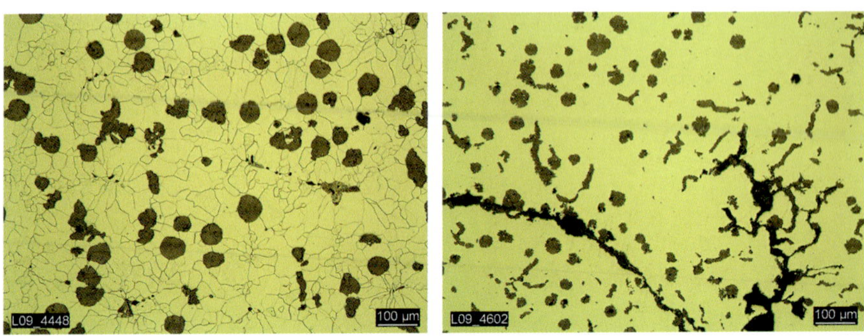

Bild 3.83: Links – Ordnungsgemäße Ausbildung des Gefüges in GJS 400; Rechts – Bildung von Dross

Bruchgefüge als schwarze Flecken bzw. Hohlstellen. Diese als „Dross“ bezeichneten Gefügestrukturen beeinflussen das Festigkeitsverhalten bzw. das Anrissverhalten des Bauteils negativ und treten vorwiegend in oberflächennahen Bereichen auf. In Abweichung vom ordnungsgemäßen Gefügezustand, Bild 3.83, bilden sich Hohlräume, die teilweise miteinander vernetzt sind. Diese Bereiche lassen sich mit der Ultraschallprüfung bzw. Farbeindringprüfung (wenn Dross an der Oberfläche auftritt) detektieren.

3.6 Fallbeispiel

3.6.1 Gebrochene einsatzgehärtete Rolle

Verwendung: mechanische Steuerfunktion in einem Getriebe

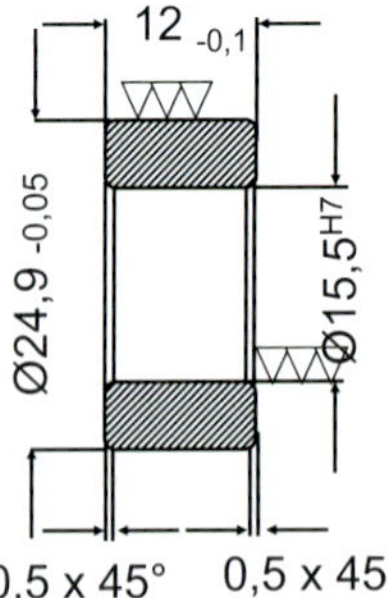

Bild 3.84: Steuerrolle

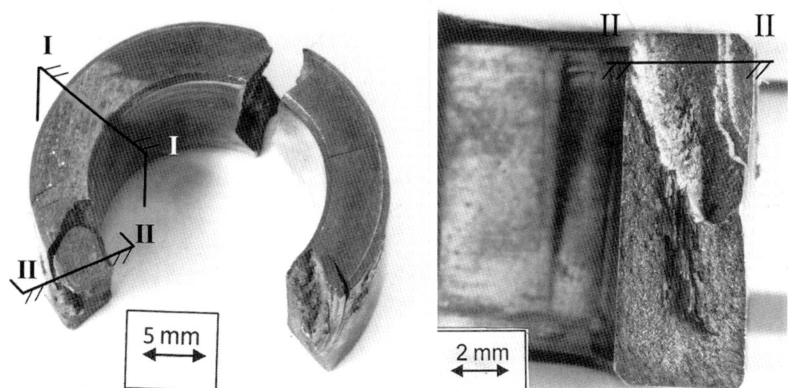

Bild 3.85: Schadensteil und Makroaufnahme des Bruchs

Werkstoff: 16MnCr5 (EN 10084, zurückgezogen – ersetzt durch DIN EN ISO 683-3:2019)[9], einsatzgehärtet – Einsatzhärtetiefe 0,8 bis 1,2 mm, HRC 62 ±2

Beanstandung: Vorzeitiges Versagen mit Rissen bzw. Bruch, Bild 3.85

Vorgehensweise:

1. Makroskopische Untersuchung auf Risse – ggf. mit Oberflächenrissprüfung zur Darstellung von Rissen neben der Bruchfläche

Befund:

- Unterschiedliche Bruchstrukturen, bestehend aus einer grauen ebenen Restbruchfläche sowie einer zeiligen, holzfaserartigen Bruchfläche in der Mitte
- Helle glänzende Struktur oben rechts, abgesetzte linsenförmige Fläche oben rechts Festlegung von Schliffen

Schliff II quer zum Anriss durch den Bereich der Bruchausgangsstelle

Schliff I längs zur Achse der Rolle in einem rissfreien Bereich

Schliff III längs zur Achse der Rolle in einem rissfreien Bereich nach Normalglühung des Schadensteils.

9 Einsatzstähle sind aufgrund ihres geringen Kohlenstoffgehalts bis 0,2% nicht direkt härtbar. Sie werden zur Anreicherung des Kohlenstoffgehaltes in der Randschicht in einer kohlenstoffhaltigen Atmosphäre geglüht.

2. Besondere Maßnahmen bei der Schliffanfertigung

Schliff II: möglichst dünner Sägeschnitt um wenig Bruchfläche zu zerstören. Einwirkung des Sägeschnitts auf die Bruchkante durch gestuftes Schleifen sicher beseitigen. Auf Randschärfe achten, ggf. verkupfern (Schliff I – I und III – III).

3. Befunde

Schliff I dient zur Charakterisierung des Gefüges und damit zur Überprüfung der vorgegebenen Merkmale in Bezug auf die Härte.

In der Übersichtsaufnahme des verkupferten geätzten Schliffes ist die Einsatzhärteschicht makroskopisch deutlich erkennbar: an der Rollenstirnfläche beträgt sie rd. 2,4 mm, über der Zylindermantelfläche rd. 1,5 mm, Bild 3.86.

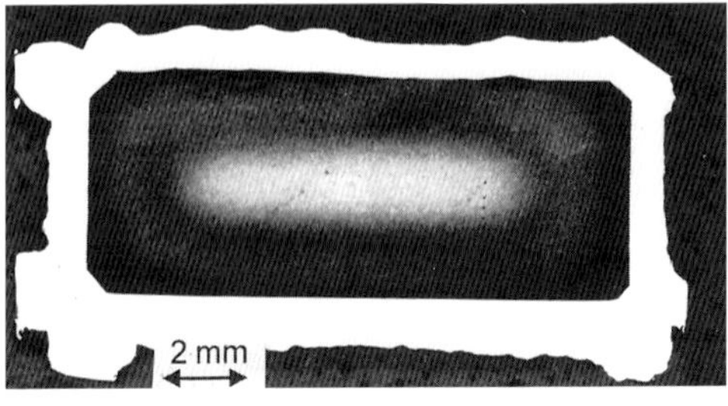

Bild 3.86: Übersichtsaufnahme Schliffe I – I geätzt

Bild 3.87 zeigt im Randbereich der eingesetzten Zone ein Gefüge aus grobnadeligem Martensit mit bis zu 30% *Restaustenit.* Im Kernbereich, Bild 3.88, liegt entgegen den Erwartungen ein Vergütungsgefüge mit grobnadeligem Martensitanteilen vor. Dies ist ein Widerspruch zum erwarteten Gefüge im Kern, das im Lieferzustand aus Ferrit-Perlit bestehen sollte.

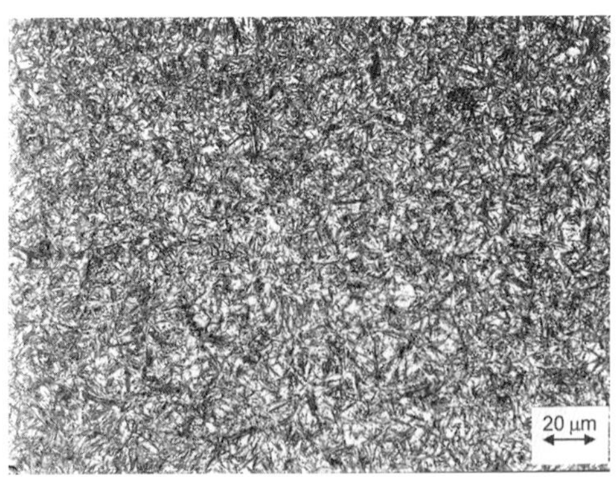

Bild 3.87: Gefüge der Einsatzhärtezone

Bild 3.88: Gefüge des Kernbereichs; Ausschnitt aus Bild 3.86

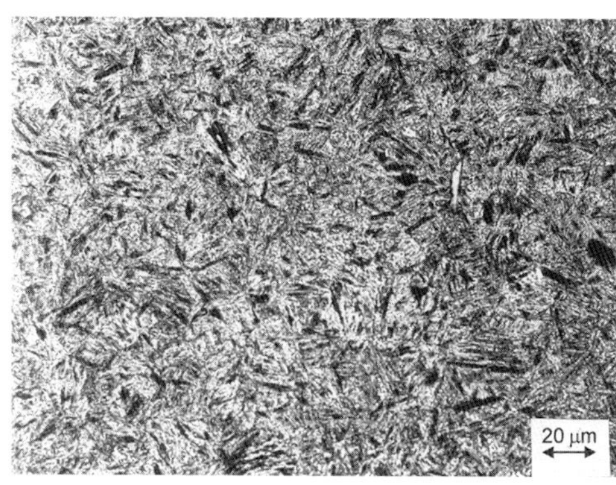

Zur Überprüfung, ob der vorliegende Werkstoff nach einer für den Lieferzustand üblichen Normalglühung einen ferritisch-perlitischen Zustand aufweist, wurde ein Abschnitt des Schadensteiles austenitisiert und in Luft abgekühlt (Normalglühung). Der Schliff (Lage entsprechend dem Schliff I – I), Bild 3.89, zeigt ein zeiliges Gefüge aus Ferrit und Perlit. Allerdings liegt der C-Gehalt – abgeschätzt aus dem Perlitanteil – mit 0,3% deutlich über dem des für 16MnCr5 üblichen Gehaltes mit rd. 0,16%.

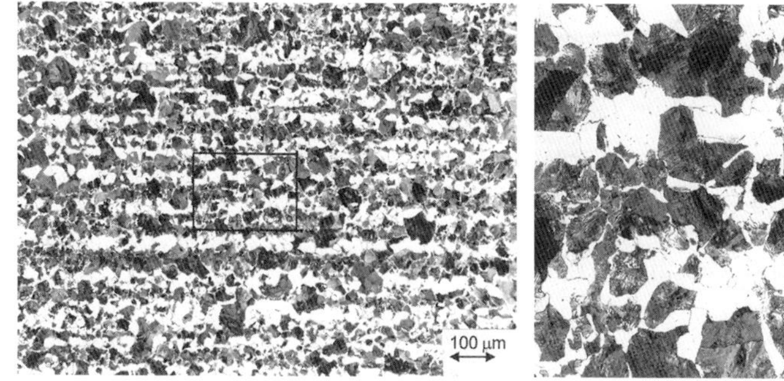

Bild 3.89: Gefüge im Kern – zeilige Struktur aus Ferrit-Perlit nach Normalglühung an einem Abschnitt des Schadensteiles

Der Schliff II quer zur Rissfläche dient zur Charakterisierung des Rissverlaufs und der Identifizierung von möglichen weiteren Anrissen von der Oberfläche. In der Übersichtsaufnahme ist wiederum die Einsatzhärtezone deutlich zu erkennen, Bild 3.90.

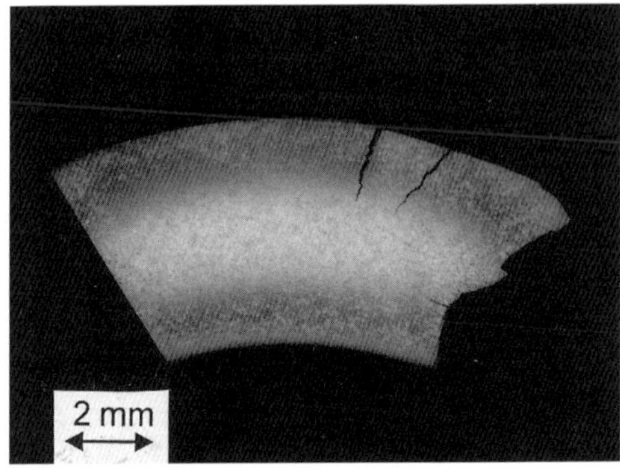

Bild 3.90: Makroaufnahme Schliff II

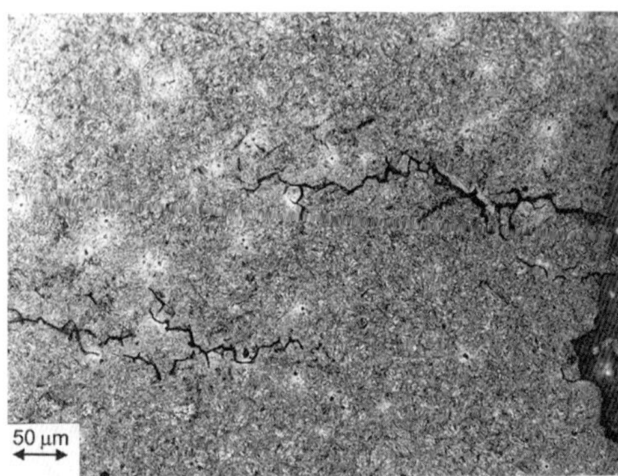

Bild 3.91: Ausschnitt aus Bild 3.90, Risse in Umfangsrichtung

Bild 3.90 zeigt rechts die Bruchkante und zwei weitere Anrisse in der Einsatzschicht, die im Kernbereich enden. Die Orientierung der Hauptanrisse in der Einhärtezone ist radial. Von diesen erstrecken sich weitere Anrisse in Umfangsrichtung Bild 3.91.

Die Bewertung des Rissverlaufs, ob inter- oder transkristallin, ist im vorliegenden Fall mit einer lichtoptischen Betrachtung schwierig. Der gezackte Verlauf legt jedoch nahe, dass die Risse teilweise den ehemaligen Austenitkorngrenzen folgen.

Die metallographischen Möglichkeiten, die ehemaligen Austenitkorngrenzen sichtbar zu machen, sind begrenzt, siehe auch Abschnitt 3.2.3. So ist z.B. die Ätzung nach Groesbeck zur Sichtbarmachung der Chromkarbidverteilung an einen höheren Cr-Gehalt gebunden.

Eindeutige Hinweise liefert in diesem Fall die elektronenmikroskopische Betrachtung der Bruchflächen. Sie kann Aufschluss darüber geben, ob es sich wie in diesem Fall, um einen interkristallinen Rissverlauf oder um einen Gewaltbruch mit Verformungsanteilen oder um einen Schwingbruch handelt, Bild 3.92.

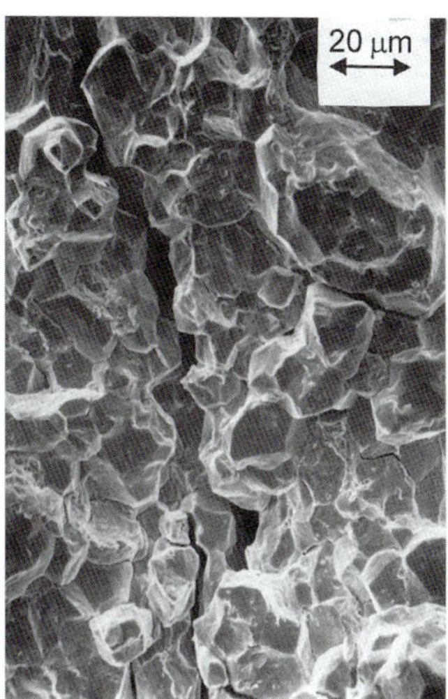

Bild 3.92: REM Aufnahme eines Risses in Umfangsrichtung, wie in Bild 3.91 gezeigt, in der Bruchfläche Bild 3.85

4. Härtemessung

Die Durchführung der Härtemessung bei einsatzgehärteten Teilen ist in der EN ISO 2639:2002 geregelt. Die Einsatzhärtungstiefe wird vom Konstrukteur mit einem Wert vorgegeben. Im vorliegenden Fall sollte die Oberflächenhärte mindestens 740 HV10 (HRC 62) und die Einhärtungstiefe 0,8 mm bis 1,2 mm betragen. Nach dem damals gültigen Werkstoffblatt EN 10084 (zurückgezogen, ersetzt durch DIN EN ISO 683-3:2019) sollte die Kernhärte – im Zustand nor-

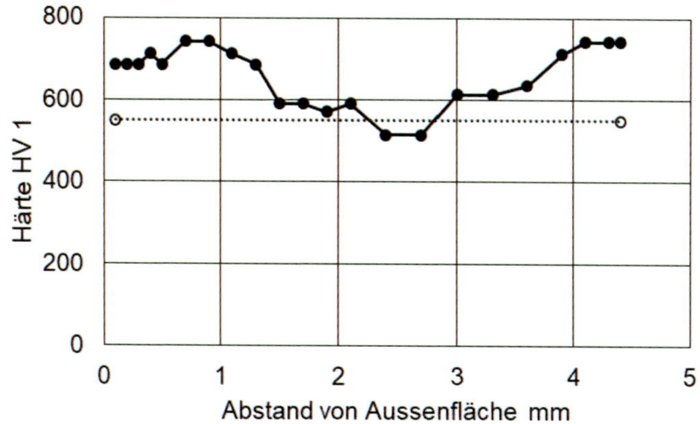

Bild 3.93: Härteverlauf über dem Querschnitt

malgeglüht bzw. für ein ferritisch-perlitisches Gefüge in einem Bereich von rd. 140 bis 200 HV10 liegen. Die Ermittlung des Härteverlaufs in Bild 3.93 zeigt, dass die Kernhärte – im Einklang mit dem Gefügezustand, Bild 3.89 – deutlich höher ist.

Die Einhärtungstiefe nach EN ISO 2639:2002 ist im vorliegenden Fall deutlich größer als der vorgegebene Wert.

5. Überprüfung der vorgegebenen Qualitätsmerkmale

Mit Hilfe der einfachen lichtoptischen metallographischen Untersuchung können folgende möglichen Abweichungen von den vorgegebenen Qualitätsmerkmalen festgestellt werden:

Werkstoff:

C-Gehalt im Kern aufgrund des Perlitgehaltes deutlich größer als der für den Werkstoff vorgegebene C-Gehalt. Demnach liegt entweder ein falscher Werkstoff vor (Verwechslung) oder das Teil wurde im Einsatz durchgehärtet.

Weitere Untersuchungsmöglichkeiten: Analyse im Rasterelektronenmikroskop (EDX) oder chemische Stückanalyse.

Gefüge:

Ein einsatzgehärteter 16MnCr6 mit einem vorgegebenen Härtewert von 740 HV10 muss martensitisch sein, was durch die Untersuchung bestätigt wurde. Allerdings ist das Vorhandensein von Restaustenit als Qualitätsmangel anzusehen.

Der Kern eines einsatzgehärteten Teiles sollte nicht aufgehärtet sein und das Gefüge des Lieferzustandes Ferrit-Perlit zeigen. Der Schliff zeigt jedoch ein Umwandlungsgefüge, was auf die Möglichkeit einer Werkstoffverwechslung oder einer unsachgemäßen Einsatzhärtung hinweist.

Der Härtewert sollte unter 450 HV10 liegen (EN ISO 2639:2002, Werkstoffblatt). Dies ist nicht der Fall, das Teil weist aufgrund der hohen Härte im Kern ein eingeschränktes Verformungsvermögen auf.

6. Schadensursache

Aufgrund der hohen Härte in der Schicht und im Kern sowie eines ungünstigen Spannungszustandes verursacht durch die Bildung von Restaustenit und der geringen Zähigkeit (verformungsloser Holzfaserbruch) im Kern, haben sich Härterisse gebildet. Dadurch stellt sich eine geringere Belastungsfähigkeit ein, die auch bei normaler Betriebsbeanspruchung zu einem Gewaltbruch führt.

3.6.2 Kesselrohre mit Heißwasseroxidation

Verwendung: Erhitzung von Wasser zu Dampf (Verdampferrohre), Bild 3.94.

Werkstoff: P235GH Normalgeglüht (EN 10216-2:2002, alte Bezeichnung St 35.8 – DIN 17175, zurückgezogen).

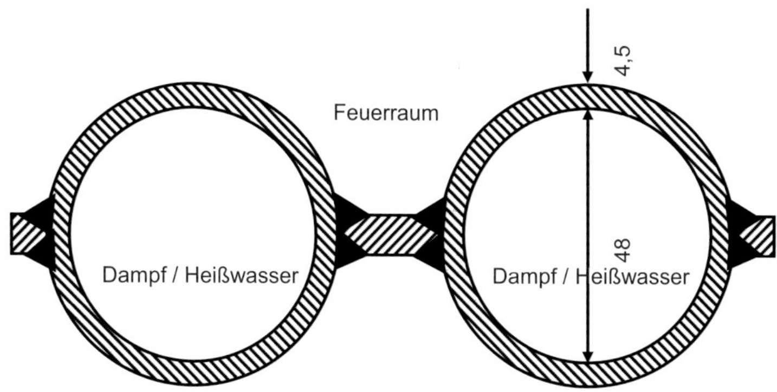

Bild 3.94: Rohrwand (Rohr – Steg – Rohr)

Beanstandung: großflächige Korrosionsangriffe an der Innenoberfläche mit Abtrag der Wand nach kurzzeitigem Betriebseinsatz bei rd. 350°C.
Vorgehensweise:

1. Makroskopische Untersuchung

Die Innenoberfläche weist auf der Feuerseite längslaufende hintereinander liegende narbenartige Mulden auf, die teilweise noch mit einem Oxidationsbelag gefüllt sind.

2. Festlegung von Schliffen

Schliff quer zu einer Korrosionsmulde, quer zur Rohrlängsachse.

3. Besondere Maßnahmen bei der Schliffanfertigung

Der Oxidationsbelag ist zum Teil bereits bei Einlieferung der Proben herausgefallen. Die Schliffebene sollte also möglichst eine Stelle abbilden, in der der Belag noch erhalten ist, damit aus dem Aufbau des Belags ggf. Rückschlüsse auf den Oxidations- bzw. Korrosionsmechanismus gezogen werden können. Der Trennschnitt ist in ausreichendem Abstand von dieser Stelle durchzuführen. Es ist darauf zu achten, dass durch den Schnitt, die Erschütterungen und durch die Kühlung (keine Kühlung bzw. Kühlwasser verwenden) der Belag nicht herausfällt oder verändert wird. Gleiches gilt für die anschließende Präparation.

4. Befunde

Die polierte Übersichtsaufnahme, Bild 3.95, zeigt im oberen Rohrbereich (der dem Feuerraum zugewendet war) die muldenförmigen Vertiefungen, die zur

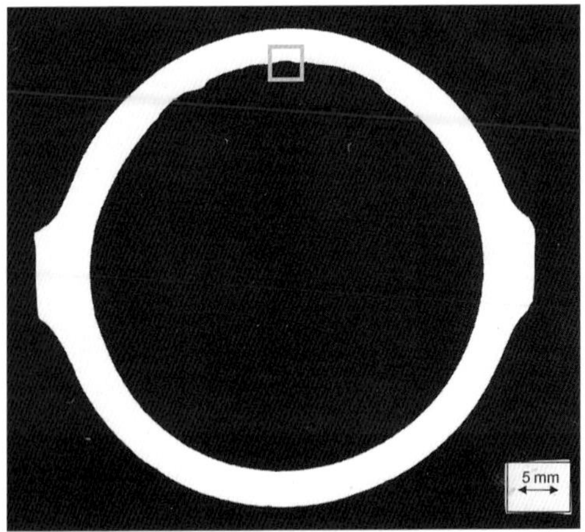

Bild 3.95: Polierter Querschliff durch einen Bereich mit Korrosionsnarben

Schwächung der Rohrwand an dieser Stelle führen. Es liegt eine deutliche Unterschreitung der vorgegebenen Wanddicke vor.

Das Gefüge zeigt eine ferritisch-perlitische Struktur, Bild 3.96.

Es liegt keine geschlossene Oxidschicht an der Innenoberfläche vor, Bild 3.96. Lokal sind grübchenartige bzw. keilförmige Angriffe bzw. Korngrenzenoxidation zu sehen. Die noch anhaftende Oxidationsschicht ist blättrig aufgebaut und wiederholt abgeplatzt. An der Grenzfläche Oxid zu Metall liegt durch den Oxidationsvorgang eine entkohlte Zone vor.

5. Härte

Die gemessene Härte liegt bei 106 bis 131 HBW2,5/187,5.

6. Überprüfung der vorgegebenen Qualitätsmerkmale

Das festgestellte Gefüge entspricht dem ordnungsgemäßen Zustand des Stahls. Es liegt keine Abweichungen über der Wanddicke vor. Die näherungsweise *Umwertung* der Härte liefert Anhaltswerte für die Zugfestigkeit, die den vorgegebenen Werten dieses Stahls entsprechen.

Die metallographische Untersuchung der Oxidation an der Innenoberfläche (Außenoberfläche = thermisch hochbelastete Feuerraumseite) zeigt, dass keine geschlossene Oxidschicht vorliegt, sodass ein ständiger Angriff des Sauerstoffs aus dem Heißwasser erfolgt, der teilweise an den Korngrenzen erfolgt und eine stetige Abzehrung der Wand zur Folge hat. Der aufwachsende Oxidbelag weist eine graue Farbe auf und ist vermutlich Magnetit bzw. Hämatit. Aufgrund seiner blättrigen Struktur platzt er ständig ab. Dadurch werden ständig neue metallische Oberflächen dem Sauerstoffangriff ausgesetzt.

7. Schadensursache

Die Ursachen sind in

- der Qualität des Wassers und/oder
- einer zu hohen Materialtemperatur, auch bedingt durch eine zu dicke Oxidschichtdicke und/oder
- dem Fehlen einer schützenden, geschlossenen topotaktischen Oxidschicht

zu sehen.

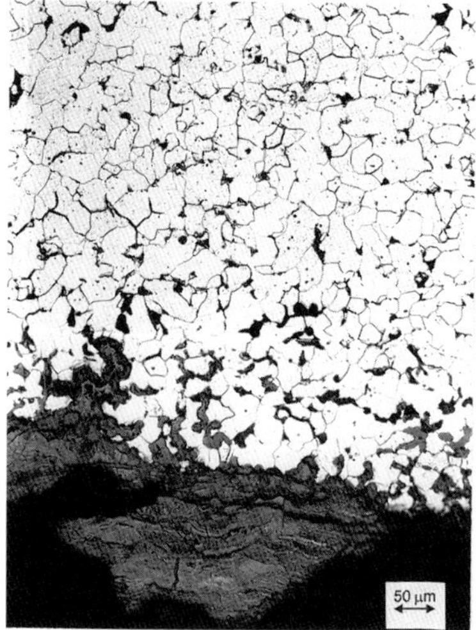

Bild 3.96: Ausschnitt aus Bild 3.95, unterer Rand = Innenoberfläche, geätzt mit 3%iger alkoholischer HNO_3

3.6.3 Prüfung einer auftragsgeschweißten Hartstahlschicht in einem Lagerkörper

Verwendung: Rollenlager für Bauwerke.

Werkstoff: Hartstahlschicht: X40Cr13 und Lagerkörper: 34CrMo4.

Es werden Anforderungen bezüglich der Oberflächenhärte, Rissfreiheit und Oberflächenrauigkeit vorgegeben. Die Rautiefe wird mit einer Oberflächenrauigkeitsuntersuchung ermittelt, die Rissfreiheit an der Oberfläche mit einer Magnetpulverprüfung.

Vorgehensweise:

1. Makroskopische Untersuchung

Die Oberfläche der auftragsgeschweißten Hartstahlschicht liegt im geschliffenen Zustand vor. Neben einer makroskopischen Untersuchung auf erkennbare Oberflächenfehler, können ggf. zerstörungsfreie Untersuchungen, wie z.B. Magnetpulverprüfung (MT) oder Farbeindringverfahren (PT) vorgenommen werden.

2. Festlegung von Schliffen

Die Schliffe sind senkrecht zur Oberfläche orientiert und erfassen somit den Aufbau der geschweißten Hartstahlschicht und den Übergang zum Lagergrundwerkstoff. Mit jedem Querschliff wird eine Ebene der gesamten auftragsgeschweißten Abrollfläche geprüft. In der Regel werden mehrere Schliffe angefertigt, um ein repräsentatives Bild zu erstellen. Die Zahl der Schliffe kann mit dem Auftraggeber vereinbart werden.

3. Besondere Maßnahmen bei der Schliffanfertigung

Liegen aus vorhergehenden (zerstörungsfreien) Untersuchungen Hinweise auf *Unregelmäßigkeiten* in der Auftragsschweißung vor, ist die Schliffebene in diesen Bereich zu legen.

Wenn keine mikroskopische Rissbildung zu untersuchen ist, d.h. die lichtmikroskopische Untersuchung bei maximal 50facher Vergrößerung erfolgt, kann der Präparationsaufwand reduziert werden: bei Erreichen ausreichender Gefügeerkennbarkeit kann das Schleifen bei der Körnung 600 abgebrochen und mit 9 µm und 3 µm endpoliert werden.

4. Befunde

Die Übersichtsaufnahme des Schliffes, Bild 3.97, zeigt vereinzelt Einschlüsse bzw. Poren, den Einbrand und die vorhandenen Wärmeeinflusszonen in der Auftragsschweißung und im Lagerwerkstoff. Die Auftragsschweißung ist dreilagig ausgeführt.

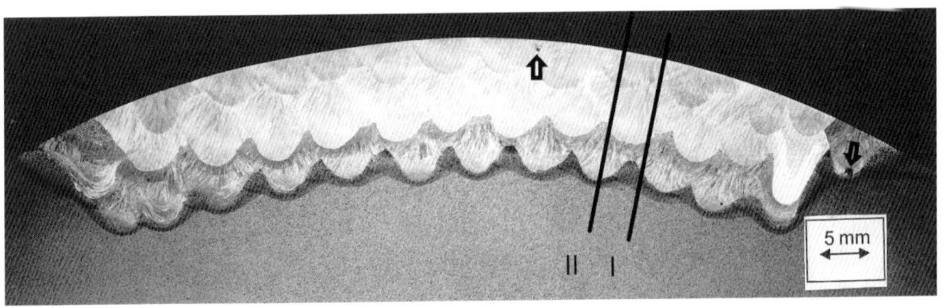

Bild 3.97: Übersichtsaufnahme des Querschliffs durch die Auftragsschweißung; geätzt mit V2A-Beize

5. Härte

Die Härte ist ein Kriterium mit dem die Druckbelastungsfähigkeit des Lagers überprüft werden kann. Die Härte an der Oberfläche wird mit HV50 und der Verlauf der Härte von der Oberfläche zum Lagerwerkstoff mit HV1 im Schliff ermittelt. Es können mehrere Härtereihen über den Schliff verteilt erstellt werden, besonders wenn der Lagenaufbau nicht gleichmäßig erscheint.

Die Werte an der Oberfläche betragen im Mittel 600 HV50. Der Härteverlauf Bild 3.98 zeigt, dass der Abfall der Härte in der unteren (dritten) *Pufferlage* zum Grundwerkstoff einsetzt. Deutlich zu sehen ist der Versatz zwischen den zwei

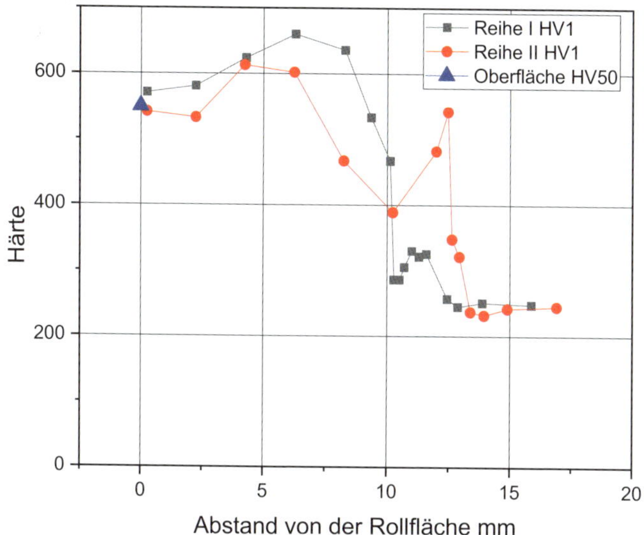

Bild 3.98: Härteverlauf quer zur Hartstahlschicht

Härtereihen: Reihe II schneidet die letzte Raupe voll, während Reihe I eine geringerer Schweißnahttiefe abbildet. Die HV50 Oberflächenhärte (eingetragen ist der Mittelwert) steht in Übereinstimmung mit den HV1 Werten.

6. Überprüfung der vorgegebenen Qualitätsmerkmale

Die Anforderungen an die Ausführung der geschweißten Hartstahlschicht ist metallographisch nachweisbar: es sind keine unzulässigen Schweißfehler erkennbar, die Anforderungen an die Härte bzw. den Verlauf werden erfüllt. Die betriebliche Bewährung kann über die metallographische Untersuchung von Teilen nach Betriebseinsatz ermittelt werden, wenn im Schliff keine betrieblich entstandenen Risse nachweisbar sind.

3.6.4 Sanitär-Metallschlauch mit abgerissenem Gewinde

Verwendung: Ein neuer Niederdruck-Einhebelmischer ohne DVGW-Kennzeichnung (Deutscher Verein für das Gas- und Wasserfach) wurde montiert. Anschließend wurde eine Wasserinnendruckprüfung durchgeführt, bei der jedoch keine Besonderheiten beobachtet wurden, Bild 3.99 links. Wenige Stunden spä-

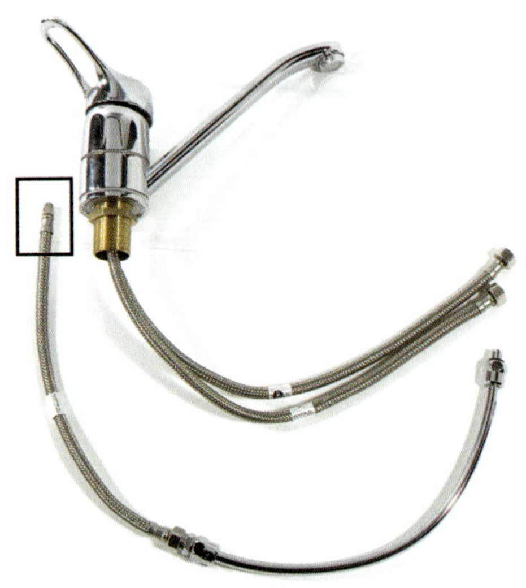

Bild 3.99: Einhebelmischer mit Metallschlauch

ter wurde festgestellt, dass ein Metallschlauch im Anschlussgewinde abgerissen war, Bild 3.99 rechts.

Werkstoff: Armatur und Gewindeanschluss sollen aus Messing hergestellt sein.

Vorgehensweise:

1. Makroskopische Untersuchung auf Bruchstrukturen

Die Bruchfläche, zeigt im Stereomikroskop, besser noch im Rasterelektronenmikroskop, unterschiedliche Bruchstrukturen. Zu erkennen ist ein ebener Bereich mit sprödem Werkstoffverhalten sowie ein Bereich, der unter 45° abgeschert ist und als duktiler Restbruch anzusehen ist.

2. Festlegung der Schliffe

Der in Bild 3.100 eingezeichnete Längsschliff (längs zum Rohr) erfasst sowohl einen spröden als auch einen Bereich mit Verformung, sodass ggf. lokale Werkstoffunterschiede, die damit in Zusammenhang stehen können, erfasst und beurteilt werden können.

3. Besondere Maßnahmen bei der Schliffanfertigung

Zur Erzielung einer guten Randschärfe – um den Rissverlauf an der Bruchkante beurteilen zu können (inter- oder transkristallin) – ist eine Warmeinbettung zu

Bild 3.100: Bruchfläche des Messingschlauchs

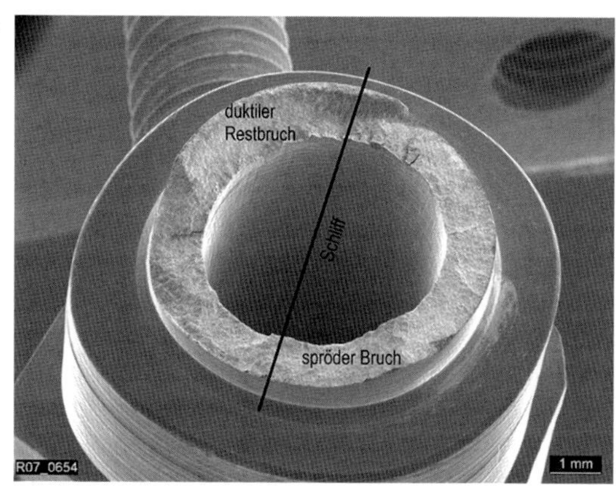

bevorzugen. Beim Warmeinbetten besteht bei empfindlichen Werkstoffen das Risiko der Beeinflussung der lokalen Härte durch Erholungsvorgänge und der Verformung dünnwandiger Strukturen. Geschliffen werden sollte der Körnung 180 (bis plan), 320, 600 und 1200 (je 2 min) sowie mit 2500 (ca. 0,5 min) bei einer Drehzahl von 150 rpm und einem Anpressdruck von ca. 10 N auf die Probe. Gekühlt wird mit Wasser. Das Polieren erfolgt mit 6, 3 bzw. 1 µm mit einer Diamantsuspension sowie ggf. Feinstpolieren mit OPS. Geätzt wird mit Klemm (siehe Abschnitt 8).

4. Interpretation der metallographischen Befunde

Die Gefüge sind in Bild 3.101 bis Bild 3.102 dargestellt. Das Gefüge weist eine ausgeprägte β-Matrix auf, in der die α-Phase eingebettet ist. Die α-Phase stellt sich als helle Phase, die β-Matrix als dunkle Bereiche dar. Der Rissverlauf an der Bruchkante des spröden Bereichs ist interkristallin.

Die Nachprüfung der chemischen Zusammensetzung ließ auf eine Messinglegierung der Zusammensetzung Cu46Zn47Pb3Fe1Sn1 schließen, d.h. der Werkstoff entsprach keiner genormten Legierung. Im Gefüge ist kein Unterschied zwischen dem spröden und dem duktilen Bruch zu erkennen.

5. Interpretation der Härtewerte und Überprüfung der Anforderungen

Im Einlieferungszustand wurde eine Härte von 159 HBW1/10 ermittelt, die nach einer ersten Entspannungsglühung (350°C/1 h) mit einer danach ermittelten Härte von 158 HBW1/10 praktisch kaum abfiel. Erst eine weitere Entspannungsglühung bei erheblich höherer Temperatur (500°C/1 h) führte zu einer Härte von 136 HBW, die aber den bekannten *DVGW-Grenzhärtewert* von 110 HBW zum Ausschluss von Spannungsrisskorrosion immer noch deutlich überschritt.

6. Schadensursache

Die unübliche Legierungszusammensetzung und der offenbar damit verbundene ungewöhnliche innere Spannungszustand können als Auslöser von *Spannungsrisskorrosion* (SpRK) als primäre Versagensursache angesehen werden. Mit zu berücksichtigen sind ggf. auch nicht bekannte montageinduzierte Spannungen.

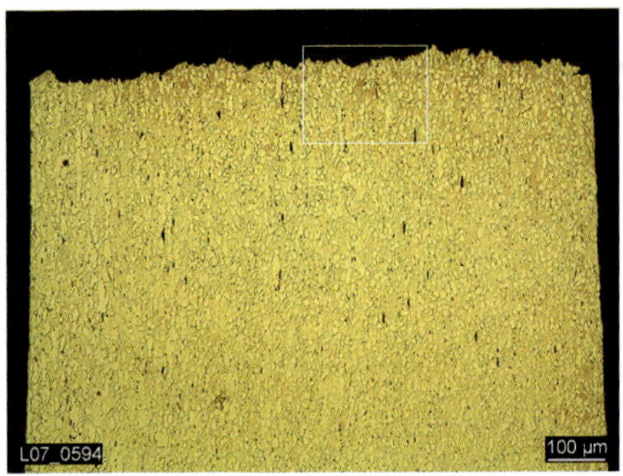

Bild 3.101: Gefüge; geätzt mit 10%iger wässriger Ammoniumpersulfatlösung

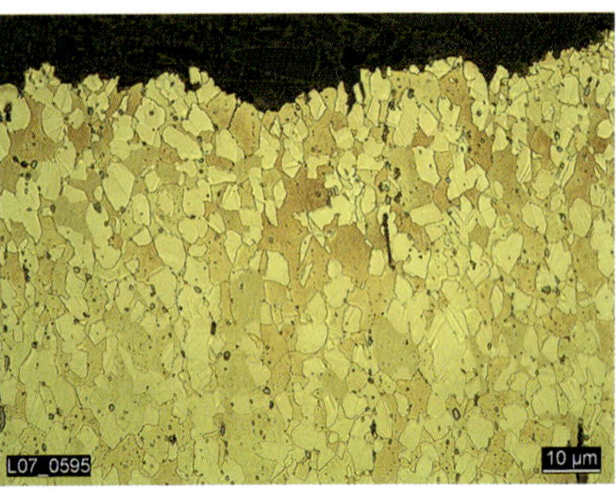

Bild 3.102: Ausschnitt 1 aus Bild 3.101

3.7 Übungen zur Gefügeinterpretation

Die abgebildeten Gefüge wurden im Rahmen einer metallographischen Untersuchung dokumentiert. Mit Hilfe verschiedener Angaben soll das Gefüge interpretiert werden (Lösungen in Tabelle 3.14).

Bild 3.103: Gefüge Beispiel 1 (links) und Beispiel 2 (rechts); geätzt mit 3%iger alkoholischer HNO_3

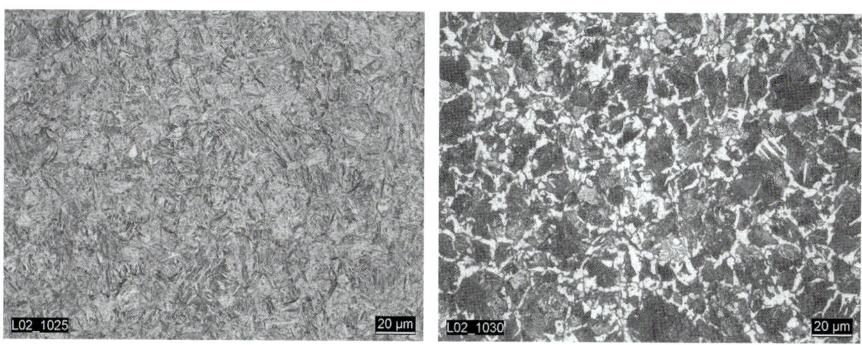

Bild 3.104: Gefüge Beispiel 3 (links) und Beispiel 4 (rechts); geätzt mit 3%iger alkoholischer HNO_3

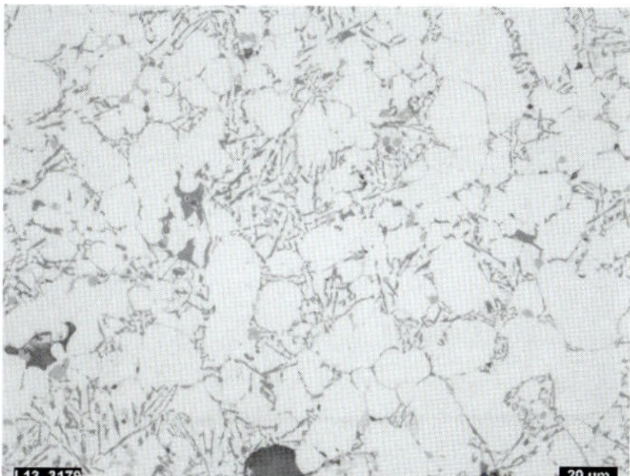

Bild 3.105: Gefüge Beispiel 5 mit Phasendiagramm; poliert

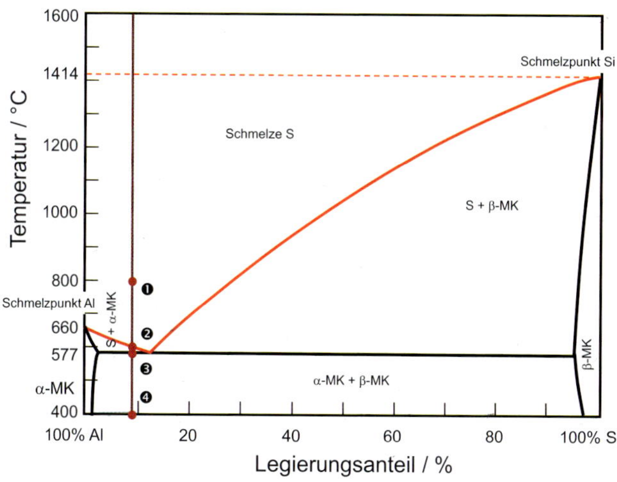

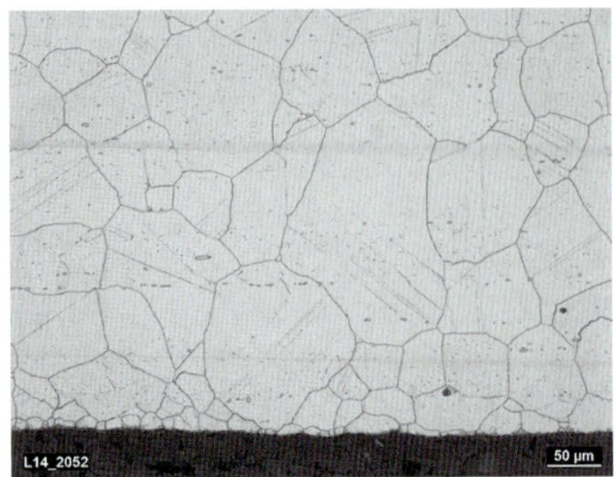

Bild 3.106: Gefüge (geätzt mit V2A Beize) Beispiel 6 mit *Schäfflerdiagramm*

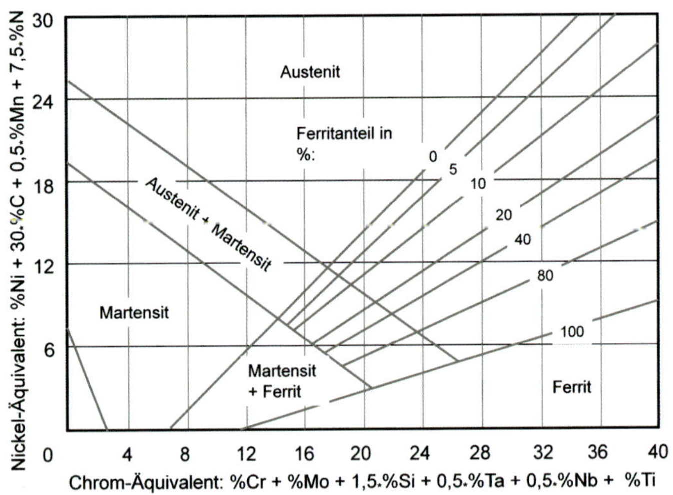

Bild 3.107: Gefüge Beispiel 7 (links) und Beispiel 8 (rechts); geätzt mit 3%iger alkoholischer HNO_3

Tabelle 3.14: Lösungen zu den Gefügeanalysenübungen

Gefüge-beispiel	Zusätzliche Angaben	Hilfsmittel/Lösungsweg	Interpretation
1	Unlegierter Stahl Langsame Abkühlung	Fe-C-Diagramm Bild 3.10 Mögliche Gefügezustände über C-Gehalt ablesen	Ferrit – Perlit Kohlenstoffgehalt rd. 0,45% – Abschätzung anhand des Flächenanteils Perlit
2			Perlit mit geringem Ferrit-Anteil Kohlenstoffgehalt rd. 0,6% – Abschätzung anhand des Flächenanteils Perlit
3	Unlegierter Stahl C45; rasche Abkühlung in 2 s auf T< 200°C	Stahlsortenspezifisches ZTU Diagramm – C45 (Beispiel Bild 3.29); Abkühlverlauf bzw. -zeit einzeichnen und Gefügephasen ablesen, ggf. Härte vergleichen – wenn keine zusätzliche Wärmebehandlung vorliegt	100% Martensit
4	Unlegierter Stahl C45; rasche Abkühlung in 60 s auf T< 200°C		20% Ferrit, 70% Perlit, 10% Bainit
5	9% Si; 91% Al Langsame Abkühlung	Phasendiagramm verwenden, Legierung einzeichnen und Phasen ermitteln	Das Gefüge bei RT besteht aus α-MK und β-MK und einem feinen Eutektikum aus α-MK und β-MK
6	0,1% C; 20% Cr; 18% Ni; Rest Eisen	*Schäfflerdiagramm* verwenden und Phasen ablesen	Austenit mit geringem Delta-Ferritanteil
7	Unlegierter Stahl (C45) Langsame Abkühlung und anschließende Glühung bei 710°C über mehrere Stunden	Fe-C-Diagramm Bild 3.10	Auflösung des Perlits durch die Weichglühung mit Einformung des Fe_3C im Perlit: ferritisches Gefüge mit Eisenkarbiden
8	Unlegierter Stahl (C60) Langsame Abkühlung und anschließende Glühung bei 980°C/50 h, danach langsame Abkühlung	Fe-C-Diagramm Bild 3.10	Bei 1000°C wird der Stahl komplett austenitisiert (Auflösung der Ferrit-Perlit Struktur). Während der Haltezeit bei 1000°C wächst das Austenitkorn (Kornvergröberung); beim Abkühlen entsteht eine grobkörnige Ferrit-Perlit-Struktur

Tipps für die Interpretation von Gefügen im Zusammenhang mit Werkstoffeigenschaften

Bei nicht normgerechter bzw. nicht vorschriftsmäßiger Wärmebehandlung stellt sich ein von der Anforderung abweichendes Gefüge ein. Damit verbunden ist eine Änderung der gewünschten Werkstoffeigenschaften.

Die Festigkeit (Streckgrenze, Zugfestigkeit) bei Stahllegierungen nimmt zu, wenn die Härte ansteigt: Ferrit → Ferrit-Perlit → Perlit → Bainit → Martensit. Gleichzeitig nimmt die Zähigkeit ab.

Die Kriechfestigkeit (Zeitstandfestigkeit) nimmt ab, wenn statt des geforderten martensitischen oder bainitischen Gefüges, ein aufgelöstes ferritisch-perlitisches Gefüge (inkl. entsprechender Übergangsphasen) vorliegt.

Das Gefüge hat auf das Ermüdungsverhalten im Bereich kleiner Anrisslastspielzahlen wenig Einfluss. Im Bereich hoher Lastspielzahlen zeigen Gefüge mit höherer Festigkeit ein etwas besseres Ermüdungsverhalten. Dies gilt allerdings nur bei anrissfreien Strukturen: bei vorhandenen Rissbildungen ist die Abstumpfung der Rissspitze wegen der schlechteren Zähigkeitseigenschaften höherfester Werkstoffe eingeschränkt.

Der Korrosionswiderstand nimmt ab, wenn das Gefüge grobkörniger wird und (grobe) Ausscheidungen vorliegen, die z.B. die Matrix an Chrom verarmen lassen.

4 Metallographische Methoden zur Untersuchung von Bauteilen

Die technischen Eigenschaften von Werkstoffen werden wie im Abschnitt 3.2.2 dargestellt, durch gezielte Eingriffe bei der Ausbildung der Mikrostruktur beeinflusst. Im Zuge der Herstellung und Verarbeitung treten unerwünschte Fehler und Abweichungen vom vorgegebenen bzw. gewünschten Gefüge auf.

Als Fehler werden z.B.:

- Abweichungen von der spezifikationsgemäßen Mikrostruktur (Gefüge, Einschlüsse, Fremdphasen, Seigerungen, Korngröße) sowie
- Störungen/*Unregelmäßigkeiten* in der Struktur wie *Mikrolunke*r und *Lunker*, *Risse* und *Poren*

bezeichnet. Diese können zu einem vorzeitigen Ausfall des Bauteils unter Betriebsbelastung führen.

In den Werkstoffnormen, Firmenstandards und/oder den Bestellspezifikationen wird der ordnungsgemäße Lieferzustand festgelegt, z.B. durch die Forderung: „…dürfen keine inneren Fehler aufweisen, die ihre sachgemäße Verwendung mehr als unerheblich beeinträchtigen" und über die Durchführung geeigneter Werkstoffprüfungen ermittelt und ausgeschlossen. Die Übereinstimmung mit den geforderten Eigenschaften kann mit einem *Abnahmezeugnis* bestätigt werden.

Zu den qualitätssichernden Maßnahmen zur Erzielung eines ordnungsgemäßer Werkstoff- bzw. Bauteilzustand, zählen u.a.:

1. Dokumentation der Herstellungs- und Verarbeitungsbedingungen und deren Kontrolle mit den vorgegebenen Bedingungen, z.B. Einhaltung der Wärmebehandlungsparameter (Temperatur, Aufheiz- und Abkühlraten..)
2. zerstörende Prüfungen zur Ermittlung der geforderten Eigenschaften, z.B. Ermittlung der mechanisch-technologischen Eigenschaften über den Zugversuch, metallographische Feststellung von Gefüge und Härte
3. zerstörungsfreie Prüfungen, z.B. Ultraschallprüfung, Röntgenprüfung sowie die Ermittlung der Istmaßabmessungen.

Für die Untersuchung und metallographische Qualifizierung von herstellungsbedingten Fehlern an Bauteilen kommen die in Tabelle 4.1 aufgeführten Verfahren in Frage.

Bei der Anwendung der in Tabelle 4.1 aufgeführten Methoden müssen bestimmte Voraussetzungen bei Vorbereitung und Auswertung beachtet werden.

Tabelle 4.1: Übersicht der metallographischen Untersuchungsmöglichkeiten an Bauteilen

Art	Untersuchung	Voraussetzungen	Untersuchungsziel	Einschränkungen
zerstörungsfrei am Bauteil	(Mobile) Härteprüfung, ggf. mit Makroätzung	Fläche muss angeschliffen und muss bei Anwendung des UCI-Verfahrens vorpoliert (15 bis 9 µm) werden	Härtewert zur Beurteilung des Gefügezustandes und damit der Herstellung (Wärmebehandlung), Eigenschaften sowie Zuordnung zu einem ausgewählten Bauteilbereich, z.B. Schweißverbindung	Mobile Härteprüfung liefert keine Norm-Härtewerte Geprüfte Oberflächenstelle muss repräsentativ sein
zerstörungsfrei am Bauteil	Ambulante Metallographie (Replikauntersuchung)	Fläche muss angeschliffen und metallographisch präpariert werden	Mikrostruktur Risse, Fehlstellen	Geprüfte Oberflächenstelle muss repräsentativ sein
teilweise zerstörend	„Minimalinvasive" Kleinprobenuntersuchung	Entnahme einer Kleinprobe; Schwächung des Bauteilquerschnitts muss möglich sein	Mikrostruktur Risse, Fehlstellen mech.-techn. Eigenschaften	Kleinprobe muss repräsentativ sein
teilweise zerstörend	Bohrkernuntersuchung	Reparatur nach Entnahme des Bohrkerns muss möglich sein	Mikrostruktur Risse, Fehlstellen mech.-techn. Eigenschaften	Bohrkern muss repräsentativ sein
zerstörend	Metallgraphische Untersuchung an Schliffen	Bauteil wird zerstört	Mikrostruktur Risse, Fehlstellen mech.-techn. Eigenschaften	Richtige Lage der Schliffe

4.1 Mobile Härteprüfung

Tragbare Härteprüfgeräte sollen die Härteprüfungen an Proben/Bauteilen erlauben, die zu groß oder zu schwer sind, um sie auf ortsfesten Härteprüfmaschinen zu prüfen. Bei inhomogenen Strukturen (z.B. Schweißverbindungen) empfiehlt sich bei der Oberflächenvorbereitung eine Makroätzung mit einzubeziehen, damit die gemessenen Härtewerte den einzelnen Bereichen zugeordnet werden können, wie z.B. Schweißgut, Grundwerkstoff bzw. Wärmeeinflusszone (Grobkornzone, Feinkornzone).

Zum Einsatz kommen unterschiedliche Verfahren.

Härteprüfung mit tragbaren Härteprüfgeräten, die mit elektrischer Eindringtiefenmessung arbeiten DIN 50158-1:2008-07: Ein mit einer elektrisch leitfähigen Schicht versehener Diamant-Eindringkörper wird mit stetig zunehmender Kraft in die Oberfläche einer metallischen Probe gedrückt. Der elektrische Widerstand zwischen Oberfläche und Eindringkörper nimmt beim Eindringen des Eindringkörpers in die Metalloberfläche ab. Er ist ein Maß für die Eindringtiefe. Das Gerät registriert sowohl die aufgebrachte Kraft als auch den elektrischen Widerstand und ordnet so jedem Kraftwert einen elektrischen Widerstand, d.h. eine Eindringtiefe zu (Kraft/Widerstand-Kurve), aus der eine Härte abgeleitet werden kann.

Härteprüfung nach dem UCI-Verfahren – DIN 50159-1:2015-01: Bei dem Ultrasonic Contact Impedance (UCI)-Messverfahren wird ein mit einer Ultraschallfrequenz schwingender Schwingstab, an dessen unterem Ende sich ein Vickers-Eindringkörper befindet, mit einer definierten Prüfkraft auf die Probe gedrückt. Seine Resonanzfrequenz (geringste Dämpfung, größte Schwingamplitude) erhöht sich, sobald er bei der Erzeugung des Eindrucks mit der Probe in Kontakt gebracht wird. Die Resonanzfrequenzverschiebung Δf wird unter Prüfkraft bestimmt. Sie ist abhängig von der Größe der Kontaktfläche, der Prüfkraft sowie dem effektiven *Elastizitätsmodul* E_{eff}. Mit Hilfe von Proben bekannter Härte (z.B. Härtevergleichsplatten) wird über eine entsprechende Gerätejustierung die Frequenzverschiebung Δf der entsprechenden Vickershärte zugeordnet.

Härteprüfung nach Leeb – DIN EN ISO 16859-1:2016: Bei der Härteprüfung nach Leeb schlägt ein bewegter Schlagkörper senkrecht auf einer Oberfläche auf und prallt zurück. Die Geschwindigkeit des Schlagkörpers wird vor (v_A) und nach (v_R) dem Aufprall gemessen. Die von der Probe absorbierte Energiemenge bzw. bei der Prüfung verbrauchte Energie ist ein Maß für die dynamische Leeb-Härte der Probe. Die Leeb-Härte HL wird mit dem Schlaggeräte-Typ D in Schwerkraftrichtung gemessen. Messungen mit anderen Schlaggeräte-Typen ergeben unterschiedliche Härtewerte.

4.1.1 Einschränkungen

Bei der mobilen Härteprüfung werden – wie vorher dargestellt – unterschiedliche physikalische Messprinzipien eingesetzt, die vom Prinzip der Eindringprüfung nach Norm abweichen. Die gemessenen Werte werden in eigenen Härteskalen erfasst und können in Rockwell, Vickers oder Brinell umgewertet werden. Die Werte dürfen jedoch nicht als Norm Rockwell-, Vickers- oder Brinellwerte angesehen werden. Sie sind im Streitfall nur anwendbar, wenn sich die Parteien vorher auf ihre Verwendung geeinigt haben.

Vor der Durchführung muss geklärt werden, ob das Bauteil angeschliffen und ggf. makrogeätzt werden kann.

4.1.2 Fehlerquellen

Wegen der relativ großen benutzerabhängigen Streuungen ist es wichtig, sich von der Plausibilität der Messwerte zu überzeugen. Dies erfolgt über die Verwendung von geeigneten Kontrollplatten. Allerdings werden damit – wegen der besseren Handhabung der Platten im Vergleich zur Messung am Bauteil – die positionsabhängigen Streuungen nicht abgedeckt. Deshalb sollte eine werkstoffkundliche Einschätzung erfolgen, ob der gemessene Härtewert für den angegebenen Werkstoff/Stahl und die Herstellbedingungen/Wärmebehandlungen plausibel sind.

Die häufigste Fehlerquelle liegt in der mangelhaften Vorbereitung bzw. Präparation der Bauteiloberfläche vor. Bei der Härteprüfung muss die Oberfläche frei von Zunder, Fremdkörpern und von Schmierstoffen sein.

Oberflächenverfestigungen können sich durch die Bearbeitung, z.B. Drehen, Stanzen ergeben, siehe Abschnitt 3.5.1. Die Kornstruktur an der Oberfläche wird plastisch verformt, vgl. Bild 3.59. Je nach Dicke der Verformungsschicht führt dies im Vergleich zum darunter liegenden nicht verformten Werkstoff zu einem höheren Härtewert. Soll dies nicht das Ziel der Untersuchung sein, muss die Oberfläche abgeschliffen werden. Schleifen kann jedoch bei Werkstoffen mit niedrigen Streckgrenzen, wie z.B. austenitischen Stählen, wiederum zu Verformungen und Härtesteigerungen führen, wenn mit grobem Korn und zu hohem Druck angeschliffen wird.

Während des Betriebs (siehe Abschnitt 3.5.7) können sich verschiedene Einflüsse überlagern und wechselseitig beeinflussen:

- die vorausgegangene Kaltverformung kann zu einer Rekristallisation mit entsprechendem Härteabfall führen
- das Umgebungs-/Betriebsmedium kann eine elektrochemische Reaktion im Randbereich auslösen
- die Betriebstemperatur kann Diffusionsvorgänge von Elementen aus dem

Medium in den Werkstoff und umgekehrt bewirken, die sich in der Gefügestruktur bemerkbar machen.

Diese Reaktionen beeinflussen die Oberflächenhärte, sodass Vorsicht geboten ist, ob der an der Oberfläche gemessene Wert repräsentativ für den Querschnitt ist. Wenn die Oberflächenhärteprüfung einen für den homogenen Querschnitt des Werkstoffs repräsentativen Wert liefern soll, muss die Randzone, die herstellungsbedingt einen anderen Gefügezustand aufweist, komplett abgeschliffen werden, wie das nachfolgende zweite Fallbeispiel demonstriert.

Bei der Oberflächenhärteprüfung von beschliffenen Schweißverbindungen treten bei umwandlungsfähigen, ferritischen Stählen Besonderheiten auf, die sich in der Härte auswirken. Als Folge der Wärmeeinbringung in den Grundwerkstoff durch das Niederschmelzen des Schweißgutes, treten Gefügeumwandlungen in der Wärmeeinflusszone (WEZ) auf. Diese sind bei umwandlungsfähigen Stählen unvermeidbar. Das sich in der WEZ einstellende Gefüge wird noch von weiteren Parametern, wie z.B. Legierungszusammensetzung, Schweißparameter, Bauteil- und Schweißnahtgeometrie beeinflusst. Für die korrekte Zuordnung der gemessenen Härtewerte empfiehlt es sich eine Makroätzung (Abschnitt 4.6.3) vorzunehmen.

Wird die Oberfläche einer gezielten Behandlung unterworfen, wie z.B. Randschichthärten (Abschnitt 3.5.2 und 3.5.3), ist zu beachten, dass die Überprüfung der vorgegebenen Härte nur anhand eines Schliffes normgerecht ermittelt werden kann.

Manche Oberflächenveredelungsverfahren, wie z.B. Kugelstrahlen, beeinflussen die Oberfläche über die Ausbildung von Druckeigenspannungen. Diese entstehen durch die plastische Verformung der oberflächennahen Körner. Damit ergeben sich wiederum Auswirkungen auf die Oberflächenhärte, die sich besonders bei der mobilen Härtemessung auswirken können, da das Messprinzip im Wesentlichen auf den Zustand des oberflächennahen Bereichs reagiert.

4.1.3 Fallbeispiel

4.1.3.1 Überprüfung der sachgemäßen Schweißung einer Stutzenrundnaht

Prüfstücke: Stutzeneinschweißung – ein Rohr aus 10CrMo9-10 wurde mit einer Rundnaht in den Grundkörper aus X10CrMoVNb9-1 (P91) eingeschweißt. Schweißgut: artgleich zum X10CrMoVNb9-1 geschweißt.

Maßgebende Norm: vereinbarte Liefer- bzw. Herstellspezifikation und zugehörige Werkstoffnormen

Vorgegebene (spezifizierte) Merkmale gemäß Vereinbarung und Norm:

- Riss- bzw. Fehlerfreiheit
- Schweißnahtausführung bzw. -aufbau

Die Kontrolle/Überprüfung der vorgegebenen Merkmale erfolgt mittels Überwachung der Schweißausführung sowie einer zerstörungsfreien Prüfung nach Ausführung. An ausgewählten Stellen kann mittels Bauteilmetallographie und mobiler Härteprüfung direkt am Bauteil der oberflächliche Gefügezustand der Schweißverbindung geprüft werden.

1. Vorgehensweise:

Nach der Auswahl des Bauteils bzw. Stutzens muss die Stelle zur Entnahme der Gefügeabdrücke örtlich (vgl. Abschnitt 4.2) festgelegt werden. Für die Durchführung der mobilen Härteprüfung genügt eine makroskopische Schliffvorbereitung (vgl. Abschnitt 4.6.3) um den Verlauf der Wärmeeinflusszone sichtbar zu machen. Damit kann der gemessene Härtewert auch einem Ort in der Schweißverbindung zugeordnet werden.

Bild 4.1: Stutzen mit Rundnaht, geprüft wurde an der Position A

2. Befunde:

Es wurde das in Bild 4.2 abgebildete Härteprofil mit einem mobilen Härtemessgerät ermittelt.

Die Härtewerte mit 140 HV5 am linken Rand des Härteprofils können von der Lage dem ferritisch-bainitischen Grundwerkstoff des 10CrMo9-10 zugeordnet werden. Sie erfüllen die Erwartungswerte. Die Werte im Bereich 180 HV5 liegen im Schweißgut aus X10CrMoVNb9-1. Die dazwischenliegenden Werte in der WEZ weisen jedoch signifikant niedrige Werte auf. Diese können nur mit einer mikrostrukturellen Untersuchung bewertet werden: als einzige Methode ist hier die ambulante Bauteilmetallographie, Abschnitt 4.2, einsetzbar – wenn das Bauteil nicht für eine metallographische Untersuchung zerstört werden soll.

Bild 4.2: Gemessenes Härteprofil über die Schweißnaht an der Stelle A

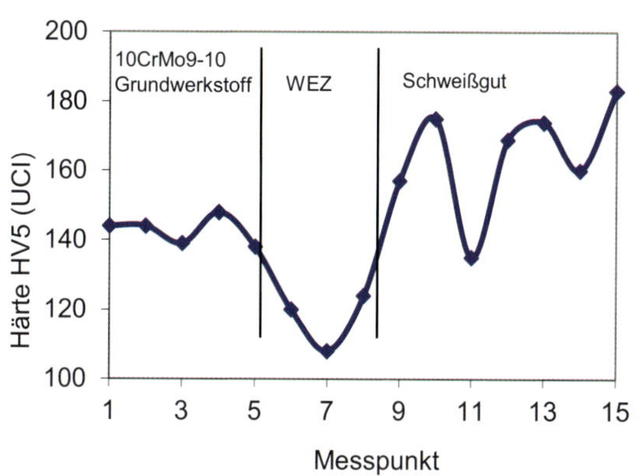

4.1.3.2 Beanstandung der Oberflächenhärte eines Kesselrohrs

Prüfstück: Kesselrohr aus dem Stahl 7CrMoVTiB10-10 (Herstellung: Warmwalzen, Lochen und Warmziehen, Vergütung), Bild 4.3.

Messung der Oberflächenhärte im Rahmen der Eingangskontrolle. Ziel war die Feststellung der ordnungsgemäßen Wärmebehandlung NT (= normalgeglüht und angelassen). Maßgebende Normen sind die Werkstoffnorm und die mit dem Hersteller vereinbarte Werkstoffspezifikation.

1. Vorgehensweise:

Die Oberfläche wurde zunderfrei geschliffen. Eingesetzt wurde ein Härteprüfgerät MIC 10, das nach dem UCI Verfahren arbeitet: die Eindringtiefe wird über die Frequenzverschiebung eines oszillierenden Metallstabes mit aufgesetztem Vickersdiamant bestimmt.

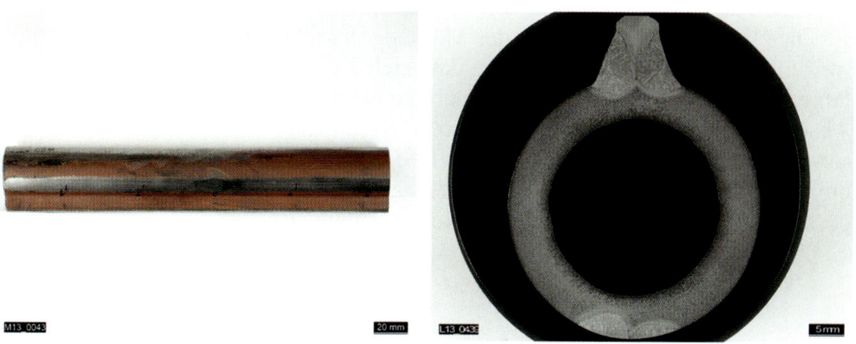

Bild 4.3: Angeschliffenes Rohr und Querschliff mit angeschweißten Rohrstegen

Die mobile Härteprüfung lieferte umgerechnete Härtewerte, die unter den gestellten Anforderungen lagen, vgl. Bild 4.5. Es wurde ein Querschliff, Bild 4.3, zur Ermittlung des Gefüges und Härte angefertigt.

2. Befunde:

Die mikroskopische Betrachtung des oberflächennahen Bereichs zeigt, Bild 4.4, eine herstellungsbedingte entkohlte Zone mit einem ferritischen Gefüge an der Oberfläche. Sie unterscheidet sich deutlich vom vorgeschriebenen bainitisch-martensitischen Gefüge im Kern.

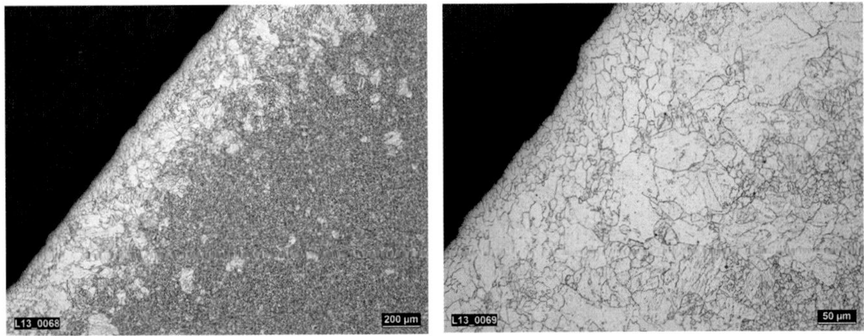

Bild 4.4: Gefügeausbildung in der oberflächennahen Randzone

Die Härteprüfung HV0,1 am Querschliff mit einer kalibrierten Härteprüfmaschine liegt deutlich unter den HV10 Werten des ordnungsgemäßen Gefügezustands, Bild 4.5. Die dem ordnungsgemäßen Gefüge entsprechende Härte wird in einem Abstand von 0,2 mm von der Oberfläche erreicht.

Dies bestätigt sich auch bei der Messung der Oberflächenhärte nach stufenweisem Abschleifen. Bild 4.5 zeigt, dass sich die Härte mit dem genormten Verfahren (HV10) wie auch mit dem mobilen Gerät (MIC HV5) nach rd. 0,3 mm Abschleifen auf einem deutlich höheren Niveau stabilisiert. Auffallend bei dieser Untersuchung – unter den idealen Bedingungen des Labors, was die Positionierung des mobilen Härteprüfgerätes betrifft – ist, dass die mobile Messung geringere Härtewerte mit einer größeren Streuung aufweist.

Bild 4.5: Oben: Härte an der Oberfläche in Abhängigkeit von der Abschleiftiefe für stationäre (HV10) und mobile Härtemessung (HV5 (UCI)); Unten: Härtereihe HV0,1 über den Querschnitt am Laborquerschliff

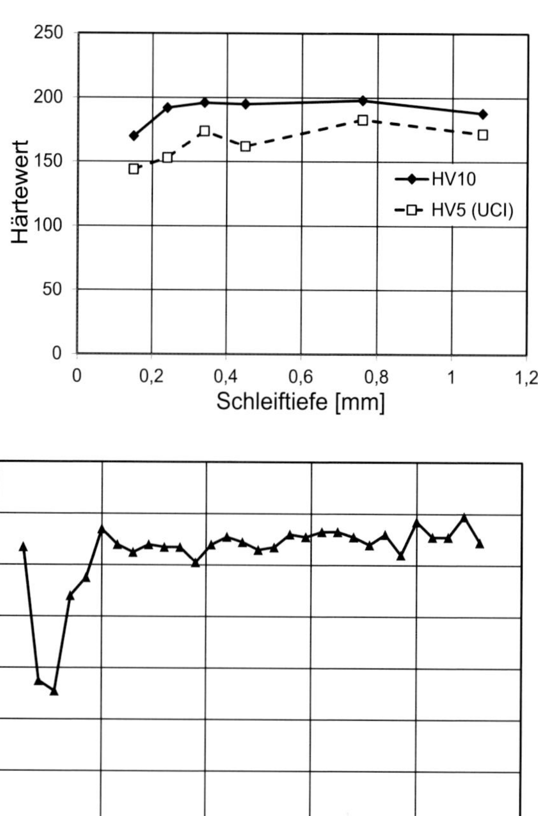

4.1.3.3 Einfluss der Betriebstemperatur auf die Oberflächenrandzone einer Nickellegierung

Prüfstück: Rohrabschnitt aus Alloy 617. Das Rohr wird wie folgt hergestellt: Warmwalzen, Lochen und Warmziehen, Lösungsglühen bei rd. 1100°C. Im betrieblichen Einsatz wird das Rohr innen mit Wasser bzw. Dampf auf eine Metalltemperatur von 700°C gekühlt. Außen wird es mit Rauchgas aus der Kohleverbrennung mit einer Temperatur von rd. 1300°C beaufschlagt. Der Zustand der Oberfläche soll metallographisch beurteilt werden.

1. Vorgehensweise:

Anfertigung eines Querschliffs längs zur Achse eines Rohres zur metallographischen Analyse und Durchführung einer Härteprüfung.

2. Befunde:

An der Außenoberfläche ist eine helle, teilweise poröse Schicht aus Cr_2O_3 zu erkennen, Bild 4.6. Darunter befindet sich eine dunklere Zone, die feinkörniger und mit mehr Ausscheidungen versehen ist als der eigentliche Rohrwerkstoff. Die stationäre Prüfung am Rohrabschnitt mit HV0,1 zeigt, dass die feinkörnige Zone eine deutlich höhere Härte hat als der grobkörnigere Grundwerkstoff. Es liegt eine gute Übereinstimmung zwischen HV10 und der mobil ermittelten HV5 (UCI) Härte vor. Auch hier ist festzustellen, dass die Oberflächenprüfung am Bauteil selbst bei ungenügendem Abschleifen zu hohe Werte geliefert hätte.

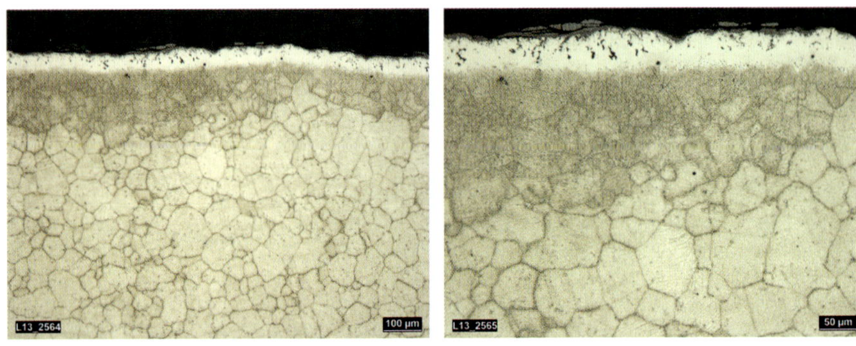

Bild 4.6: Rohr aus Alloy 617 – Querschliff längs zur Rohrachse; Gefügeausbildung an der Oberfläche nach Betriebseinsatz bei 700°C in Rauchgas; geätzt mit V2A-Beize

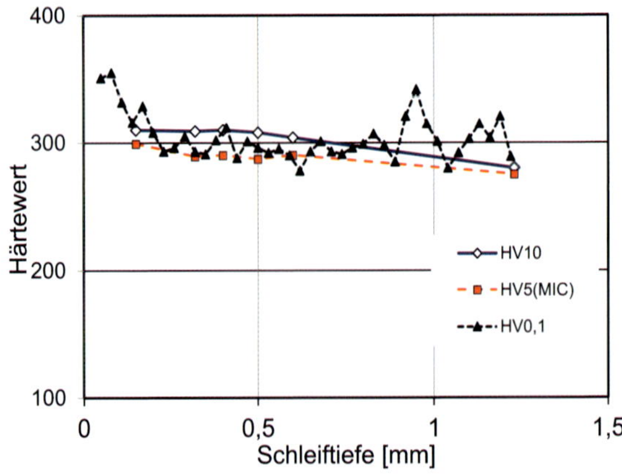

Bild 4.7: Oberflächenhärte in Abhängigkeit von der Abschleiftiefe

Tipps für die Anwendung der mobilen Härteprüfung an Bauteilen

Die (mobile) Oberflächenhärteprüfung liefert nur dann repräsentative Ergebnisse für den Querschnitt, wenn die durch die Herstellung und Betrieb beeinflusste Oberflächenschicht ausreichend abgeschliffen wird.

Es genügt in vielen Fällen nicht, den Zunder/Oxidation zu beseitigen, d.h. eine blanke Oberfläche zu erzeugen, sondern es muss ein Abtrag bis zu 0,2 mm erfolgen. Gegebenenfalls muss die Härteprüfung bei verschiedenen Schleiftiefen erfolgen, um sicherzustellen, dass kein Oberflächeneffekt mehr vorhanden ist. Das Abschleifen eines Bauteils sollte immer in Abstimmung mit dem Betreiber des Bauteils unter Berücksichtigung der Mindestwanddicke erfolgen.

Bei der Ermittlung der Aufhärtung in Schweißverbindungen muss eine genaue Zuordnung des Härtewerts zur Lage in der WEZ erfolgen. Dazu muss der Prüfbereich mindestens mit einer Makroätzung vorbereitet werden. Es ist allerdings sehr schwierig bei Schweißverbindungen mit Phasenumwandlung den Bereich mit der maximalen Härte (z.B. die Grobkornzone bei ferritischen Stählen) zuverlässig zu treffen.

Die mobile Härteprüfung liefert keine Normwerte und zeigt i. Allg. anwenderabhängig größere Streuungen. Grundsätzlich sind die Messwerte mit kalibrierten Härteprüfplatten desselben Werkstoffs zu überprüfen. Sollten die Werte für eine Qualitätsüberprüfung verwendet werden, muss dies mit dem Abnehmer vereinbart werden.

4.2 Ambulante Metallographie

4.2.1 Allgemeine Anwendung

Die ambulante Metallographie wird direkt an der Bauteiloberfläche (deswegen auch „Bauteilmetallographie“) ausgeführt. Da für die metallographische Abbildung der Oberfläche auch Folien = Replikas eingesetzt werden, ist auch der Begriff „Replikauntersuchung“ geläufig.

Die ambulante Metallographie dient

- zur Beschreibung des Gefüges – im Rahmen der Qualitätssicherung kann über die Ermittlung des Gefügezustandes beurteilt werden, ob
  - der richtige Werkstoff vorliegt
  - die bestellten Merkmale bezüglich des Gefügezustandes (z.B. Bainit) eingehalten sind, d.h. die richtige Wärmebehandlung durchgeführt wurde und damit die Voraussetzungen erfüllt werden, dass die gewünschten Eigenschaften (Kennwerte) vorliegen

- zur Beurteilung von betrieblich verursachten Gefügeveränderungen
- zum Nachweis und zur Verfolgung der Schädigungsentwicklung, z.B. Mikroporen (cavities) / Mikrorissen bei Zeitstandschädigung oder andere Rissbildungen
- zum Nachweis, dass festgestellte Fehler/Risse an der Oberfläche ausgeschliffen und beseitigt wurden
- zur Identifizierung von Herstellungsfehlern und deren Veränderung unter Betriebsbeanspruchung.

Folgende Arbeitsschritte sind durchzuführen:

- Schleifen
- Polieren (mechanisch, elektrolytisch)
- Ätzen

Angestrebt wird eine Qualität, die der Schliffherstellung unter normalen Laborbedingungen entspricht. Genaue Vorschriften zur Durchführung der Präparation können der VGB Richtlinie 517 [3] entnommen werden, siehe Abschnitt 4.2.2.

Das mechanische Präparationsverfahren ist dem elektrolytischen Präparationsverfahren bei Stählen und Werkstoffen mit Ausscheidungen vorzuziehen. Es ist weniger anfällig, Artefakte durch Herauslösen von Karbiden bzw. Einschlüssen zu erzeugen. Ferner können größere Flächen erzeugt bzw. untersucht werden, was z.B. bei der Beurteilung von Schweißverbindungen (Grundwerkstoff – Wärmeeinflusszone – Schweißgut) von Vorteil ist. Das zeitlich effektivere elektrolytische Polieren kann bei niedriglegierten Stählen eingesetzt werden bzw. bei Bauteilen, bei denen keine Risse oder Poren vorliegen.

Nach der oben beschriebenen Präparation der Oberfläche erfolgt der Abdruck. Dies kann ebenfalls mit unterschiedlichen Techniken erfolgen[10]. Technisch gebräuchlich ist die Verwendung einer Acetatfolie. Ebenfalls anwendbar ist lichtaushärtender Kunststoff [2]. Der Abdruck wird dann einer lichtoptischen Auswertung unterzogen. Die Einzelschritte sind schematisch in Bild 4.8 dargestellt.

Das Prinzip der Gefügeabdrucktechnik besteht in der Herstellung eines detailgenauen negativen Abdrucks der präparierten Oberfläche, Bild 4.9. Liegen im Gefüge Schädigungen vor, z.B. Risse, Poren, ist zu beachten, dass diese im Abdruck erhabene Strukturen hinterlassen. Sie weisen weiche Kanten auf und müssen deshalb nachfokussiert werden. Aus der Schliffebene herausragende Teilchen/Einschlüsse rufen in der Folie Vertiefungen mit scharfen Kanten hervor.

[10] Eine weitere Alternative stellt die direkte lichtoptische Betrachtung der Oberfläche mit einem mobilen Mikroskop dar. Probleme ergeben sich, wenn die Oberfläche stärkere Krümmungen aufweist.

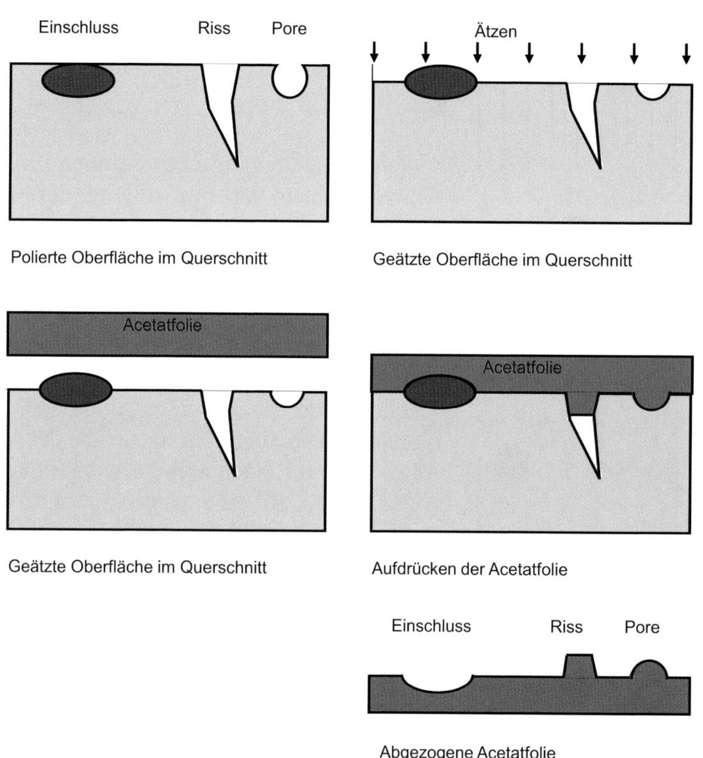

Bild 4.8: Ablauf einer bauteilmetallographischen Untersuchung

Die Probleme bei der Identifizierung von Poren und Rissen, die im Abdruck erhaben und nicht als Vertiefung erscheinen, zeigt Bild 4.10. Wie bereits erwähnt, stellen sich die Poren nicht wie im Schliff nicht als „schwarzes" Loch dar, sondern als Erhebung. Es bedarf daher über entsprechende Erfahrung und Übung, Risse und Poren im Gefügeabdruck auch als solche zu identifizieren.

Auch bei der Erkennung von Gefügephasen ergeben sich im Abdruck Unterschiede zum Schliff. In Bild 4.11 ist das Gefüge eines lamellaren Graugusses im Schliff dem Abdruck gegenübergestellt. Die Farbe der Graphitlamelle ist im Abdruck natürlich nicht mehr vorhanden. Die streifige Struktur des Perlit entsteht durch den Schatten des Abdruckreliefs, wobei eine Umkehr der hell-dunkel Phasen im Abdruck vorhanden ist: die härtere Fe_3C-Schicht stellt eine Vertiefung im Abdruck dar, der Ferritstreifen bildet sich erhaben ab.

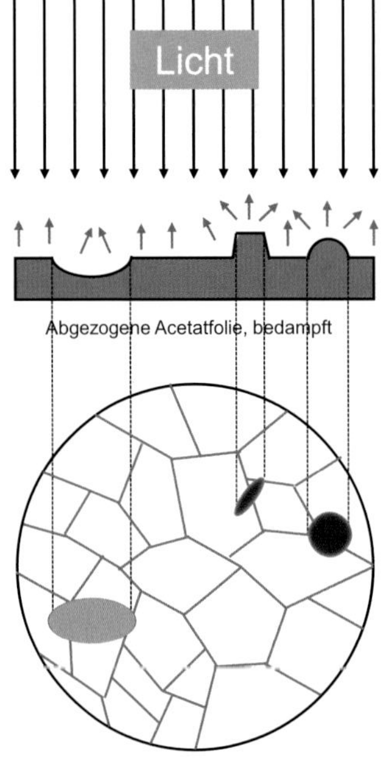

Bild 4.9: Negativ-Abdruck des Oberflächenreliefs im Gefügeabdruck

Die Gefügeabdrücke können auch bei Schweißnähten zur Feststellung der Güte der Schweißausführung bzw. metallurgischer Effekte herangezogen werden. Sie ergänzen die allgemeinen zerstörungsfreien Verfahren und die mobile Härteprüfung. Bild 4.1, Fallbeispiel Abschnitt 4.1.3.1, zeigt die für die Abdrucknahme präparierte (geschliffene, polierte und geätzte) Fläche mit der Bezeichnung A. Die gelbe Fläche repräsentiert in ungefähr die Größe der Abdruckfolie. Sie wird, nachdem sie vom Bauteil abgezogen wurde, auf einem Objektträger fixiert und mit Gold (zur Erhöhung des Kontrastes) besputtert. Anschließend wird sie im Lichtmikroskop ausgewertet.

Die Befunde sind beispielhaft im Bild 4.12 dargestellt. Zu sehen ist eine entkohlte Zone als heller, ferritischer Bereich an der Schmelzlinie in der WEZ des 10CrMo9-10. Eine Entkohlung in der WEZ in der Nähe der Fusionslinie tritt dann auf, wenn Schweißzusatz und Grundwerkstoff deutlich unterschiedliche Chromgehalte besitzen und anschließend eine (Vergütungs-) Wärmebehandlung durchgeführt wird. Die hohe Affinität von Chrom (Cr) zu

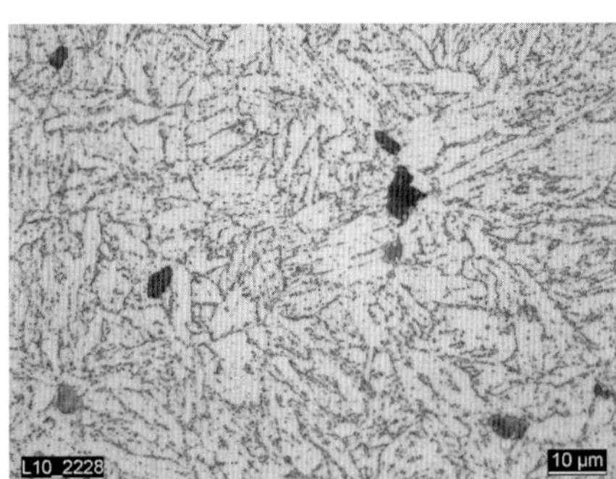

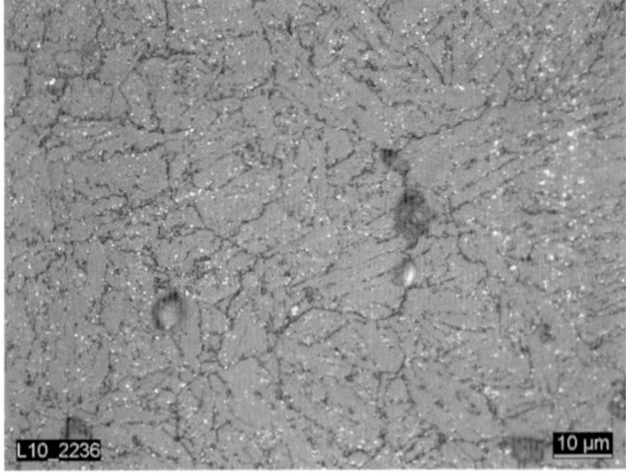

Bild 4.10: Gegenüberstellung Schliff (links) mit Gefügeabdruck (rechts). Martensitischer Cr-Stahl mit Zeitstandporen

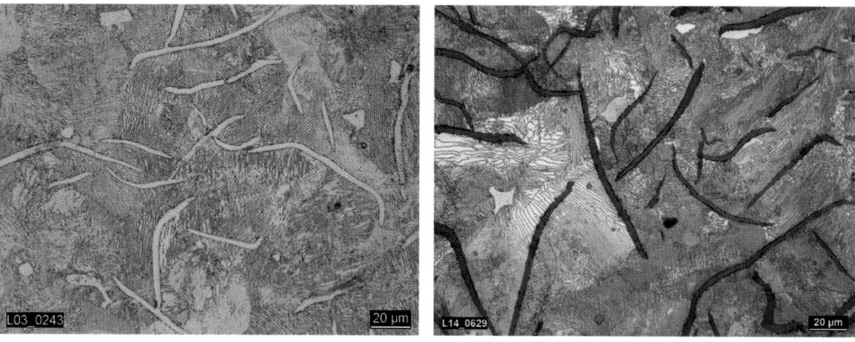

Bild 4.11: Gefüge einer Papierwalze aus GJL: perlitische Matrix mit Graphitlamellen. Gefügeabdruck (links) – Schliff (rechts)

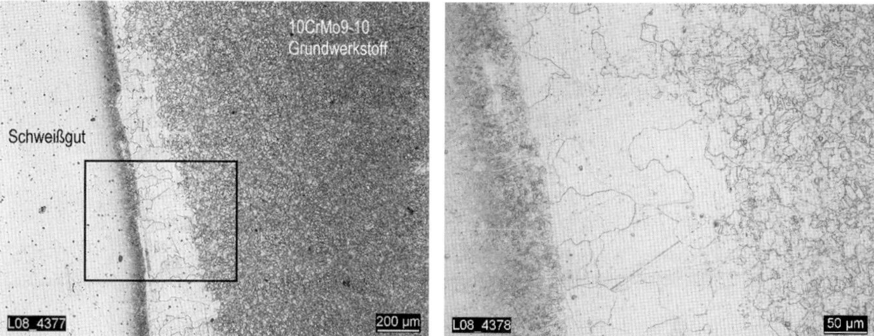

Bild 4.12: Auswertung eines Gefügeabdrucks: Wärmeeinflusszone einer ungleichartigen Schweißverbindung. Bildung einer entkohlten Zone als heller, ferritischer Bereich an der Schmelzlinie in der WEZ des 10CrMo9-10. Aufkohlung des 9% Cr-Schweißgutes: dunkler Streifen links von der Schmelzlinie im Schweißgut

Kohlenstoff (C) führt primär bei der Wärmenachbehandlung zur Diffusion von C aus dem Grundwerkstoff zum Cr-reicheren, P91-artgleichen Schweißgut. Dabei bilden sich Chromkarbide bei gleichzeitiger C-Verarmung des Cr-ärmeren 10CrMo9-10. Mit diesem Befund ist der Härteabfall über die Bildung einer ferritischen Zone in Bild 4.2 erklärbar.

Qualitätsanforderungen an einen Gefügeabdruck

- Es dürfen auf dem Gefügeabdruck keine makroskopisch und mikroskopisch erkennbaren Schleifspuren sichtbar sein
- Es darf auf dem Gefügeabdruck makroskopisch und mikroskopisch keine Polierrichtung sichtbar sein
- Bei ungenügender Polierzeit von vorwiegend ferritischen Stählen weist die Matrix eine raue Oberfläche aus
- Bei zu schwachem Ätzangriff wird die Gefügestruktur nicht ausreichend abgebildet
- Bei zu starkem Ätzangriff wird die Gefügestruktur überbetont (Poren werden vergrößert dargestellt, Korngrenzen verdickt, Rissverlauf nicht mehr eindeutig erkennbar)
- Bei Rissen und größeren Poren kann Polier- oder Ätzflüssigkeit austreten und dadurch Teile des Gefügeabdruckes unkenntlich machen
- Je nach Abdruckfolie können bei unsachgemäßer Handhabung Blasen auftreten – die präparierte Fläche wird nicht vollständig dargestellt, die daraus gewonnenen Informationen sind deshalb lückenhaft
- Bei zu niedriger Umgebungstemperatur der Probe ist die Haftung der Folie bzw. die Geschmeidigkeit schlecht, sodass die präparierte Oberfläche ebenfalls Lücken oder Fehler im abgezogenen Abdruck aufweist
- Bei zu hoher Temperatur der Probe trocknet die Abdruckfolie evtl. zu schnell und bildet die Oberfläche unzureichend ab.

4.2.2 Bewertung von Kriechschädigung

Eine besonders wichtige Aufgabe erfüllt die Bauteilmetallographie bei der Beurteilung von betrieblich verursachten Gefügeveränderungen. Sie ermöglicht den Nachweis und die Verfolgung der (Kriech)Schädigungsentwicklung in Bauteilen, die mit den üblichen Methoden der zerstörungsfreien Prüfung nicht detektiert werden kann. Hierzu werden im Rahmen der betrieblichen Überwachungen Gefügeabdrücke an hochbeanspruchten Stellen des Bauteils entnommen und ausgewertet. Ziel ist die möglichst frühe Entdeckung einer beginnenden Schädigung, die sich in Form von *Kriechporen* bei Bauteilen einstellen, die im Kriechbereich betrieben werden. Diese Kriechporen sind – sofern sie an der Oberfläche in Erscheinung treten – nur in einem Gefügeabdruck erkennbar und können wie bereits erwähnt, mit zerstörungsfreien Verfahren, wie z.B. Ultraschall nicht detektiert werden. Zur Klassifizierung der Schädigung durch Kriechporen können verschiedene Methoden herangezogen werden. In Deutschland werden hierfür die Gefügerichtreihen VGB-S-517-00-2014-11 herangezogen [3]. Aufgrund eines qualitativen Vergleichs mit den dort vorgegebenen Kriterien werden sogenannte Beurteilungsklassen für den Grundwerkstoff festgelegt. Für Schweißverbindungen gelten besondere Bewertungsklassen. Es ist zu beachten, dass sich

Tabelle 4.2: Präparationsschritte nach VGB-S-517-00-2014-11

Arbeitsschritt	Vorgabe	Bemerkung
Vorschleifen mit regelbarem Winkelschleifer	Entfernung Walz- oder Gusshaut, Entkohlung, Aufkohlung und Einzunderung	Anhaltswerte: unbearbeitete dickwandige Rohren ca. 1 mm, bei unbearbeiteten Gussstücken 2 bis 3 mm Bei Wiederholungsprüfungen an der gleichen Stelle reicht die Entfernung des Zunders Nach Vorschleifen ggf. Makroätzung zur Darstellung der Schweißnahtkonfiguration
Geradschleifer mit Fächerschleifer: z.B. mit Körnung 40 und 120 Fläche beschleifen und einebnen, ggf. Richtungswechsel, mindestens bei Körnungsänderung um ca. 90°	Erzeugung eines gleichmäßigen Schliffbilds (ohne Riefen der vorherigen Körnung)	Lamellenschleifscheiben neigen in der Regel zu stärkerer Verformung und erhöhen die Gefahr der Porenabdeckung durch Gratbildung
Feinschleifen: Richtungswechsel um 90° bei jeder Körnungsstufe mindestens einmal und nach jeder Körnungsstufe Einsatz von Läppöl Nach jeder Schleifstufe z.B. mit Alkohol und Krepppapier reinigen	Abgestufte Körnung z.B. 120, 220 und 400 Kratzerfreies Schliffbild	Niedervolt-Mikromotoren oder über biegsame Wellen mit Winkelhandstück und Gummitellern mit selbstklebenden Schleifpapieren
Polieren*: Poliertuch und die Diamantkörnung anpassen Poliermittelmenge anpassen Die Dauer einer Polierstufe sollte drei Minuten nicht unterschreiten Zwischenätzen: Abtrag der Restverformung zur besseren Sichtbarmachung von Mikroporen**	Diamantpaste abgestufte Körnung z.B. 15 µm, 6 µm, 3 µm und 1 µm unter Zugabe von Läppöl	Gummiteller mit aufgeklebten Poliertüchern
Ätzen: unmittelbar nach der Reinigung der Schlifffläche unter kontinuierlicher Benetzung der Prüffläche (Sprühen, Wattebausch) Abspülen mit Alkohol Schliffstelle mit alkoholgetränktem Wattebausch und Warmluftgebläse schlierenfrei trocknen Ätzzeit muss der vorliegenden Temperatur angepasst werden.	Verwendung von an den Werkstoff angepassten Ätzmitteln, siehe auch Abschnitt 8 gleichmäßige Einwirkung ohne Eintrocknung Ätzbild soll dem einer Laborätzung entsprechen	Tiefätzungen sind zur Beurteilung des Mikrogefüges zu vermeiden, da sie Porenbild und -anzahl beeinflussen können.

* Alternativ kann auch elektropoliert werden: Durch diese Präparationsmethode werden in der Regel eine etwas höhere Porenanzahl und eine höhere Porengröße ermittelt. Sie ist daher in der Dokumentation anzugeben

** Beseitigung von eingedrückten Oberflächenresten („Deckel“) – Pore wird geöffnet

die VGB Richtreihen nur auf ausgewählte Stähle des Kraftwerkbaus beziehen. Die weiteren Maßnahmen zum Ausschluss eines Versagens werden in der Richtreihe nicht vorgegeben.

In der Gefügerichtreihe VGB-S-517-00-2014-11 werden Vorgaben für die Präparation gemacht, Tabelle 4.2. Eine Besonderheit stellt die Zwischenätzung beim Polieren dar, mit der die Restverformung beseitigt und Mikroporen besser sichtbar gemacht werden.

Für den Abdruck werden unterschiedliche Techniken eingesetzt:

1. Abdrucknahme mit in Aceton anlösbaren Acetatfolien
2. Abdrucknahme mit aushärtbaren Kunststoffen

Beim ersten Verfahren können sowohl dicke (Foliendicke ca. 100 µm) als auch dünne (optimale Foliendicke 30 bis 40 µm) Folien eingesetzt werden. Dicke Folien werden mit Aceton einseitig angelöst und leicht auf die Prüffläche gedrückt. Zur Entfernung von der Bauteiloberfläche kann nach dem Antrocknen auf der Folienrückseite der Folie ein doppelseitiges Klebeband aufgebracht werden. Die Folie wird erst nach vollständigem Austrocknen vom Bauteil abgezogen und auf einen Objektträger geklebt. Dünne Folien werden ebenfalls in Aceton getränkt oder einseitig benetzt. Die angelöste Folie wird auf die Prüffläche frei aufgelegt. Nach vollständiger Trocknung wird die Folie mit einer Pinzette vom Bauteil abgenommen und mit der ehemaligen Bauteilseite nach oben auf einem Objektträger fixiert.

Beim zweiten Verfahren wird auf die präparierte Bauteiloberfläche ein (licht)aushärtender Lack mit einem Pinsel oder Spatel aufgetragen und dünn ausgestrichen. Nach Aushärtung wird der Kunststoffauftrag abgezogen und auf einem Kontaktträger fixiert.

Es empfiehlt sich vor der endgültigen Auswertung im Labor, die Abdrücke vor Ort hinsichtlich der Abdruckqualität zu kontrollieren. Transparente Folien können vor der Endauswertung zur Verbesserung der Reflexion und zur Kontraststeigerung besputtert oder bedampft werden.

Die Auswertung der Abdrücke erfolgt im Lichtmikroskop mindestens bei 200-facher bis 500-facher Vergrößerung. Der Abdruck sollte systematisch abgerastert werden. Die Zuordnung einer Schädigungsbewertung erfolgt auf der Grundlage der in der Richtlinie vorgenommenen Klassifizierungen. Es muss darauf geachtet werden, dass für den Grundwerkstoff, Tabelle 4.3, und die Schweißverbindung, Tabelle 4.4, unterschiedliche Klassifizierungen vorgegeben werden. Die S517 empfiehlt, für die Zuordnung zu einer Bewertungsklasse nicht die Stelle mit einer besonders hohen Porenzahl zu wählen, sondern den „überwiegenden Eindruck“ umzusetzen. Wichtig ist, dass die Dokumentation des Abdrucks eine Rückverfolgbarkeit zur untersuchten Stelle am Bauteil sicher stellt, den einzelnen Bereich mit der erhöhten Porenzahl erwähnt und dass die Ablage des Abdrucks im Archiv eine Nachuntersuchung möglich macht.

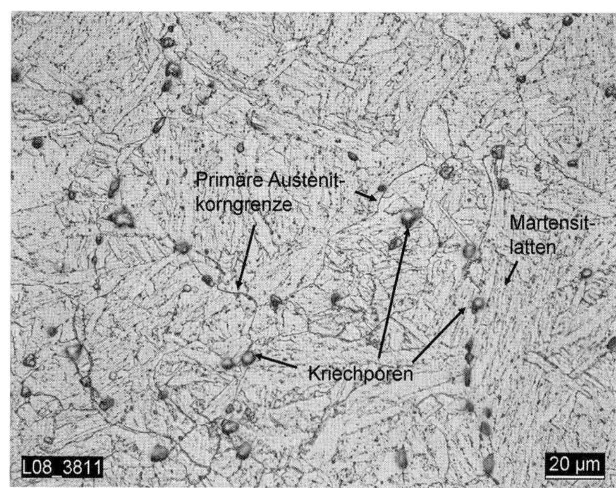

Bild 4.13: Auswertung eines Gefügeabdrucks: martensitischer Stahl X10CrMoVNb9-1 mit Kriechporen

Ein Beispiel für eine Auswertung ist in Bild 4.13 für ein Bauteil aus X10Cr-MoVNb9-1, das langzeitig im Kriechbereich eingesetzt wurde. Die im oberen Bild sichtbaren Unschärfen sind – wie bereits erwähnt – darauf zurückzuführen, dass der Gefügeabdruck das negative Relief der Bauteiloberfläche wiedergibt, d.h. Poren sind als Erhebungen sichtbar, die bei der entsprechenden Vergrößerung im Lichtmikroskop unscharf erscheinen. Die Präparation dieses Abdrucks wurde sehr sorgfältig durchgeführt: es sind sowohl die Martensitlattenstrukturen als auch die primären Austenitkorngrenzen erkennbar. Dies ermöglicht eine sehr gute Erkennbarkeit der Kriechporen über die Zuordnung zu den Korngrenzen.

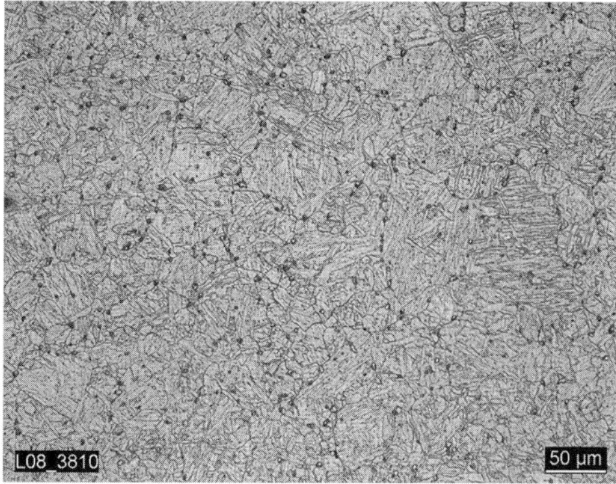

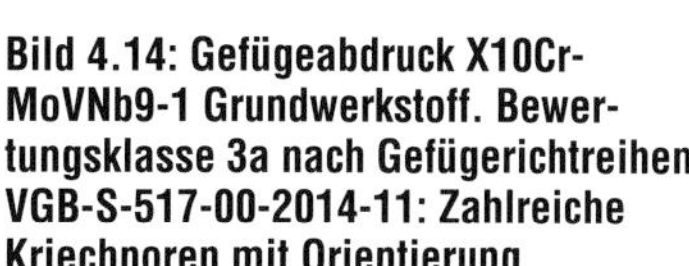
Bild 4.14: Gefügeabdruck X10Cr-MoVNb9-1 Grundwerkstoff. Bewertungsklasse 3a nach Gefügerichtreihen VGB-S-517-00-2014-11: Zahlreiche Kriechporen mit Orientierung

Wird die Präparation weniger sorgfältig ausgeführt, die die erwähnten Gefügeparameter nicht erkennbar darstellt und/oder die Untersuchung nur bei kleineren Vergrößerungen ermöglicht, ist eine zuverlässige Zuordnung erschwert. In Bild 4.14 ist ein Beispiel für einen martensitischen Stahl dargestellt. Bei Stählen mit überwiegend ferritischer bzw. austenitischer Gefügestruktur ist die Erkennbarkeit von Kriechporen einfacher, Bild 4.15 und Bild 4.16.

Beispiele für die Bewertung von Schweißverbindungen zeigen die Bilder 4.17 und 4.18 unter Heranziehung der Tabelle 4.4.

Tabelle 4.3: Beurteilungsklassen nach VGB-S-517-00-2014-11 – Grundwerkstoff

Beurteilungs-klasse	Gefüge- bzw. Schädigungszustand	Abgrenzungskriterium
1	Zeitstandbeansprucht ohne Kriechporen	
2a	Vereinzelte Kriechporen	Bis zu 150 Poren pro mm²
2b	Zahlreiche Kriechporen ohne Orientierung	Mehr als 150 Poren pro mm²
3a	Zahlreiche Kriechporen mit Orientierung	
3b	Kriechporenketten; vereinzelte Korngrenzentrennungen	Mindestens 2 hintereinander liegende Korngrenzen mit mindestens je 3 Poren
4	Mikrorisse	Mehr als eine Korngrenzenlänge
5	Makrorisse	
Anmerkung: eine Orientierung der Kriechporen setzt voraus, dass die Beanspruchung in einer Richtung dominant ist		

Tabelle 4.4: Beurteilungsklassen nach VGB-S-517-00-2014-11 – Schweißverbindung

Beurteilungs-klasse	Gefüge- bzw. Schädigungszustand	Abgrenzungskriterium
A	Keine Kriechporen	
B	Vereinzelte Kriechporen	≤ 150 Poren pro mm²
C	Zahlreiche Kriechporen mit Kriechporenketten	≥ 150 Poren pro mm
D	Mikrorisse	Mehr als eine Korngrenzenlänge
E	Makrorisse	Makrorisse, bei MT-Prüfung erkennbar
Anmerkung: eine Orientierung der Kriechporen setzt voraus, dass die Beanspruchung in einer Richtung dominant ist		

Bild 4.15: Kriechporen an den Korngrenzen eines 13CrMo4-5 mit ferritisch-bainitischer Gefügestruktur nach langzeitigem Betriebseinsatz bei höheren Temperaturen. Bewertungsklasse 3b nach Gefügerichtreihen VGB-S-517-00-2014-11: Zahlreiche Kriechporen mit Orientierung

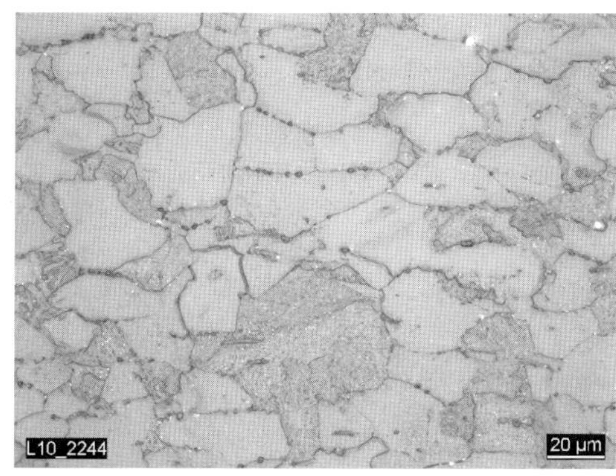

Bild 4.16: Kriechporen an den Korngrenzen einer Nickellegierung (HR 55) mit austenitischer Gefügestruktur. Austenit HR55: T = 620°C, Beanspruchungsdauer: 25000h, Spannung: 170 MPa. Bewertungsklasse 3b nach Gefügerichtreihen VGB-S-517-00-2014-11: Zahlreiche Kriechporen mit Orientierung

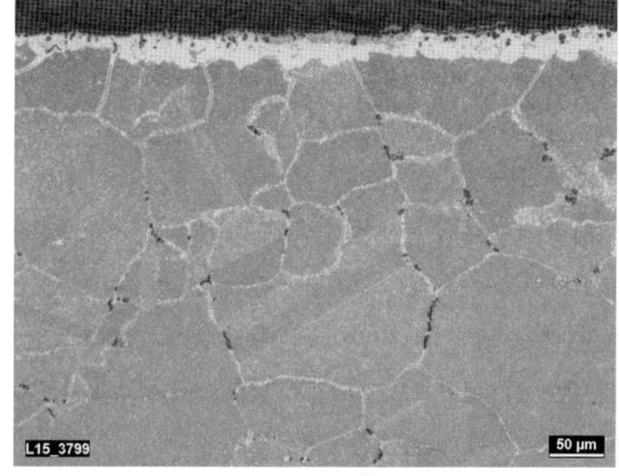

Bild 4.17: Kriechporen in der Feinkornzone einer artgleichen Schweißverbindung des Stahls X10CrMoWVNb9-1-1 (E911) T = 600°C, Beanspruchungsdauer: 7582h, Spannung: 135 MPa. Bewertungsklasse D nach Gefügerichtreihen VGB-S-517-00-2014-11: Mikrorisse mit mehr als einer Korngrenzenlänge

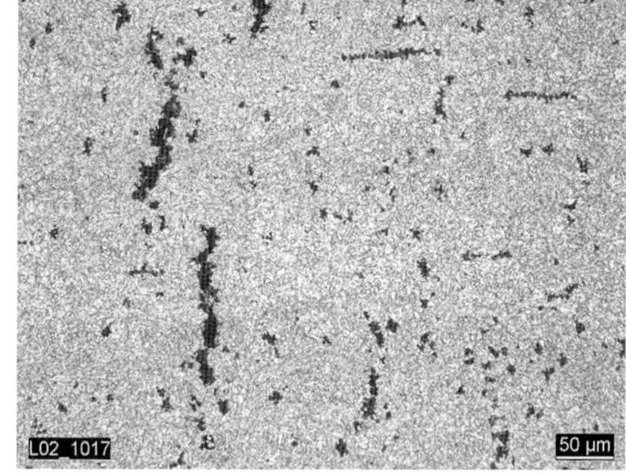

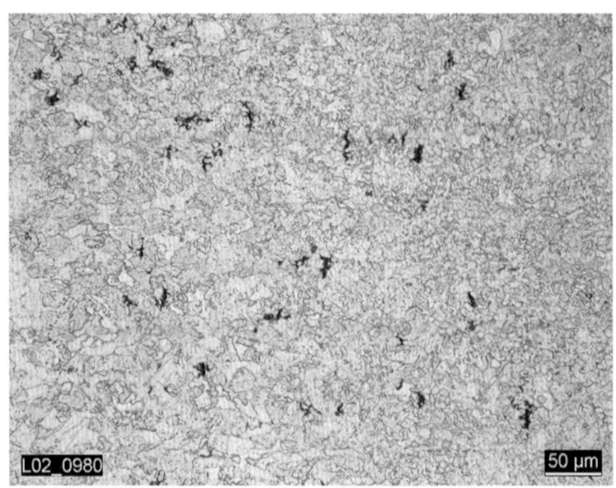

Bild 4.18: Kriechporen in der Feinkornzone einer artgleichen Schweißverbindung des Stahls 7CrMoVTiB10-10 eines druckbeanspruchten Rohres: T = 550°C, Beanspruchungsdauer: 10719h, Spannung: 160 MPa. Bewertungsklasse C nach Gefügerichtreihen VGB-S-517-00-2014-11: Zahlreiche Kriechporen mit Kriechporenketten

4.2.3 Einschränkungen

Die Bauteilmetallographie ist auf einen kleinen Bereich an der Oberfläche des Bauteils beschränkt. Die Auswahl dieser Stelle sollte so erfolgen, dass sie repräsentativ für das Bauteil ist. Oft liegen aber Zugänglichkeitsprobleme vor. Fehler (Risse, Poren) etc., die sich aufgrund einer besonderen Beanspruchungssituation im Bauteil unterhalb der Oberfläche entwickeln, werden nicht erfasst.

Durch die Präparation der Entnahmestelle kann das Versagensrisiko des Bauteils erhöht werden, z.B. Schwächung des Querschnitts oder Entfernung einer Schutzschicht.

Bei der lichtmikroskopischen Betrachtung eines Gefügeabdrucks muss darauf geachtet werden, dass der Abdruck lediglich das Relief abbildet: aus Höhen werden Vertiefungen, aus Poren, Löcher werden Erhebungen. Auch die farbliche Darstellung kann verfälscht werden bzw. verloren gehen, da der Abdruck nur die Topographie abbildet. So erscheint z.B. eine Graphitlamelle im Schliff schwarz – im Gefügeabdruck jedoch weiß.

Unterschiedliche Werkstoffe z.B. niedriglegierte und hochlegierte Stähle zeigen im Verlauf der zeitlichen Entwicklung der Kriechschädigung deutliche Unterschiede in der Zahl der Kriechporen und in der Ausbildung von Korngrenzenrissen. Hochlegierte martensitische Stähle (9–12% Cr-Stähle) zeigen bei einem vergleichbaren Erschöpfungsgrad und Beanspruchungsverhältnissen (*Mehrachsigkeitszustand*) eine wesentlich geringere Kriechporenzahl als ferritisch-bainitische Stähle (MoV-Stahl: 0,6%Mo0,3%V, CrMo-Stahl: 0,4Cr0,5Mo). Während üblicherweise die lichtmikroskopische Erkennbarkeit von Kriechporen bei rd. 1% Kriechverformung (rd. 50% der Kriechbruchzeit) anzusetzen ist, findet man bei den martensitischen Stählen bei Beanspruchungen, die zu einem Versagen < 100000 h führen, erste Kriechporen deutlich später bei rd. 70% der Kriechbruchzeit. Ursache hierfür ist die bessere Kriechverformungsfähigkeit der martensitischen Stähle im Bereich bis rd. 100000 h Kriechbruchzeit: wenn die Kriechverformung über das Korn erfolgt, bilden sich weniger Poren an den Korngrenzen. Damit im Zusammenhang steht die Mehrachsigkeit der Beanspruchung. Verschärfte Mehrachsigkeitsverhältnisse, z.B. dreiachsige Zugspannungszustände setzen das Verformungsvermögen herab – es entwickeln sich deutlich mehr Kriechporen.

Bei austenitischen Stählen bzw. Legierungen ist zu beachten, dass sich bei höheren Beanspruchungen bevorzugt Korngrenzentrennungen an den Korntripelpunkten bilden, Beispiel Bild 4.19. Erst bei längeren Beanspruchungszeiten bilden sich auch Kriechporen an den Korngrenzen.

Bild 4.19: Kriechporen an Tripelpunkten einer austenitischen Nickellegierung (Alloy 617): T = 670°C, Beanspruchungsdauer: 44000h, Spannung: 180 MPa

Die in den Gefügerichtreihen VGB-S-517-00-2014-1 dargestellten Kriechschädigungen gelten für langzeitige Beanspruchungen, wie sie in der Kraftwerkstechnik üblich sind: üblicherweise im Bereich deutlich größer 10000 h bei den angegebenen Temperaturen. Bei höheren Temperaturen verstärkt sich die Kriechschädigung über Kriechporenbildung. Bei tieferen Temperaturen und deutlich höheren Spannungen mit Bruchzeiten < 10000 h liegt im Normalfall eine deutlich geringere Anzahl von Kriechporen vor, die Kriechverformung nimmt zu und es kann auch ein Bruch durch übermäßige Kriechverformung ohne signifikante interkristalline Kriechporen- bzw. Kriechrissbildung auftreten.

Bei bestimmten werkstoffspezifischen Temperaturen können bei besonderen Werkstoffen – bedingt durch spezifische Ausscheidungsvorgänge – Schädigungsmechanismen auftreten, die in der interkristallinen Erscheinungsform der Kriechschädigung ähnlich sind, wie z.B. Relaxationsriss*bildung* oder Spannungsrissbildung. In Tabelle 4.5 werden die wesentlichen Unterscheidungsmerkmale aufgelistet (vgl. auch Tabelle 5.2).

Tabelle 4.5: Bedingungen und Unterscheidungsmerkmale für interkristalline Rissbildungen

	SpRK	Härteriss	*Relaxationsriss*	Kriechriss
Bedingungen für die Bildung				
Beanspruchung	Hohe Spannungen aus Eigenspannungen und funktionalen Spannungen	Eigenspannungen	Eigenspannungen + (funktionale Spannungen)	Funktionale Spannungen
Zeitlicher Verlauf bzw. Beanspruchungsdauer	Statisch - kurzzeitig	Statisch - kurzzeitig	Statisch - kurzzeitig	Statisch - langzeitig
Temperatur	Im Streckgrenzenbereich	Im Streckgrenzenbereich	Im Bereich bis 600°C	Im Bereich oberhalb des Schnittpunkts
Medium	Flüssig	Kein Einfluss	Kein Einfluss	Kein Einfluss
Schutzschicht	Unterbrochen; Riss	Kein Einfluss	Kein Einfluss	Kein Einfluss
Metallographische Erscheinung				
Verlauf	Interkristallin und/oder transkristallin	interkristallin	interkristallin	interkristallin
Porenbildung Poren auf den Kornflächen	nein	nein	Gering vor Rissspitze	Im allgemeinen ausgeprägt – auch im Fernfeld vor der Rissspitze
Belag in Rissen	Vergleichbar der Oxidschicht an der Oberfläche Ggf. belagsfrei (wenn frisch entstanden)	Vergleichbar der Oxidschicht an der Oberfläche Ggf. belagsfrei (wenn frisch entstanden)	Mit Oxiden gefüllt, wenn Zugang zu Oberfläche	Mit Oxiden gefüllt, wenn Zugang zu Oberfläche

4.2.4 Fehlerquellen

Es werden nur Gefügezustände erfasst, die an der Oberfläche in Erscheinung treten. Da die Oberfläche selbst von der Herstellung und Verarbeitung beeinflusst wird (Entkohlung, Oxidation etc.) ist eine sorgfältige – wie oben geschilderte – Präparation erforderlich. Die sachgerechte Präparation ist eine Voraussetzung für die richtige Interpretation des Abdrucks. Da die Schlifffläche leicht schräg liegen kann, werden unterschiedliche Tiefenebenen angeschnitten, die unterschiedliche Gefügeinformationen enthalten können. Es können Fremdstoffe aus der Umgebung der Prüfstelle auf der Folie haften, die zu Fehlinterpretationen bei der Auswertung führen (Artefakte). Die Schlifffläche kann wegen der örtlichen Gegebenheiten unterschiedlich angeätzt sein. Die Folien können nach dem Abziehen wellig sein, was die Auswertung erschwert.

Die Erscheinungsform bzw. Größe von Kriechporen bzw. Mikrorissen wird von der Ätzdauer und dem Ätzmittel beeinflusst. Das bereits erwähnte elektrolytische Polieren greift vorhandene Einschlüsse und Ausscheidungen verfahrensbedingt an und erzeugt mit der Herauslösung Artefakte – die Zahl der (vermeintlichen) Kriechporen ist deutlich größer als beim mechanischen Polieren. Zu starkes Ätzen greift die Korngrenzen an und erzeugt den optischen Eindruck einer Korngrenzentrennung. Ebenso wirken sich unterschiedliche Ätzmittel aus, Bild 4.20. Während die Beraha III Ätzung die geringste Beeinflussung einer vorhandenen Schädigung zeigt (allerdings ist die Erkennbarkeit der Korngrenzen schwach) greifen V2A und Königswasser die Korngrenzen stärker an und können Mikrorisserscheinungen beeinflussen.

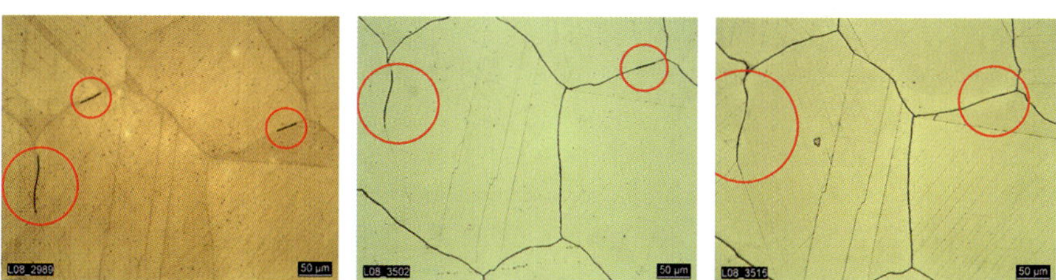

Bild 4.20: Einfluss des Ätzmittels auf die Identifizierung eines interkristallinen Mikrorisses bei einer Nickellegierung (NiCr23Co12Mo): Linkes Bild: Beraha III, Bild Mitte: V2A und rechtes Bild: Königswasser.

Aufgrund der relativ geringen Größe der Folien ist es wichtig, dass der Prüfort mit dem Bereich höchster Beanspruchung (z.B. im Bereich der geringsten Wanddicke) und/oder dem höchsten Versagenspotenzial (z.B. Wärmeeinflusszone) zusammenfällt.

Tipps für die Anwendung der Bauteilmetallographie an Bauteilen

Zur Eingrenzung persönlicher Fehlerquellen (siehe auch Qualitätsanforderungen an einen Gefügeabdruck) ist es sinnvoll, sich die persönliche Fähigkeit über einen Bedienerpass von einer dritten Stelle bescheinigen zu lassen.

Die regelmäßige Durchführung von Probeabdrücken an Prüfstücken mit bekanntem Gefüge, Fehler- bzw. Schädigungszustand sichert den persönlichen Qualitätsstandard.

Sollen „neue“ Werkstoffe, d.h. Bauteile aus Werkstoffen, für die keine persönliche Erfahrungsbasis vorliegt, untersucht werden, sind Probeabdrücke zur Qualifizierung der Präparationsschritte und Abnahmetechnik unbedingt erforderlich.

Im Grundwerkstoff von martensitischen Stählen ist die Zuordnung der Bewertungsklassen 3a – Orientierung – wegen der schwierigen Zuordnung von Poren zu den Austenitkorngrenzen bzw. Martensitlatten im martensitischen Gefüge problematisch. Die Anwendung von 3a und 3b - Mikroporenketten und Korngrenzentrennungen kann nur erfolgen, wenn diese auch auftritt. Da bei diesen Stählen eine Ausbildung von Mikroporenketten und Korngrenzentrennungen bis kurz vor dem Versagen ausbleiben kann, muss die Entwicklung der Porenzahl in Abhängigkeit von der Betriebszeit besonders erfasst werden.

Die Festlegung von Bewertungsklassen sollte immer über eine zweite Person bestätigt werden.

Einen direkten Hinweis zur Beurteilung der Restlebensdauer auf der Grundlage der Beurteilungsklassen geben die Gefügerichtreihen VGB-S-517-00-2014-11 nicht. Üblicherweise sind jedoch die Bewertungsklassen 3a (Grundwerkstoff) und C (Schweißverbindung) als Hinweise für das Erreichen einer Betriebsphase mit erhöhtem Versagensrisiko anzusehen. Für martensitische Stähle kann ein erhöhtes Versagensrisiko bereits bei Erreichen der Bewertungsklasse 2b vorliegen.

Eine Beurteilung der Restlebensdauer ausschließlich auf der Grundlage des Gefügeabdrucks ist nicht sinnvoll. Mit berücksichtigt werden müssen:

- Ergebnisse von früher durchgeführten Gefügeabdrücken zur Beurteilung der Schädigungsentwicklung
- die Betriebsdaten (Temperatur, Zeit und, sofern vorhanden, Dehnungen) im Vergleich mit der bauteilbezogenen rechnerischen Erschöpfung aus analytischen oder Finite Element Berechnungen unter Berücksichtigung von Kennwertstreubändern, Sicherheitsfaktoren und Istgeometrien
- eventuell vorhandene Zusatzbeanspruchungen, die zu besonderen lokalen Beanspruchungen führen und die an der Bauteiloberfläche geringer sind als im Volumen oder der Innenoberfläche.

Für die Bewertung der Schädigung eines Bauteils ist die Zahl der festgestellten Poren im Abdruck von Bedeutung. Die Unsicherheiten bei der Feststellung der Porenzahl bzw. der Zuordnung zu einer Beurteilungsklasse, z.B. nach VGB-S-517-00-2014-11-DE-EN, sind – wie bereits erwähnt – verfahrensbedingt (Auswahl der Stelle, Präparation ..), aber auch wesentlich personenbedingt.

Die personenbedingte Streuung bei der Bewertung der Poren nimmt mit zunehmender Komplexität des Gefüges – Feinkörnigkeit, Martensit, Ausscheidungen im µm-Bereich – zu. Die Unsicherheiten von Prüfstelle zu Prüfstelle können bei komplexen Gefügen und im Anfangsstadium der Schädigung bis zu Faktor 2 betragen.

4.3 Minimalinvasive Kleinprobenuntersuchung

Die Entnahme von Kleinproben aus Bauteilen ist nur möglich, wenn dadurch die Sicherheit und die Funktionalität des Bauteils nicht in Frage gestellt werden. Die Notwendigkeit einer Probenentnahme liegt z.B. vor, wenn mechanisch-technologische Eigenschaften nachgewiesen werden müssen. In einem solchen Fall werden Miniaturzugproben mit einem Durchmesser von 3 mm aus dem Bauteil entnommen. Es ist aber zu berücksichtigen, dass die Probengröße die ermittelten Kennwerte beeinflusst.

Eine andere Möglichkeit besteht in der Prüfung von kleinen Scheiben (*Small Punch Technik*) in der Größe Ø8 × 0,5 mm, die mit einem Spezialfräser aus dem Bauteil herausgearbeitet werden. Über eine spezielle Belastungseinrichtung können mit dieser Probe unterschiedliche Werkstoffkennwerte ermittelt werden, die aber nicht normgerecht sind.

In Extremfällen werden über Sägeschnitte oder ähnliches kleinste Späne („Keilproben“) aus der Oberfläche des Bauteils „herausgestemmt“. An diesen Proben, deren Größe im 1/10 mm Bereich liegt, können ausschließlich metallographische Untersuchungen durchgeführt werden.

Bei derartigen Kleinproben stellen sich besondere Anforderungen an die Durchführung der metallographischen Untersuchung.

Bild 4.21 zeigt den Schliff an einer Keilprobe, die einem druckbeanspruchten Rohr aus X10CrMoVNb9-1 entnommen wurde. Ziel dieser Untersuchung war, Informationen zur Gefügeausbildung des Bauteils über licht- und elektronenmikroskopische Untersuchungen zu erhalten.

Bei der Einbettung der Probe muss zweifelsfrei die Lage der Probe aus dem Bauteil festgelegt werden: die spätere Schliffebene muss dem Bauteil räumlich zugeordnet werden können. In vorliegendem Fall muss klar sein, ob die Schliffebene quer oder längs zur Rohrachse liegt. Die Präparationsfortschritte einer sehr kleinen Probe müssen fortlaufend kontrolliert werden, um sicher zu stellen,

Bild 4.21: Gefügeaufnahme eines Schliffes an einer Keilprobe

dass die Kanten nicht abgerundet werden. Bei zu starkem Anpressdruck besteht die Gefahr, dass sich die Probe aus der Einbettung löst und beschädigt wird.

4.3.1 Einschränkungen

Die Entnahme von Kleinproben aus einem Bauteil schwächt den Querschnitt, sodass infolge der lokalen Spannungserhöhung über die Kerbwirkung ein schnelleres Versagen eintreten kann.

Die Proben werden im Allgemeinen dem oberflächennahen Bereich entnommen und liefern keine Informationen über den Querschnitt. Wie bereits in Abschnitt 3.5.1 und 4.1.3 ausgeführt, muss mit Oberflächeneffekten gerechnet werden.

4.3.2 Fehlerquellen

Neben den oben genannten Einschränkungen kann über die Probenentnahme das ursprüngliche Gefüge beeinflusst werden. Hier sind vor allem die mögliche Verformung und – je nach Entnahmeart – die Erwärmung des Probenkörpers zu nennen. Je kleiner die Probe ist, umso größer wird das Risiko, dass der Probenwerkstoff beeinflusst wird.

Die Zuordnung zu Dicken- oder Walzrichtung stellt eine wesentliche Information bei der späteren Gefügeinterpretation dar. Wird die Entnahme der Probe nicht exakt festgehalten und dokumentiert, besteht die Möglichkeit, dass die Zuordnung zum Bauteil im Zuge der Schliffherstellung verlorengeht.

Tipps für die Anwendung der minimalinvasiven Kleinprobenuntersuchung an Bauteilen

Werden einem Bauteil kleine Proben entnommen, stellen diese wegen ihrer Einzigartigkeit einen hohen ideellen und materiellen Wert dar.

Vor der zerstörenden Untersuchung der Probe muss über die Dokumentation sichergestellt sein, dass eine zweifelsfreie Zuordnung zum Bauteil möglich ist. Vor der Präparation sollte mit dem Kunden die Vorgehensweise zur Durchführung der Untersuchungen vereinbart werden.

Die Einbettung der Probe sollte sicherstellen, dass diese nicht beim Schleifen aus der Einbettmasse herausgerissen wird und verlorengeht. Die auf die Probe beim Präparieren einwirkenden Kräfte sollten gering gehalten werden.

Der „Verbrauch" der Probe, d.h. die Aufteilung, Schnittverluste etc. ist festzuhalten.

4.4 Bohrkerne

Bohrkerne können an Bauteilen entnommen werden, die

- noch nicht fertiggestellt sind und der Ort der Bohrkernentnahme mit einem geplanten Ausschnitt, z.B. bei einem Behälter für einen Stutzen, zusammenfällt
- durch die Bohrkernentnahme nicht geschwächt werden, weil ein geeigneter Verschluss des Bohrlochs angebracht werden kann
- bei Auffinden eines sicherheitsrelevanten Fehlers verworfen werden.

4.4.1 Einschränkungen

Im Normalfall liefert ein Bohrkern ausreichendes Werkstoffvolumen für Proben von genormten Prüfverfahren. Metallographische Untersuchungen können an der Oberfläche, quer und längs zur Entnahmerichtung angefertigt werden.

4.4.2 Fehlerquellen

Bei der metallographischen Untersuchung eines Bohrkerns ist zu beachten, dass der Bohrkernrand Verformungen und bei nicht ausreichender Kühlung, auch ggf. thermische Einflüsse auf das Gefüge aufweisen kann. Bei der Dokumentation ist der Bezug zum Bauteil festzuhalten: Außenoberfläche, Längs- oder Walzrichtung des Bauteils, Umfangsrichtung bei gewölbten Bauteilen.

4.5 Fallbeispiel

4.5.1 Überprüfung von Schweißnähten in einem Pumpengehäuse

Anlass: Die *Arbeitsprobe* zu den Schweißnähten in dem Pumpengehäuse zeigte bei der Auswertung, dass die vorgeschriebene Schlagenergie (Kerbschlagarbeit) nicht erreicht wird. Die metallographische Untersuchung der Arbeitsprobe zeigte ausgeprägte Ferritzeilen in den Schweißlagen. Es muss der Nachweis erbracht werden, dass die Schweißnähte im Gehäuse selbst die Anforderung bezüglich der Schlagenergie erfüllen bzw. keine Ferritzeilen aufweisen.

1. Vorgehensweise:

Eine zerstörungsfreie Prüfung kann die erforderlichen Nachweise nicht erbringen. Die Baustellenmetallographie zeigt nur Zustände an der Oberfläche, die für die Schweißverbindung (Dicke rd. 75 mm) nicht repräsentativ sind. Aus diesem Grund wurde ein Bohrkern über die gesamte Wand mit einem Durchmesser von rd. 32 mm mittels Funkenerosion entnommen.

Der Längsschliff durch den Bohrkern ist in Bild 4.22 abgebildet. Die Übersichtsaufnahme zeigt im rechten Bildrand die mehrlagige Pufferung der Schweißkante mit dem Grundwerkstoff GS-18CrMoMn9-10 und links die Schweißnaht zum Grundwerkstoff StE 380. Die *Pufferung* wurde mit einem CrMoMn-Schweißdraht durchgeführt, die Festigkeitsnaht zum Grundwerkstoff

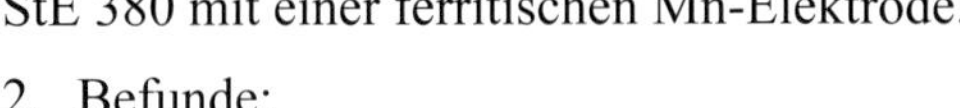

StE 380 mit einer ferritischen Mn-Elektrode.

2. Befunde:

Bereits im Makroschliff sind die Ferritzonen in der Pufferung zum Stahlguss zu sehen. Der mikroskopische Ausschnitt, Bild 4.23, zeigt deutlich, dass sich infolge der Temperatureinwirkung der später geschweißten Lage, in der darunter liegenden Lage ein Ferritsaum mit Ferritkörnern der Größe bis 1 nach ASTM E112 gebildet hat, der sich negativ auf die Schlagenergie auswirkt.

Da der Durchmesser des Bohrkerns für die Anfertigung von Kerbschlagbiegeproben zu klein ist, wurden Verlängerungsstücke im Wasserbad angeschweißt, sodass eine Erwärmung

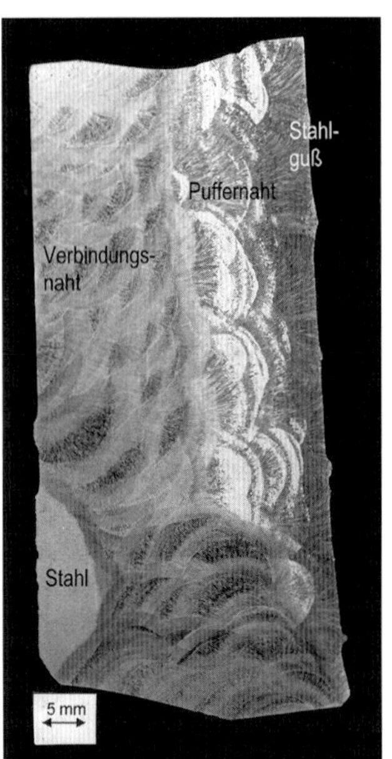

Bild 4.22: Längsschliff durch den entnommenen Bohrkern

Bild 4.23: Ausschnitt aus Bild 4.22: ferritische Säume in den Lagen der *Pufferschweißung*

der Ferritzonen vermieden wurde. Die entnommenen Proben zeigten, dass infolge der Ferritzonen eine, den Anforderungen nicht gerecht werdende Schlagenergie vorliegt.

4.6 Metallographische Untersuchung mit Schliffen

Wenn sicherheits- und funktionsrelevante Fehler im Volumen des Bauteils nicht auszuschließen sind oder anhand einer Musteruntersuchung der Nachweis der geforderten Qualität zu erbringen ist, wird das Bauteil **zerstörend** im Labor metallographisch untersucht.

Die Ergebnisse der metallographischen Untersuchung dienen dazu Konzeption, Herstellung und Betriebsverhalten der Bauteile zu verbessern. Auf die Vorgehensweise wird in den nachfolgenden Abschnitten eingegangen.

4.6.1 Einschränkungen

Das Bauteil muss zerlegt werden können, ohne dass die zu untersuchende Stelle dadurch beeinträchtigt wird.

4.6.2 Fehlerquellen

Die Stelle, die für die metallographische Untersuchungen vorgesehen ist, wird bei der Zerlegung zerstört bzw. nicht getroffen.

Die Stelle der metallographischen Untersuchung im Labor ist für das angestrebte Untersuchungsziel nicht repräsentativ.

4.6.3 Makroschliffuntersuchung

Makroschliffe dienen zur Sichtbarmachung des „Übersichtsgefüges“ bei bis zu 50facher Vergrößerung. Die im Vergleich mit einer mikroskopischen Untersuchung weniger aufwändig präparierte Schliffoberfläche wird verhältnismäßig stark geätzt. Der Ätzangriff führt zu einer ausgeprägten Reliefbildung.

Die unterschiedlichen Herstell- und Verarbeitungsschritte hinterlassen Auswirkungen in der Struktur, Bild 4.24, wie z.B. Seigerungen und Entkohlungen, aber auch Änderungen der Gefügestruktur nach dem Schweißen. Umformvorgänge können anhand des Faserverlaufes und der Kraftwirkungsfiguren erkannt werden. Unregelmäßigkeiten bzw. Fehlstellen wie Risse, Schlackenzeilen, *Doppelungen*, Lunker, *Gasblasen* und Poren sind ebenfalls – bei ausreichender Größe – makroskopisch sichtbar.

Die makroskopische Untersuchung wird als besonderes metallographisches Verfahren im Rahmen der Qualitätssicherung und Charakterisierung des Werkstoffs eingesetzt bzw. kann vor Beginn der eigentlichen mikroskopischen Untersuchung, z.B. für die Festlegung der Schliffentnahme und -lage erforderlich sein. In besonderen Fällen kann sie auch an der Bauteiloberfläche als nahezu zerstörungsfreie Untersuchungsmethode, z.B. zur Sichtbarmachung von geschweißten Strukturen eingesetzt werden.

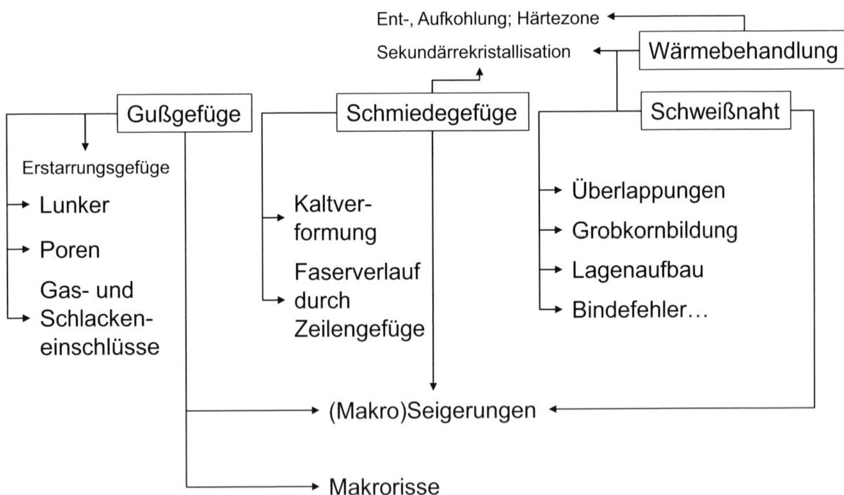

Bild 4.24: Einfluss der Verarbeitung auf die makroskopische Gefügeausbildung bei metallischen Legierungen

Der Makroschliff wird im Gegensatz zum Mikroschliff nicht poliert, sondern nur angeschliffen. Er stellt damit eine schnelle und billige Methode zur Sichtbarmachung von makroskopischen metallographischen Strukturen dar. Im Vergleich mit dem Mikroschliff ist ein geringeres handwerkliches Geschick notwendig, da keine besonderen Präparationstechniken eingesetzt werden.

Makroschliffe werden vor allem im Bereich der Qualitätssicherung und wiederkehrenden Prüfung zur Bewertung von Unregelmäßigkeiten in einem Bauteil eingesetzt. In der Regel kann eine zerstörungsfreie Prüfung keine absolute Gewissheit über Größe und Art einer Unregelmäßigkeit liefern. Makroschliffe dienen daher zur Evaluierung des Befundes eines zfP-Befundes oder anhand von Stichproben zum Nachweis einer qualitätsfähigen Fertigung. Nach Anfertigung des Makroschliffe mit einer dem Werkstoff und Untersuchungsziel angepassten Makroätzung (teilweise auch im teilpolierten Zustand) können folgende Phänomene abgebildet und bewertet werden:

- Unregelmäßigkeiten (Fehler)
  - Beurteilung des wahren Ausmaßes
  - Bewertung der Kritikalität: zulässig oder nicht zulässig
  - Erstellung von Verbesserungsmaßnahmen zum Ausschluss dieser Fehler im Zuge der weiteren Fertigung
- Gefügeausbildungen
  - Schweißnähte (Ausbildung; Größe..)
  - Verformungen, Seigerungen, Gussgefüge und große Körner.

Die Bewertungen können auf der Grundlage einer Spezifikation bzw. einer Norm, wie z.B. die DIN EN ISO 5817:2014 durchgeführt werden.

Mit Hilfe der Makroätzung kann das Feingefüge, d.h. können die Phasen nicht beurteilt werden, da diese durch den starken Ätzangriff verfälscht werden. Die Makroätzung ist keine Vorbereitung der Mikropräparation – es kommt zur teilweisen Auflösung von Einschlüssen oder Verbindungen durch den selektiven Ätzangriff, was wiederum zu Bildung von Grübchen und Vertiefungen führt. Makroätzmittel greifen vorhandene Hohlräume, Risse stark an und vergrößern diese. In sensitiven Gefügezuständen können auch Risse ausgelöst werden. Grundsätzlich muss nach einer Makroätzung die Fläche für einen Mikroschliff vollständig neu präpariert werden. Bei geplanten REM Untersuchungen ist bei rissbehafteten Strukturen eine vorhergehende Makroätzung nicht zulässig.

Die Schliffrichtung bzw. die Lage des Schliffs beeinflusst die erkennbare Struktur. Aus Bild 4.25 geht hervor, dass die Erscheinungsform des Makrogefüges im geschmiedeten Grundwerkstoff und Schweißgut von der Lage des Schliffs abhängig ist. Im Oberflächenschliff bzw. Längsschliff ist im Gegensatz zum Querschliff die Zeiligkeit nicht erkennbar. Dies ergibt sich als Folge des Schmiedens in zwei Richtungen. Im Querschliff werden die ausgeschmiedeten Einschlüsse als Linie angeschnitten und als zeilige Struktur wiedergegeben, im Oberflächenschliff als flächige Struktur. Die dendritische Erstarrung der Schweißlagen ist nur im Querschliff (senkrecht zur Schweißrichtung) erkennbar. Die Überlappung der zwei Decklagen ist anhand der Wärmeeinflusszone sichtbar.

Bei der makroskopischen Gefügeuntersuchung können prinzipiell folgende Ätzverfahren eingesetzt werden:

1. Flachätzverfahren

Das Probestück wird geschliffen und danach geätzt, z.B. mit Oberhoffer, Adlerätzung. Die dadurch erzeugten Ätzkontraste sind i. Allg. mit bloßem Auge erkennbar, Beispiel Bild 4.26, 4.27 und 4.28.

2. Tiefätzverfahren

Das Probestück wird grob geschliffen und danach zur Erzeugung eines Ätzreliefs sehr stark, z.B. mit 50%iger Salzsäure geätzt. Es entsteht ein Ätzrelief, Einschlüsse werden herausgelöst, so dass z.B. das dendritische *Primärgefüge* der Schweißnaht bei geringen Vergrößerungen sichtbar wird, Beispiel Bild 4.29.

3. Abdruckverfahren

Das Probestück wird angeschliffen. Nach Auflegen eines mit Säure getränkten Fotopapiers stellt sich eine chemische Reaktion mit Sulfiden in der Schlifffläche ein, die Spuren auf dem Fotopapier hinterlassen, Beispiel Bild 4.30.

Die aufgeführten Verfahren, Tabelle 4.6, können zur Darstellung des Makrogefüges, Seigerungen, Zeiligkeit und Verformungen eingesetzt werden.

Eine Zusammenstellung der gebräuchlichen Ätzmittel erfolgt in Abschnitt 8.

Tabelle 4.6: Zusammenstellung ausgewählter Ätzmittel (Zusammensetzung siehe Abschnitt 8) zur Darstellung des Makrogefüges

	Oberhoffer	Adler	Fry	V2A	Nital	Baumann
Flachätzen	x	x	x		x	
Tiefätzen		x		x	x	
Abdruckverfahren						x
Makrogefüge	x	x	x	x	x	
Primärgefüge	x	x	x	x	x	
Makroseigerungen	x	x	x	x	x	
Faserverlauf	x[1]		x[2]			
Ausscheidungen						x[3]
Mikrogefüge				x	x	

[1] phosphorhaltige Stähle, [2] stickstoffhaltige Stähle, [3] schwefelhaltige Stähle

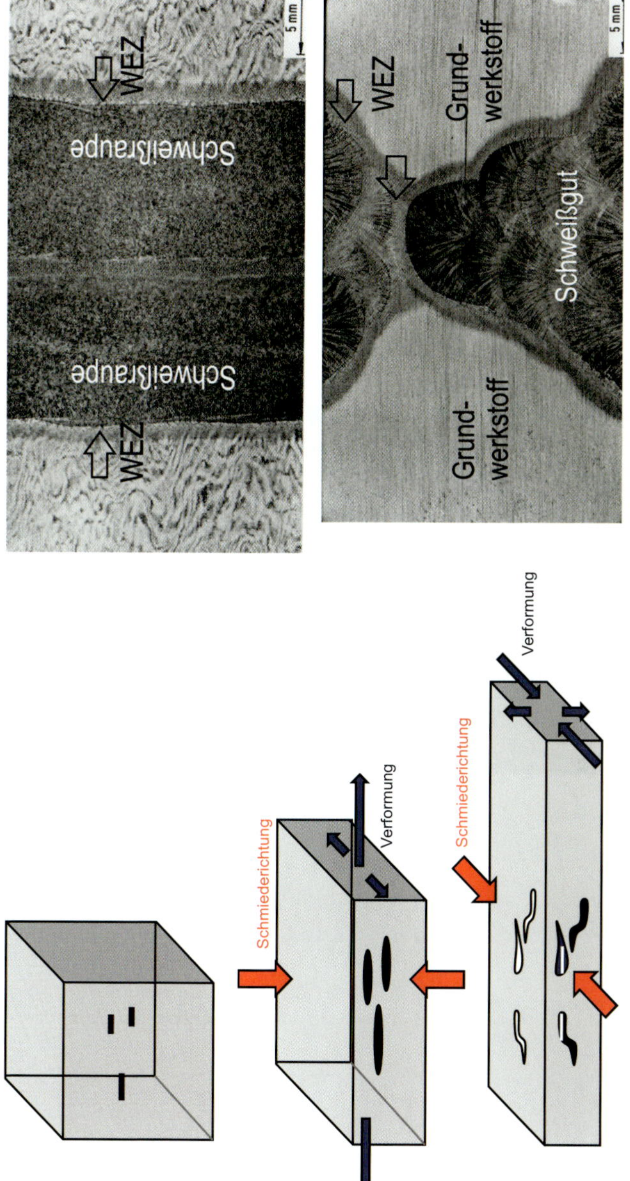

Bild 4.25: Ausbildung des Makrogefüges in einer Schweißnaht eines geschmiedeten Grundwerkstoffs (15MnNi6-3) im Oberflächen- bzw. Querschliff

Bild 4.26: Makroschliff einer Schweißverbindung aus dem Stahl S355MC mit Adler geätzt

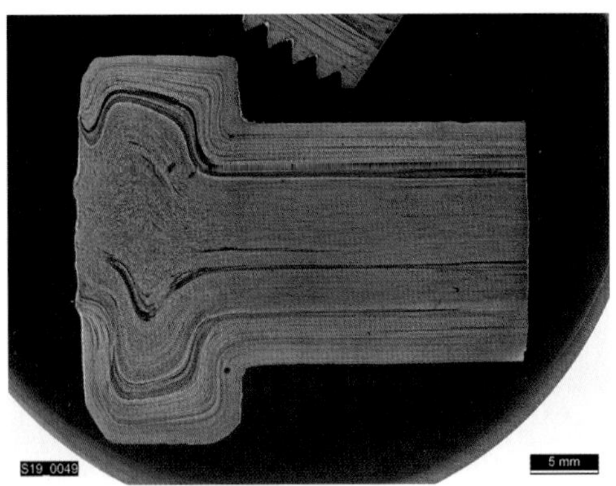

Bild 4.27: Verformungslinien in einer Schraube mit gestauchtem Kopf. Ätzmittel Oberhoffer

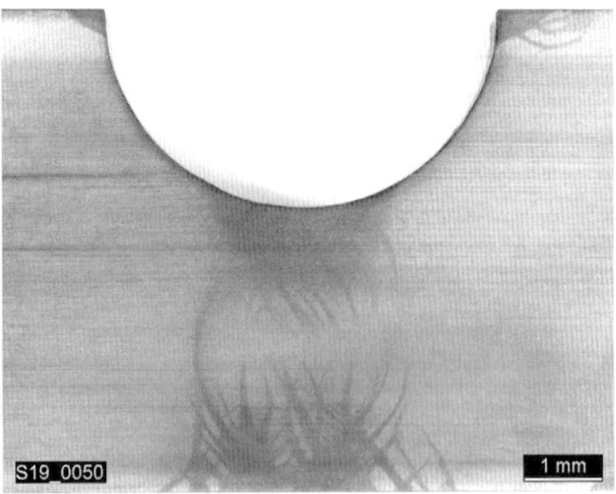

Bild 4.28: Verformungslinien in der Oberfläche des Kerbgrundes einer Kerbschlagbiegeprobe, geätzt mit Fry

Bild 4.29: Querschliff einer austenitischen Schweißnaht mit dendritischem Nahtaufbau, geätzt mit 50%iger wässriger Salzsäure

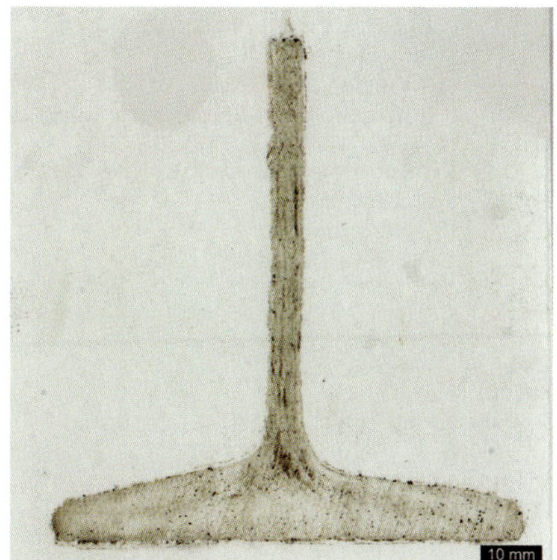

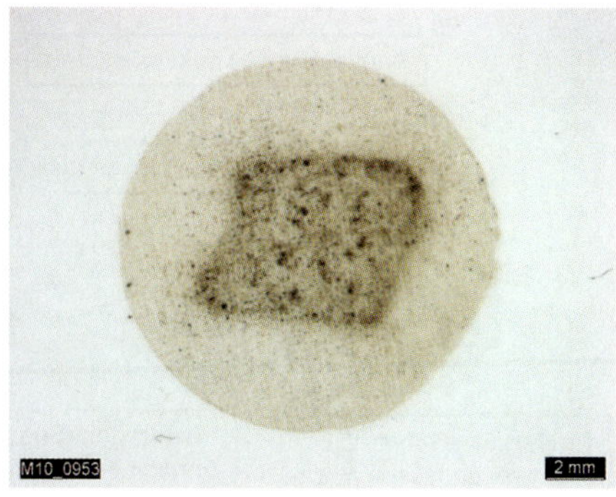

Bild 4.30: Baumann Abdrücke in Profilen zum Nachweis der Schwefelverteilung im Querschnitt

Tipps für die Anwendung

Für eine schnelle und oberflächliche Untersuchung und Bestimmung von Strukturen, wie z.B. Ausbildung einer Schweißnaht, stellt der Makroschliff wegen des geringen Aufwandes eine kostengünstige Möglichkeit dar.

Er eignet sich aber nicht für eine Bewertung von Gefügephasen. Bei einer nachfolgenden Bewertung des Mikrogefüges muss der Schliff neu präpariert werden.

4.6.4 Ort der Schliffentnahme

Bei Bauteilen liegt oftmals eine nicht homogene Gefügestruktur vor. Neben den Herstellungs- und Verarbeitungsbedingungen, die für eine inhomogene Gefügeverteilung sorgen, kann auch eine gezielte Einstellung eines besonderen Gefüges an bevorzugten Stellen des Bauteils vorhanden sein, z.B. durch eine Randschichthärtung. Zusätzlich kann der Betrieb das Gefüge eines Bauteils (lokal) verändern, z.B. können erhöhte Temperaturen zu Rekristallisation oder Umwandlungen des Gefüges führen. Bei der Schliffentnahme sind diese Aspekte zu berücksichtigen. Der Ablauf einer metallographischen Gefügeanalyse bei Bauteilen ist in Bild 4.31 dargestellt. Daraus ist ersichtlich, dass sowohl Herstellungsbedingungen als auch Kundenanforderungen zu berücksichtigen sind. Die Präparation ist an den Werkstoff anzupassen. Informationen über den Gefügezustand können aus verschiedenen Quellen herangezogen werden. Besonde-

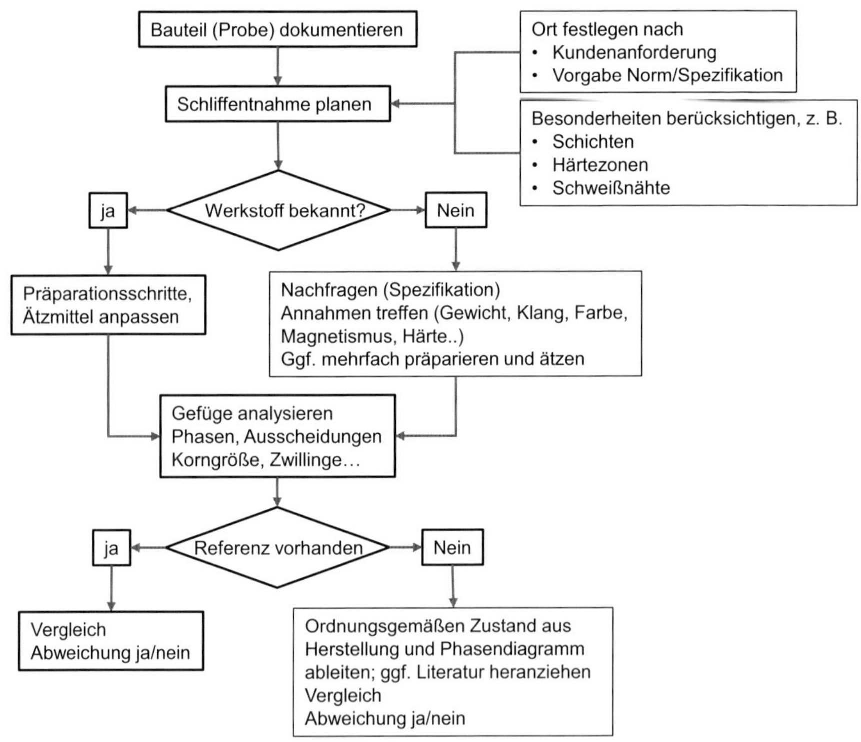

Bild 4.31: Ablauf einer Gefügeanalyse an Bauteilen

re Sorgfalt ist notwendig, wenn der Werkstoff bzw. Werkstoffzustand nicht bekannt ist. In diesen Fällen könnte z.B. ein nicht passendes Ätzmittel zu falschen Gefügeinterpretationen führen. Wenn Vergleiche getroffen werden müssen, ob ein bestimmter Gefügezustand vorliegt, ist es von Vorteil, wenn man auf einen Schliff mit diesem Gefüge zurückgreifen kann (Referenz).

Im Rahmen von Qualitätsüberwachungsmaßnahmen wird der Ort der Schliffentnahme im Allgemeinen vorgegeben. Wird z.B. die Ausführung einer durchgeführten Schweißverbindung nach der DIN EN ISO 5817:2014 oder das Schweißverfahren selbst nach DIN EN ISO 15614-1:2017 beurteilt, ergibt sich die Lage des Schliffes aus den gestellten Anforderungen bzw. Bewertungskriterien, wie z.B. Nahtdicke oder Lagenausbildung, Bild 4.26.

4.6.5 Auswahl der Schliffebenen

Üblicherweise wird die metallographische Untersuchung anhand von Längs- und/oder Querschliffen durchgeführt. Hierbei stellt der Querschliff eine Schliffebene entweder quer zur Längsrichtung eines Bauteils, z.B. Verformungsrichtung eines Halbzeugs oder eines Rohres dar. Der Längsschliff ist demzufolge die Ebene parallel zu der genannten Richtung. In manchen Fällen wird die Bezeichnung Quer- bzw. Längsschliff auch im Zusammenhang mit einem metallographischen Parameter, z.B. einem Makroriss gesehen. Ziel der Festlegung einer Schliffebene ist es, möglichst eindeutige Informationen über die Ausprägung eines Gefügebefundes bzw. einer Unregelmäßigkeit zu erhalten.

Bei oberflächlichen Fehlern/Defekten/Rissen kann zusätzlich ein Oberflächenschliff durchgeführt werden. Das Beispiel in Bild 4.32 zeigt die Oberfläche eines ferritischen Bauteils, auf das eine Lage eines austenitischen Schweißgutes aufgebracht wurde. Bereits im Oberflächenschliff ist ein interkristalliner Mikroanriss in der WEZ des ferritischen Stahls erkennbar. Der Querschliff schneidet diese Anrisse quer zur Ausbreitungsrichtung an.

Mithilfe von gestuften Oberflächenschliffen ist es möglich, die Abmessungen und den Verlauf eines Risses qualitativ und quantitativ zu beurteilen, vgl. Bild 4.33. Allerdings ist bei der Wahl der Stufen, d.h. des Abtrags vorsichtig heranzugehen: wird der Abtrag zu groß gewählt, kann der Anriss unter Umständen weggeschliffen werden – der Aufwand ist daher bei dieser Art der Präparation groß.

Aus Bild 4.34 geht hervor, dass z.B. bei flächigen Gefügedefekten (Rissen) je nach Lage des Risses und der Schliffebene unterschiedliche Informationen über die Größe bzw. das Vorhandensein des Risses erhalten werden.

Im Längsschliff (Ebene LQ) wird der Riss, der sich in dieser Ebene erstreckt, nur dann erfasst und abgebildet, wenn dieser eine Ausdehnung in N-Richtung hat, die größer ist als der Verschnitt bei der Erstellung des Schliffes. Ein Riss, der sich in der Ebene NL erstreckt, wird auch bei einer flächigen Ausbildung ab-

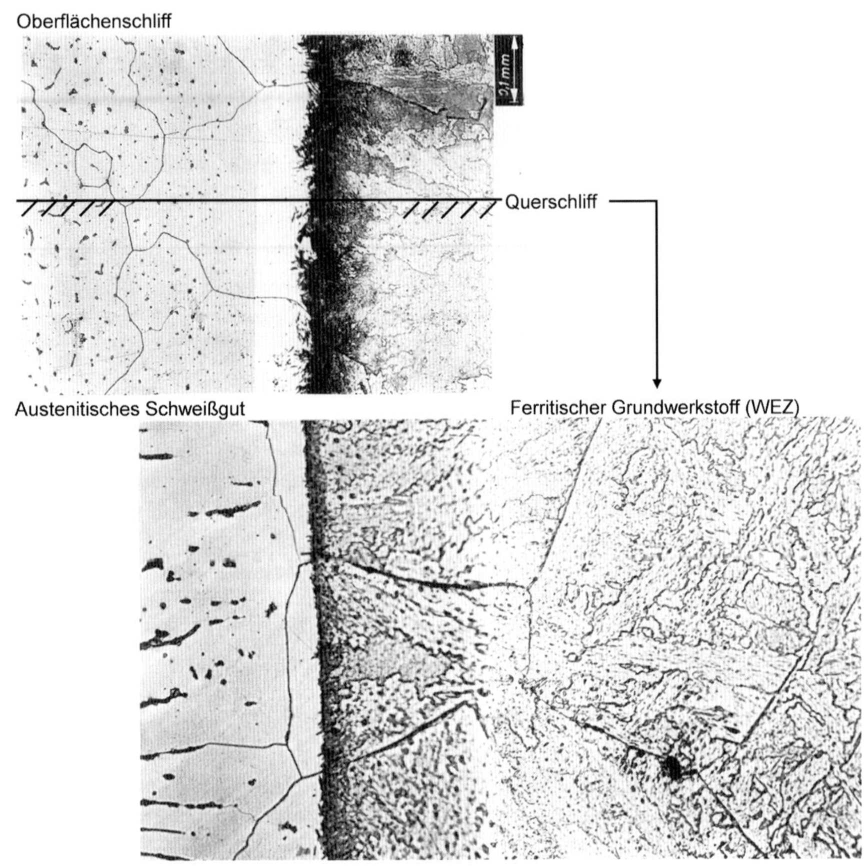

Bild 4.32: Oberflächenschliff und Querschliff an einer einlagig plattierten Oberfläche (24%Cr12%Ni) eines ferritischen Bauteils (22NiMoCr3-7)

gebildet, wobei die Abschätzung der Größe von der Lage des Schliffes abhängig ist.

Diese Verhältnisse kehren sich bei der Durchführung eines Querschliffes (Ebene NL) um. Zusätzlich ergibt sich als Nachteil, dass bei genügendem Abstand zwischen beiden Rissen mehrere Ebenen präpariert werden müssen.

Wird die Schliffebene geneigt, d.h. ein Schrägschliff oder Tangentialschliff (Ebene L(NQ)) erstellt, werden beide Risse – sowohl in der Ebene LQ als auch NL – angeschnitten.

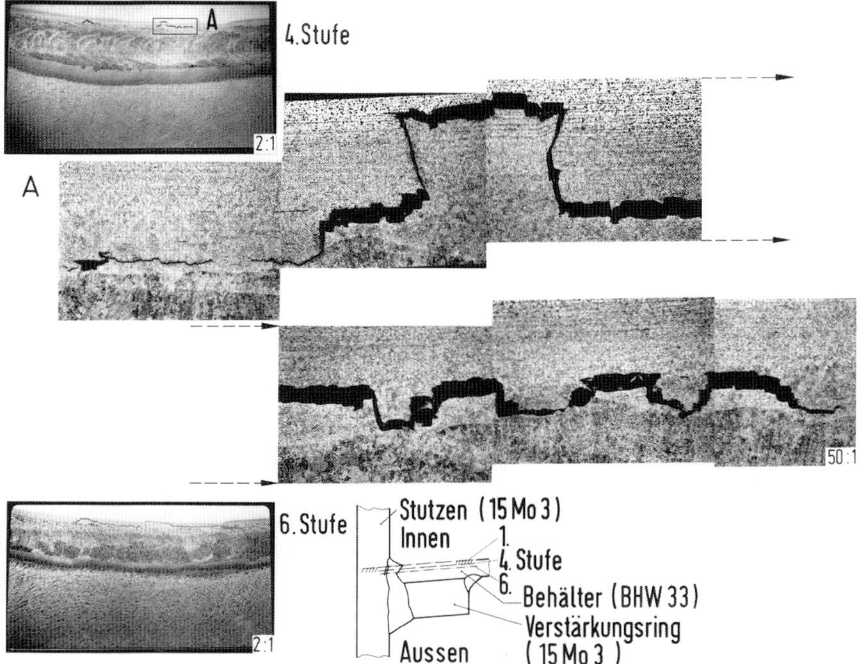

Bild 4.33: Darstellung eines *Terrassenbruchs* im Grundwerkstoff neben einer Schweißnaht über abgestufte Oberflächenschliffe

Tangentialschliffe werden häufig bei Bauteilen angewendet, bei denen unterstellt wird, dass die Gefügedefekte sich in einer besonderen Ebene ausbilden. Als Beispiel können Schweißverbindungen genannt werden. In der *Wärmeeinflusszone (WEZ)* treten unter bestimmten Voraussetzungen (Werkstoff, Schweißprozess, Spannungsarmglühung) interkristalline und interdendritische Rissbildungen (*Heißrisse, Relaxationsrisse*) auf. Der *Eigenspannungszustand* – verursacht durch das Schweißen – beeinflusst die lokale Ausbildung. Diese Rissbildungen können metallographisch mit Querschliffen (senkrecht zur Schweißrichtung) oder besser noch mit Tangentialschliffen erfasst und beurteilt werden, Bild 4.35. Die bevorzugte Ausbildung der Relaxationsrisse liegt quer zur Schweißrichtung L in der Q(NL) Ebene. Sie durchstoßen den in dieser Ebene angelegten Tangentialschliff, Beispiel Bild 4.36 und 4.37. Im Abschnitt 4.7.1 wird in einem Fallbeispiel auf die Anwendung eingegangen.

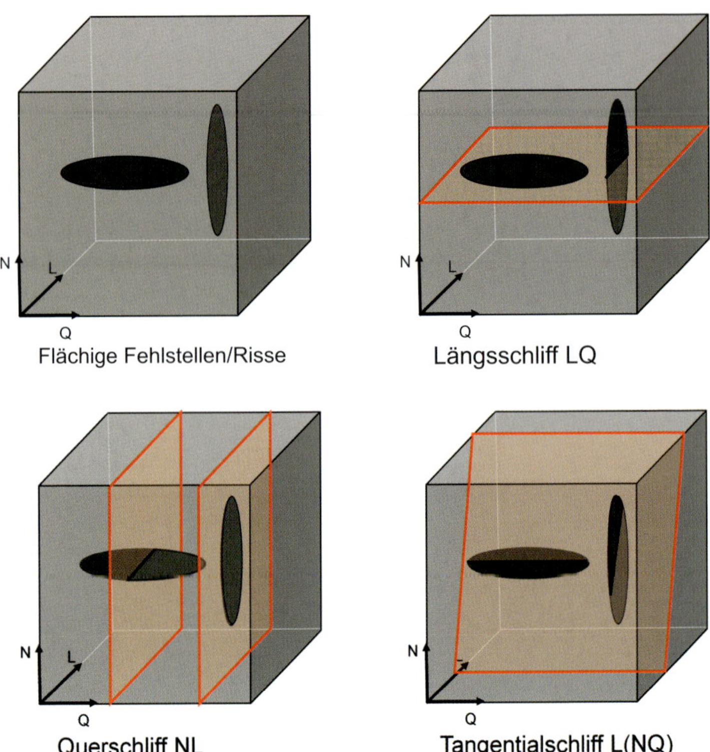

Bild 4.34: Darstellung von flächigen Rissen bei unterschiedlicher Festlegung der Schliffebene

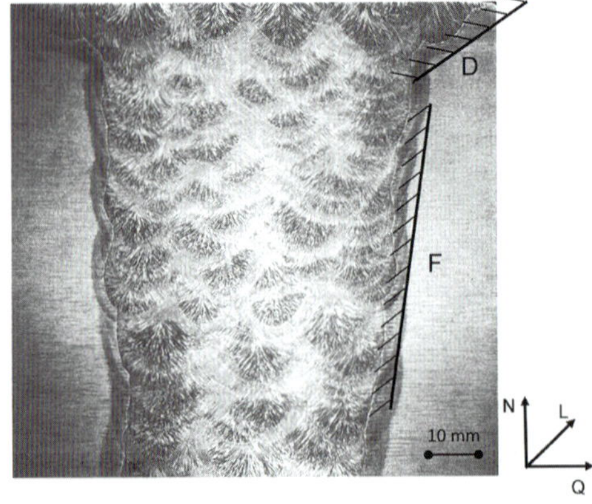

Bild 4.35: Querschliff einer Schweißnaht eines Bleches aus 22NiMoCr3-7 mit eingezeichneten Tangentialschliffen zur Prüfung auf Risse in der WEZ: D Decklage, F Fülllagen

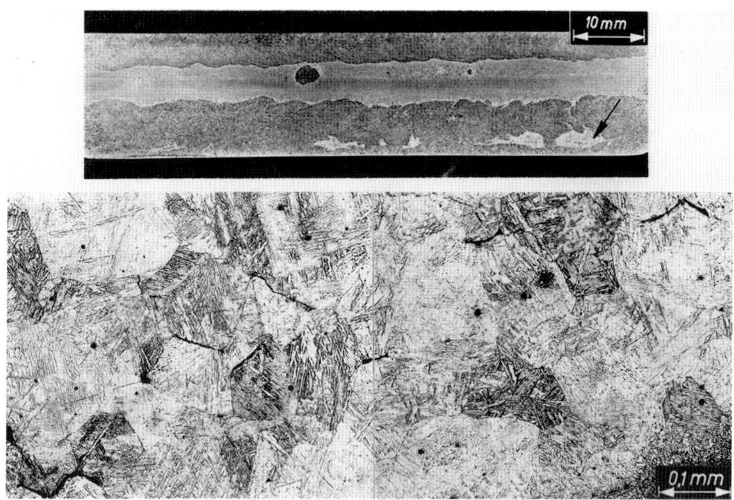

Bild 4.36: Makro- und Mikroaufnahme Tangentialschliff Fülllage (Ausschnitt Bild 4.35)

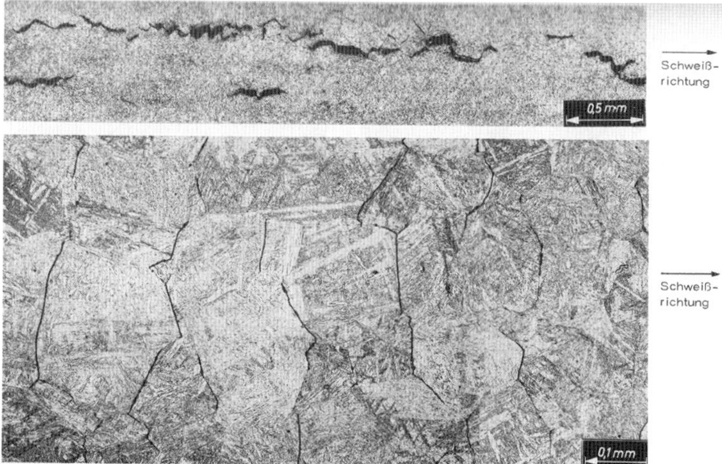

Bild 4.37: Makro- und Mikroaufnahmen Decklage (Ausschnitt Bild 4.35): Oben – Heißrisse im Schweißgut; Unten – Relaxationsrisse in der grobkörnigen WEZ

Tipps für die Festlegung der Schlifflage

Wenn keine Vorgabe für den Entnahmeort und -lage des Schliffes am Bauteil vorliegen, sollten folgende Kriterien bei der Auswahl berücksichtigt werden:

- Stelle mit möglichen Beeinflussungen aus der Herstellung, wie z.B.
  - hoher Verformungsgrad
  - ungünstiger Temperaturverlauf bei Wärmebehandlung
  - ungünstige Fertigungsgestaltung
  - Ansammlung von möglichen Fehlstellen (Lunker bei Gussteilen)
- Stelle höchster Beanspruchung aus der Funktion des Bauteils (kritischer Querschnitt)
- Stelle möglichen Versagens, wenn vermutet wird, dass neben der Betriebsbeanspruchung zusätzliche Lasten auftreten
- Stelle mit Schädigungen in vergleichbaren Bauteilen.

4.7 Fallbeispiel

4.7.1 Rissbildungen in einer austenitischen Mischschweißverbindung

Anlass: Die Mischverbindung ist in einem Kessel als Rohrrundnaht im Überhitzerbereich eingesetzt. Bei einer Überprüfung mit Ultraschall wurden Rissanzeigen gefunden. Es muss der Nachweis erbracht werden, ob es sich um Risse handelt, wie groß diese sind und ob sie betriebsbedingt entstanden sind. Werkstoff: Alloy 617 (Schweißgut) und X6CrNiNbN25-20 (HR3C - Grundwerkstoff), 700°C/350 bar.

1. Vorgehensweise:

Der eingelieferte Rohrabschnitt wird längs aufgesägt und eine Farbeindringprüfung an der Außen- und Innenoberfläche durchgeführt. Danach wird eine metallographische und fraktographische Untersuchung durchgeführt.

2. Makroskopische Untersuchung und Röntgenprüfung:

Die FE-Prüfung ergibt Anzeigen an der Innenoberfläche. Demzufolge liegt eine Anrissbildung vor.

3. Festlegung Schliffe

Zur Ermittlung der Rissgröße und der Bewertung der Rissart wird die Probe mit Rissanzeige geteilt: ein Teil wird für fraktographische Untersuchungen aufgebrochen, der andere mit Schliffen untersucht. Es wird ein Querschliff durch die Stelle vermuteter größter Rissausdehnung (Rissmitte) durchgeführt, ein Tangentialschliff (Schweißflanke) soll weiteren Aufschluss über die Rissentstehung geben.

4. Befunde Schliffe

Im Querschliff, Bild 4.38, ist erkennbar, dass der große Anriss interkristallin ist, Verzweigungen aufweist und an der Schmelzlinie beginnt. Er wächst von der Innenoberfläche nach außen. Dabei verlässt er den Bereich der Schmelzlinie und wandert in den Grundwerkstoff. In einem Abstand von bis zu 200 µm von der Schmelzlinie wird er an der überhängenden 2. Schweißlage, Bild 4.38, gestoppt.

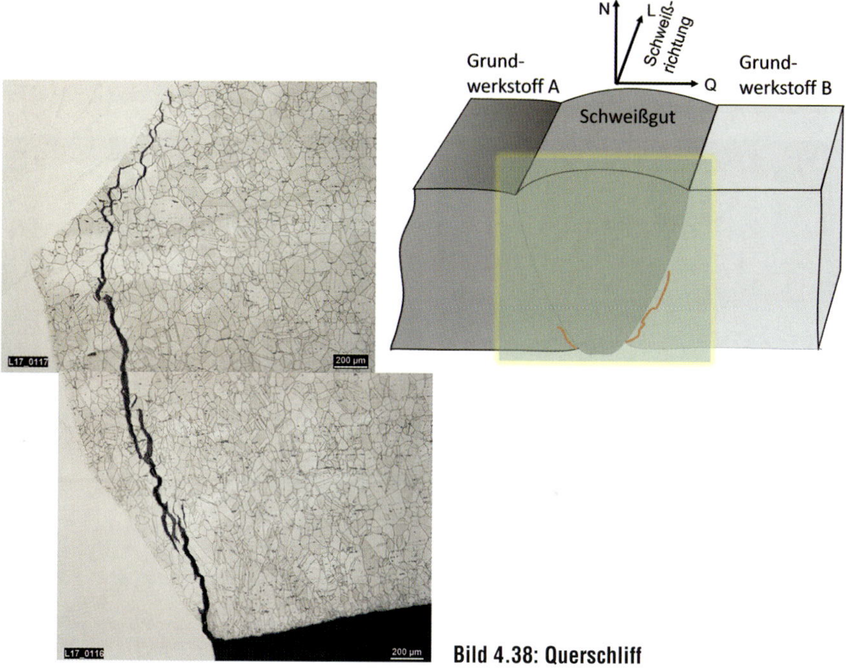

Bild 4.38: Querschliff

Der Tangentialschliff (längs zur Rohrachse, der Schweißkontur folgend), Bild 4.39, zeigt, dass sich die vorher erwähnte Rissbildung an der Fusionslinie über die gesamte Schliffbreite erstreckt. Weiter ist zu erkennen, dass im Fusionslinienbereich zahlreiche Korngrenzentrennungen quer zur Schweißrichtung vorhanden sind, bei denen es sich um Relaxationsrisse handelt. Es werden mehr Anrisse in der Tiefe angeschnitten, die nicht in Verbindung mit der Oberfläche stehen und deswegen nicht oxidiert sind, Bild 4.40. Dadurch ist die für Relaxationsrissbildung typische Porenbildung auf den Korngrenzen besser erkennbar.

Aus den Befunden der Quer- und Tangentialschliff kann geschlossen werden, dass die Relaxationsrissbildung (mehrere Körner lang) quer zur Schweißrichtung zuerst entstanden ist. Begünstigt durch die Kerbwirkung der Wurzel, hat

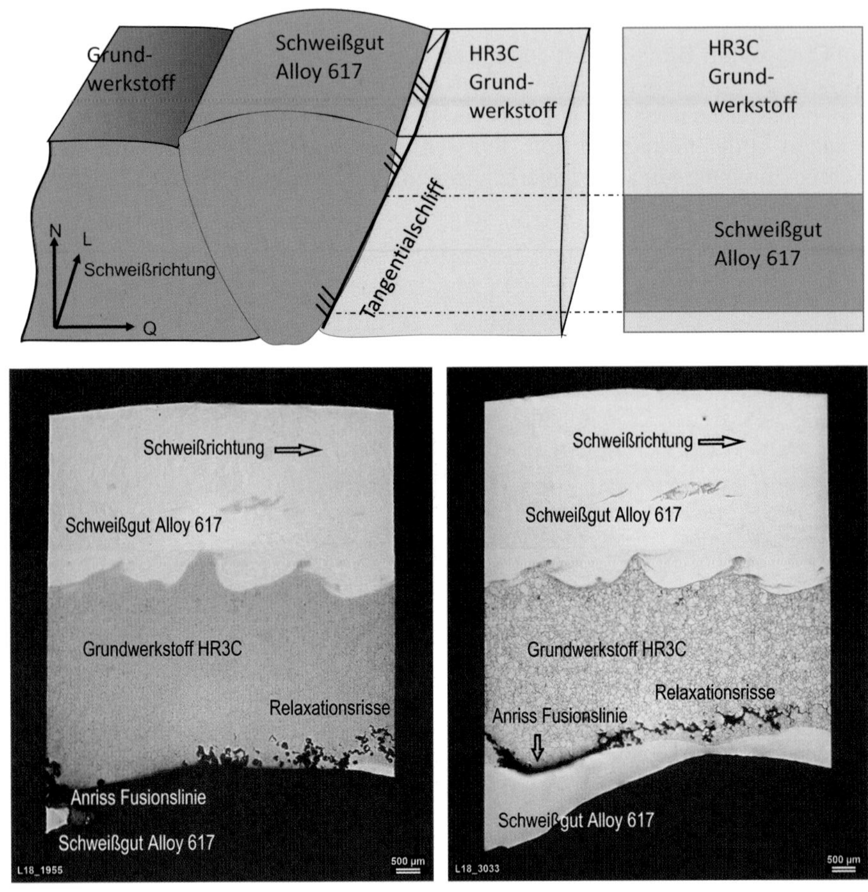

Bild 4.39: Tangentialschliff (links 1. Ebene; rechts 2. Ebene nach rd. 0,2 mm Abtrag)

sich daraus der große Riss mit einer radialen Erstreckung (über die Rohrwanddicke) gebildet.

5. Befunde Fraktographische Untersuchung

Die Untersuchung der freigelegten Anrissfläche im REM bestätigt die metallographischen Befunde, Bild 4.41.

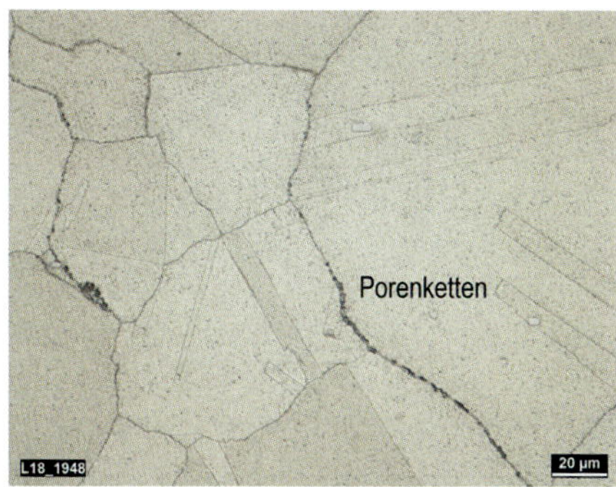

Bild 4.40: Links: Ausschnitt aus Bild 4.39 – Relaxationsrissbildung; Rechts: Ausschnitt aus Bild links – Porenketten an Korngrenzen

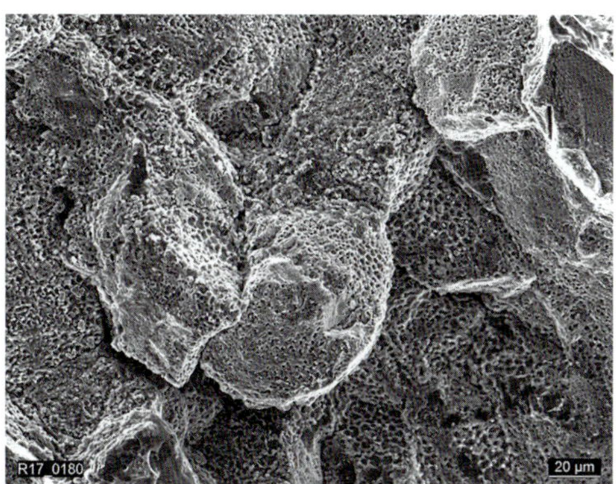

Bild 4.41: Anrissfläche im Grundwerkstoffbereich – Kornflächen mit Poren

6. Schlussfolgerungen und Schadensursache:

Aus Quer- und Tangentialschliff wird erkennbar, dass der große Riss mit einer radialen Erstreckung, begünstigt durch die Kerbwirkung der Wurzellage, aus den senkrecht zur Schweißrichtung liegenden Mikrorelaxationsrissen während des Betriebs entstanden ist. Die Relaxationsrisse sind nach dem Schweißen entstanden.

5 Metallographische Untersuchung von Fehlern in der Bauteilstruktur

Die Anforderungen an die Beschaffenheit eines Bauteils werden entweder von der Werkstoffnorm oder der Herstellspezifikation des Bestellers vorgegeben. Sie schließt Fehler bzw. Unregelmäßigkeiten in der Bauteilstruktur aus, die den bestimmungsgemäßen sicheren Betrieb des Bauteils in Frage stellen.

In einem Bauteil führen funktionale Beanspruchungen, Zusatzbeanspruchungen aus einer nicht vorgesehenen Betriebsweise, Störfallsituationen oder äußere Beanspruchungen (z.B. Erdbeben) zu einer kontinuierlichen oder spontanen Schädigung der Struktur, die über Verformungen, Risse oder Brüche einen vorzeitigen Bauteilausfall bewirken können.

Sowohl nach der Herstellung als auch während des Betriebs werden metallographische Untersuchungen zur Sicherstellung der geforderten Qualität bzw. zur Ermittlung und Beschreibung eines möglichen Schädigungszustandes eingesetzt.

5.1 Ziele und Vorgehensweise

Liegt ein Anzeichen vor, dass das Bauteil einen Fehler bzw. eine Unregelmäßigkeit enthält, ist das Ziel der metallographischen Untersuchung die

- Ermittlung der Lage und Größe des Fehlers/Fehlstelle/Rissbildung (Länge; Fläche..) und Bewertung des Wachstums: ist der Riss gewachsen?
  - Ermittlung der Art und der Entstehung: herstellungsbedingt, Folge der Betriebsbeanspruchung oder einer besonderen Beanspruchung, z.B. Störfall
  - Darstellung des Zusammenhangs mit dem örtlichen Gefüge: transkristalliner – interkristalliner Rissverlauf, Wechselwirkung mit Gefügeanomalien wie Seigerungen, Grobkörnigkeit, Einschlüsse etc.
  - Wechselwirkung mit dem Medium (gefüllt mit Oxid, Korrosionsprodukten …).

Die Ergebnisse dienen dazu,

- das Versagensrisiko (ähnlicher Bauteile) zu beurteilen
- über die Ursachenermittlung, Möglichkeiten zur zukünftigen Verhinderung, d.h. der Qualitätsverbesserung zu ergreifen.

Der Aufwand an Präparation steht im Zusammenhang mit der Größe der Pore, des Risses oder der Fehlstelle allgemein. Liegt die Größe der Fehlstelle im mm-Bereich ist der Aufwand i. Allg. geringer, als wenn z.B. Poren und Mikrorisse im Bereich von µm auszuschließen oder zu bewerten sind. Aus diesem Grund wird

Tabelle 5.1: Anwendung verschiedener metallographischen Methoden zur Beschreibung von Fehlern in Bauteilen

Fehlertyp	Mit üblichen zerstörungsfreien Methoden nicht nachweisbar	Makroskopisch an der Oberfläche erkennbarer Fehler	Fehler im Bauteilvolumen, zerstörungsfrei detektiert	Herstellungsbedingte Fehler in vorgegebenen Bauteilbereichen
Beispiel	Kriechporen, Mikrorisse	Risse durch Überbeanspruchung, Ermüdung, bei der Bearbeitung angeschnittene Herstellfehler, z.B. Lunker	Herstellungsfehler (Lunker, Warmrisse etc.) mit betrieblich gewachsenen Rissen	Unregelmäßigkeiten in Schweißverbindungen
Metallographische Untersuchung				
Bauteil soll ggf. weiter in Betrieb bleiben	Bauteilmetallographie	Bauteilmetallographie	Nicht möglich	Nicht möglich
Mehrere Bauteile liegen vor, Musterbeispiel kann zerstört werden	Schliff senkrecht zur maximalen Spannung (Risse) bzw. Ebene mit maximaler Schädigung, z.B. mit Zug-Zugspannung (Kriechporen)	Schliff quer zur Fehlstelle/Riss (Mitte, Auslauf) ggf. Tangentialschliff Alternativ: Aufbrechen des Risses	Schlifflage der Fehlerlage anpassen Alternativ: Aufbrechen des Risses	Beispiel Schweißnaht: Querschliff angepasst an Befund mit oberflächlichen Unregelmäßigkeiten
Bauteil wird nicht weiter betrieben	Schliff senkrecht zur maximalen Spannung (Risse) bzw. Ebene mit maximaler Schädigung, z.B. mit Zug-Zugspannung (Kriechporen)	Schliff quer zur Fehlstelle/Riss (Mitte, Auslauf) ggf. Tangentialschliff Alternativ: Aufbrechen des Risses	Schlifflage der Fehlerlage anpassen Alternativ: Aufbrechen des Risses	Beispiel Schweißnaht: Querschliff angepasst an Befund mit oberflächlichen Unregelmäßigkeiten

auf die Vorgehensweise bei mikroskopischen Fehlstellen im Abschnitt 5.6.1 Vibrationspolieren besonders eingegangen.

Die Lage der Fehler in der Bauteilstruktur steht im Zusammenhang mit

- verarbeitungsbedingten metallurgischen Besonderheiten, z.B. Schweißverbindung, gehärtete Zonen
- den Ergebnissen einer zerstörungsfreien Prüfung
- Bauteilbereichen erhöhter Beanspruchung
- herstellungsbedingten Bauteilbereichen, z.B. aus dem Gießen.

Wie aus Tabelle 5.1 hervorgeht, können je nach Fehlerart und der Möglichkeit das Bauteil zu zerstören, unterschiedliche metallographische Methoden eingesetzt werden.

5.2 Besondere Maßnahmen bei der Schliffherstellung

Für die Darstellung der Fehlergröße und -geometrie müssen in der Regel mehrere Schliffebenen über ein gestuftes Abschleifen aufbereitet werden. Es empfiehlt sich bereits beim Arbeitsgang Schleifen, die Schlifffläche auf das Vorhandensein makroskopisch erkennbare Fehlstellen zu kontrollieren. Bei der Präparation des Schliffs muss vorsichtig vorgegangen werden: Mikrorisse oder Poren sollen nicht „verschmiert“ oder durch die Präparation initiiert bzw. erweitert werden und von Ansammlungen von Einschlüssen unterschieden werden können. Im Schliff sichtbare Fehler müssen in einen Zusammenhang mit der Anzeige der zerstörungsfreien Prüfung gebracht und interpretiert werden. Dies bezieht sich auf den Ort, die Größe und Fehlerart.

Liegen filigrane Fehlerstrukturen vor, empfiehlt es sich deshalb, in den letzten Polierstufen einen möglichst geringen Druck bzw. beim Schleifen einen geringen Abtrag einzustellen, damit die Ränder von Mikrorissen bzw. -poren nicht in die Hohlräume gedrückt werden. Ein leichtes Zwischenätzen kann bewirken, dass ein Materialeintrag in Hohlräume beseitigt wird, vgl. Abschnitt 4.3. In kritischen Fällen sollte die Präparation mit der Technik des Vibrationspolierens (Abschnitt 6.2.1) durchgeführt werden. Mit dieser Methode wird eine verformungsarme Schliffoberfläche erzielt, vorhandene Riss- bzw. Defektstrukturen werden nicht beeinträchtigt. Grundsätzlich sollten gefundene Defekte vor dem Ätzen im polierten Zustand beurteilt werden. Bei sorgfältiger Präparation bleibt die Kontur des Korngrenzenkarbids erhalten – Bild 5.1 links. Im rechten Teilbild wurde das Karbid durch den Anpressdruck zerbrochen und die Ränder angeätzt, sodass der Eindruck einer porenartigen Hohlstelle entsteht.

Im polierten Zustand können Einschlüsse und Poren leichter identifiziert werden. Die Probleme mit aus Hohlstellen heraustretendem Ätzmittel können durch Einwachsen der Schlifffläche, siehe Abschnitt 3.5.7.2, gelöst werden.

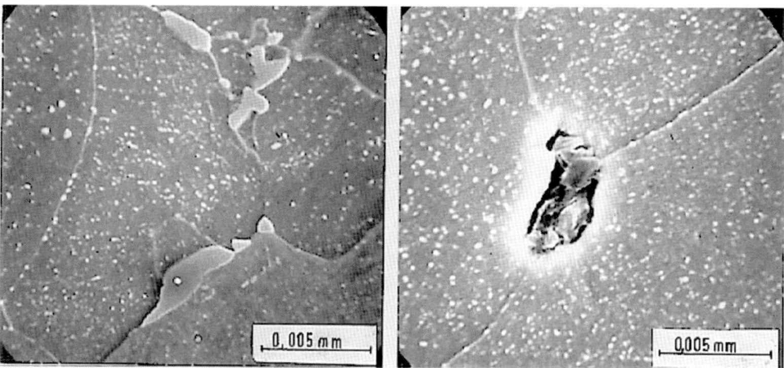

Bild 5.1: Einfluss von Schleifen/Polieren und Ätzen auf die geometrische Ausbildung von Fehlern – dargestellt am Beispiel eines Einschlusses

5.3 Metallographische Untersuchung von Fehlern im Schweißnahtbereich

Bei Schweißnähten können sich Unregelmäßigkeiten im Schweißgut bzw. der Wärmeeinflusszone einstellen. Sie unterliegen besonderen Anforderungen.

5.3.1 Makroskopische Unregelmäßigkeiten

Vor Beginn des eigentlichen Schweißens in der Fertigung muss das Verfahren im Rahmen einer Schweißverfahrensprüfung qualifiziert werden. Die Verfahrensprüfung nach der DIN EN ISO 15614-1:2017: „Qualifizierung der Schweißverfahren" wird an vorgegebenen Prüfstücken durchgeführt. Nach der Schweißung wird sowohl zerstörungsfrei (zfP) als auch zerstörend metallographisch geprüft. Bei manuellen Schweißungen muss der Schweißer über eine *Arbeitsprobe* seine Fähigkeit nachweisen, die gestellten Anforderungen an die Schweißnahtgüte zu erfüllen. Auch hier werden metallographische Untersuchungen zum Nachweis der Güte eingesetzt. Besonders in der Serienfertigung von geschweißten Teilen wird vor dem Anlauf und am Ende der Serie eine Musterprüfung durchgeführt, um den Nachweis zu erbringen, dass unter den vorgegebenen Fertigungsbedingungen die geforderte Qualität erreicht wird/wurde.

Im Rahmen der DIN EN ISO 5817:2014 muss an der Schweißnaht eine makroskopische und mikroskopische Untersuchung durchgeführt werden, die den Nachweis bringen soll, dass die Grenzwerte für Unregelmäßigkeiten je nach vorliegender *Bewertungsgruppe* eingehalten werden. Für die Untersuchung im

Lichtmikroskop wird ein Querschliff durch die Schweißnaht gelegt, Beispiel Bild 5.2. An diesem Schliff wird überprüft, ob die Grenzwerte für Unregelmäßigkeiten wie Nahtdicke, Nahtüberhöhung, Einbrandkerben, Durchschweißung oder schlechte Passung sowie metallurgische Fehler wie Poren, Lunker, Risse oder Bindefehler eingehalten werden. Die Größe dieser Fehler liegt je nach Bewertungsgruppe und Nahtdicke im mm-Bereich.

Bild 5.2: Querschliff durch eine Kehlnaht zur Ermittlung makroskopischer Unregelmäßigkeiten mit Ermittlung der Nahtdicke a (a-Maß)

5.3.2 Mikroskopische Unregelmäßigkeiten

Wenn mikroskopische Unregelmäßigkeiten, z.B. Mikrorisse, ausdrücklich nicht zugelassen sind, muss eine aufwändige metallographische Präparation der Schliffe erfolgen, damit sichergestellt wird, dass Fehler im Bereich > 1 μm identifiziert werden können. Dazu gehört, dass neben der Anfertigung von Querschliffen zusätzliche Ebenen der Schweißverbindung mit einem Schliff oder mehreren gestuften Schliffen metallographisch untersucht werden. In die Untersuchung einbezogen werden sowohl das Schweißgut als auch die Wärmeeinflusszone. Über die ausgewählte Orientierung des Schliffs zur Schweißnaht werden Mikrofehler, wie z.B. interkristalline Korngrenzentrennungen, die im Entstehungsstadium bevorzugt quer zur Schweißrichtung vorliegen, besser erfasst, siehe hierzu Abschnitt 4.6.5.

Bei besonderen betrieblichen Beanspruchungen bilden sich bei Schweißverbindungen ohne unzulässige Fehler nach dem Schweißen spezifische Schädigungs- bzw. Versagenszonen aus, Beispiele sind in Tabelle 5.2 aufgeführt (vgl. auch Tabelle 4.5). Die metallographische Untersuchung sollte in der Wahl der Schliffebene den Ort der möglichen Schädigung berücksichtigen.

Tabelle 5.2: Auflistung möglicher Versagensstellen in Schweißverbindungen

Nr.	Beanspruchung	Schweißnahttyp	Versagensort; Beginn der Schädigung	Mechanismus
1	Statische (langzeitige) Beanspruchung im Kriechbereich (erhöhte Temperaturen)	Schweißverbindung mit mind. einem ferritischen (umwandlungsfähigen) Partner	Feinkornzone der Wärmeeinflusszonen	Bildung von (interkristallinen) Kriechporen und Mikrorissen
2	Statische Beanspruchung im Kriechbereich (erhöhte Temperaturen)	Austenitische Schweißverbindungen	Nahe Fusionslinie, wenn: ungünstige Wärmeeinwirkung beim Schweißen die Grobkornbildung (zusammen mit einer vorhergehende Kaltverformung) bzw. die Verformungsfähigkeit des Korns durch eine Mischkristallhärtung bzw. feindisperse Ausscheidungen herabsetzt und die Korngrenzen geschwächt sind	Interkristalline Poren- bzw. Rissbildungen nahe der Fusionslinie – vorwiegend im Grundwerkstoff Relaxation- bzw. Kriechschädigung
3	Statische (kurzzeitige) Beanspruchung im Kriechbereich (erhöhte Temperaturen)	Mischverbindungen aus ferritischen Stählen bzw. aus austenitischen und ferritischen Stählen	Entmischungszone im Bereich der Fusionslinie, z.B. entkohlte ferritische Zone	Bildung von Rissen in der entkohlten Zone und im Bereich der Fusionslinie Bei längerer Beanspruchung ggf. auch Kriechschädigung mit Poren und Mikrorissbildung
4	Statische bzw. wechselnde Beanspruchung in flüssigem Medium bei niederen bzw. mäßig erhöhten Temperaturen	Schweißverbindungen aus Werkstoffen mit Empfindlichkeit für Spannungsrisskorrosion	Aufgehärtete, nicht angelassene Zonen im Schweißgut und WEZ, die Spannungen (auch Eigenspannungen) ausgesetzt sind und mit dem Medium in Berührung kommen	Spannungsrisskorrosion: Interkristallin bzw. transkristallin (dehnungsinduziert)
5	Ermüdungsbeanspruchung bei niederen Temperaturen	unbeschliffene Nähte mit Nahtüberhöhung und Einbrandkerben	Im Bereich der Einbrandkerbe	Ermüdungsbruch transkristallin

Tabelle 5.2: Auflistung möglicher Versagensstellen in Schweißverbindungen - Fortsetzung

Nr.	Beanspruchung	Schweißnahttyp	Versagensort; Beginn der Schädigung	Mechanismus
6	Ermüdungsbeanspruchung bei niederen Temperaturen	Nähte mit (großen) Unregelmäßigkeiten im Volumen	Ausgehend von der Unregelmäßigkeit Brückenrissbildung zwischen zwei Unregelmäßigkeiten	Ermüdungsbruch transkristallin
7	Ermüdungsbeanspruchung bei hohen Temperaturen	Wie bei 5 und 6, wenn die Lastwechsel so hoch sind, dass keine Kriechschädigung erfolgt		
8	Langsame Dehnungswechsel bei hohen Temperaturen mit stationären Phasen	Schweißverbindung mit mind. einem ferritischen (umwandlungsfähigen) Partner	Feinkornzone der Wärmeeinflusszonen	Bildung von (interkristallinen) Kriechporen und Mikrorissen und transkristallinen Ermüdungsrissen
9	Langsame Dehnungswechsel bei hohen Temperaturen mit stationären Phasen	Austenitische Schweißverbindungen	Nahe Fusionslinie	Mischung von trans- und interkristallinen Mikrorissen
10	Langsame Dehnungswechsel bei hohen Temperaturen mit stationären Phasen	Mischverbindungen aus ferritischen Stählen bzw. aus austenitischen und ferritischen Stählen	Entmischungszone im Bereich der Fusionslinie, z.B. entkohlte ferritische Zone. Bei kleinen Dehnungsamplituden bzw. Spannung in der stationären Phase: äußere WEZ	Mischung von trans- und unterkristallinen Mikrorissen

5.4 Analyse herstellungsbedingter Fehlstellen

Herstellungsbedingte Fehler in der Struktur, vgl. Abschnitt 3.5.8, werden zugelassen, wenn sie den sicheren Betrieb des Bauteils nicht beeinträchtigen. Für die Beurteilung der Größe und der Art – wie sind sie entstanden – müssen sie in der Struktur gefunden und analysiert werden.

Für das Auffinden können zerstörungsfreie Untersuchungen, vgl. Abschnitt 5.5, oder aber standardisierte metallographische Untersuchungen an Bauteilen durchgeführt werden.

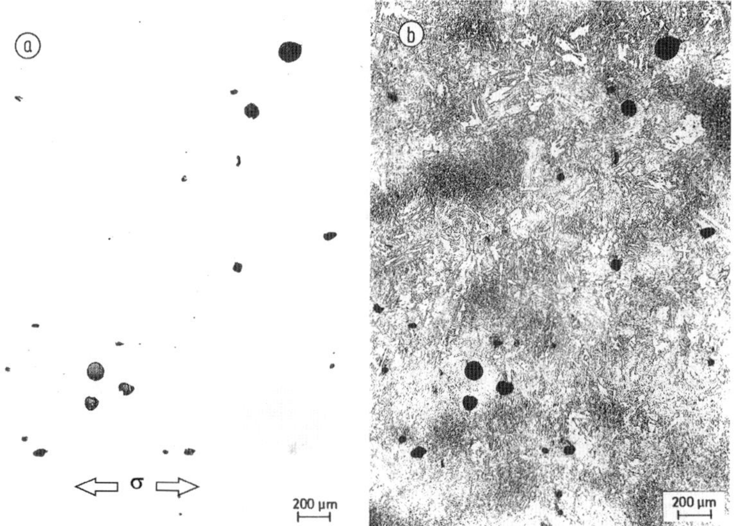

Bild 5.3: Schliff durch eine Zone mit Anhäufungen von nichtmetallischen Einschlüssen: a – poliert; b – geätzt

Bild 5.3 zeigt die Anhäufungen von nichtmetallischen Einschlüssen in einem Bereich mit ausgeprägten Seigerungen in einer Schmiedewelle aus dem Stahl 30CrMoNiV5-11[11]. Zur Überprüfung, ob es sich um nicht verschmiedete Fehlstellen (Poren, Mikrolunker) aus dem Gießvorgang handelt, wurde vor dem Ätzen die polierte Schlifffläche mikroskopisch untersucht, linkes Teilbild. Da-

[11] Die Schliffe in Bild 5.3 und Bild 5.4 wurden Großproben entnommen, die einer Kriech- bzw. Ermüdungsbeanspruchung unterworfen waren, sodass die angezeigten Hohlräume und Mikrolunker in Hauptbeanspruchungsrichtung aufgeweitet werden können (Pfeilrichtung)

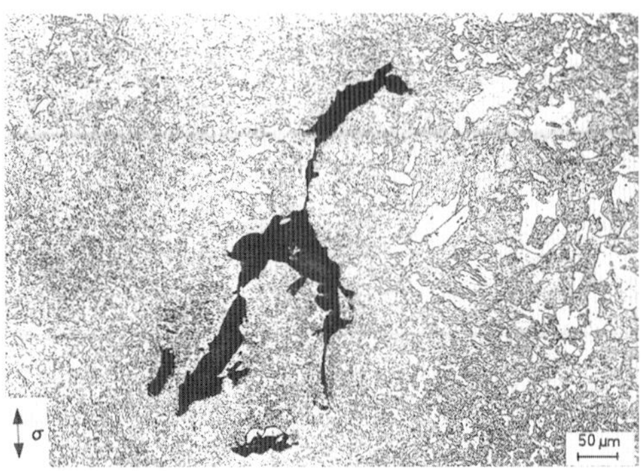

Bild 5.4: Im Schliff angeschnittener Mikrolunker (Großprobe aus einem Schmiedestück)

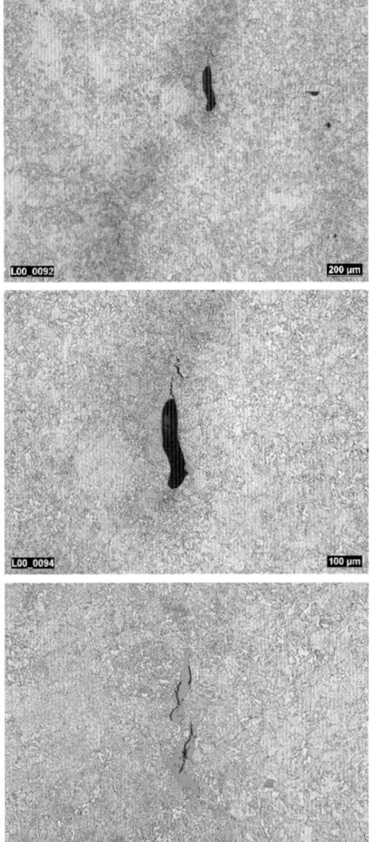

Bild 5.5: Rissinitiierung an einem Mikrolunker (Zugprobe aus einem Gusskörper aus GS17-CrMoV5-11 nach Zeitstandbeanspruchung); Schliff in einem Bereich mit US-Gruppenanzeigen

raus geht hervor, dass es sich um gefüllte Hohlräume (Oxide) handelt. Anhäufungen von nichtmetallischen Einschlüssen beeinflussen das Ultraschallsignal in Form von Mehrfachanzeigen. Der vorliegende Befund muss dem zf-Prüfer/zf-Prüferin mitgeteilt werden, damit die Plausibilität des gefundenen Signals überprüft werden kann.

Bild 5.4 zeigt einen angeschnittenen Mikrolunker in einem bainitischen Schmiedestück, der nicht verschmiedet wurde. Die Interpretation der Fehlerart allein aus der lichtmikroskopischen Untersuchung muss sorgfältig erfolgen und setzt voraus, dass der Schliff angemessen präpariert wurde. Die Mikrolunker weisen typische Ränder auf, die auf die freie Erstarrung der Restschmelze zurückzuführen sind. Die transkristallinen Risse zwischen den einzelnen Mikrolunkern sind auf eine (betriebliche) Beanspruchung zurückzuführen. Die Kontrolle, ob eine zu starke Ätzung die

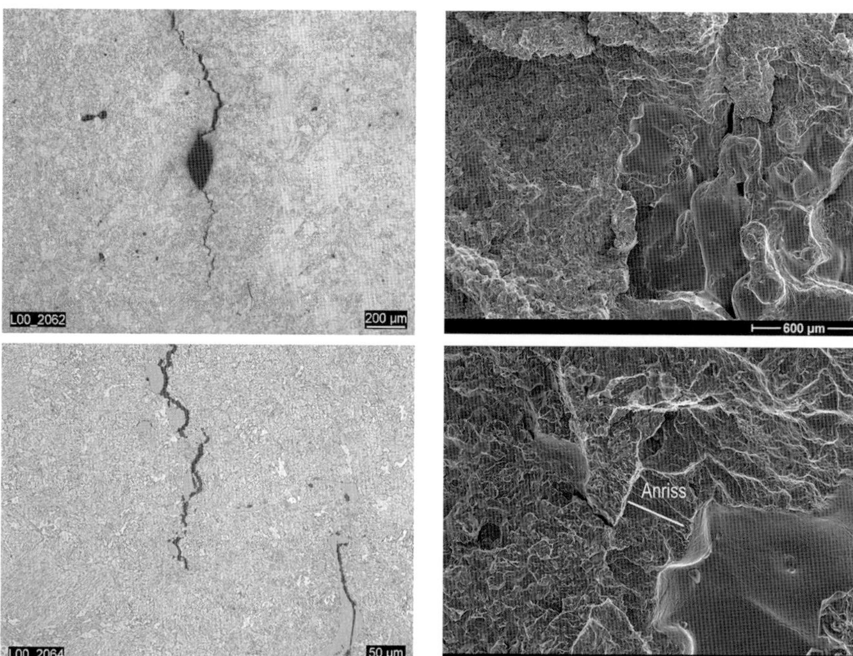

Bild 5.6: Rissbildungen an einem Mikrolunker (Zugprobe aus einem Gusskörper aus GS17-CrMoV5-11 nach Zeitstandbeanspruchung); Schliff in einem Bereich mit US-Gruppenanzeigen

Bild 5.7: Einschlüsse mit frei erstarrten Oberflächen (Zugprobe aus einem Gusskörper aus GS17-CrMoV5-11 nach Ermüdungsbeanspruchung); aufgebrochene Fläche eines Bereichs mit US-Gruppenanzeigen

Ränder angegriffen hat und zu einer für Mikrolunker atypischen Erscheinungsform führt, erfolgt über die Kontrolle im polierten Schliff. Grundsätzlich ist zu berücksichtigen, dass ein Schliff immer nur Informationen für eine Schliffebene liefert, sodass z.B. in Betracht gezogen werden muss, dass diese Ebene den Fehler noch nicht in seiner größten Ausbreitung angeschnitten hat.

Über eine einzelne Schliffebene ist die Erfassung der Größe der Fehlstelle und deren Anordnung im Bauteilvolumen kaum möglich. Der Vergleich mit dem Befund der zerstörungsfreien Prüfung ist notwendig. Es ist z.B. abzugleichen, ob die Signalgröße mit der gefundenen Fehlergröße korrespondiert. Sollte die Anfertigung zusätzlicher Schliffebenen zu aufwändig sein, ist es auch möglich, die vorhandene Trennung (bei ausreichender Größe) über Aufbrechen des Schliffs freizulegen, vgl. Abschnitt 5.6.2.

Die Beurteilung, ob von Fehlstellen ein Riss initiiert wurde, ist bei der Schadensfalluntersuchung von besonderer Bedeutung. Zur Beurteilung dieses Sachverhalts kann sowohl die lichtmikroskopische Schliffuntersuchung als auch die fraktographische Analyse im REM herangezogen werden. Hierzu muss der Riss/Fehlstelle über einen Laborbruch freigelegt werden, vgl. Abschnitt 5.6.2. In Bild 5.5 ist die Rissinitiierung an einem Mikrolunker abgebildet. Bei einer geringen Vergrößerung zeigt der Schliff, dass sich die Fehlstelle in einem Seigerungsbereich befindet. Aus der Ausschnittsvergrößerung kann geschlossen werden, dass es sich um einen Mikrolunker handelt: ein Mangansulfidteilchen ragt in den Hohlraum hinein. Die untere Ausschnittvergrößerung macht deutlich, dass auch Einschlüsse Rissbildungen initiieren bzw. begünstigen. Zunächst löst sich die Matrix von den Mangansulfidteilchen. Ein Anriss bildet sich, der den ungünstig zur Rissfortschrittsrichtung gelegenen Einschluss schneidet. Einen ähnlichen Sachverhalt zeigt das Bild 5.6: der Riss startet von dem größten Mikrolunker in einem Feld mit mehr oder weniger großen Lunkern. Im Zuge des Rissfortschritts agieren Einschlüsse als „Anlaufpunkte“: im unteren Bild wird deutlich, wie Einschlüsse in den Rissfortschritt einbezogen werden.

Bei der fraktographischen Analyse von freigelegten Oberflächen ist die Erkennbarkeit der Fehlstellen relativ einfach: die frei erstarrten Oberflächen heben sich von der übrigen Oberflächenstruktur ab, Bild 5.7. Im oberen Bild ist die mit Ultraschall detektierte Fehlstelle erkennbar, sie unterscheidet sich mit der glatten Oberflächenstruktur (frei erstarrte Oberfläche beim Erstarren der Schmelze) deutlich von der Bruchstruktur. Am Rand der Fehlstelle ist ein unter Ermüdungsbeanspruchung entstandener Anriss erkennbar, der sich von der Bruchstruktur unterscheidet, die beim Aufbrechen der Probe erzeugt wurde.

5.5 Quantifizierung von Anzeigen der zerstörungsfreien Prüfung

5.5.1 Aufgabe der zerstörungsfreien Werkstoffprüfung

Zerstörungsfreie Prüfungen werden nach oder während der Herstellung durchgeführt. Ziel dieser Untersuchung ist der Nachweis, dass keine herstellungsbedingten Fehler im Bauteil vorhanden sind, die den *bestimmungsgemäßen Betrieb* des Bauteils beeinträchtigen können. Ein vorhandener Fehler ist zulässig und wird toleriert, wenn an der Fehlstelle unter Betriebsbedingungen mit Sicherheit kein Riss oder Bruch initiiert wird. Der Nachweis wird z.B. mit Hilfe *bruchmechanischer Berechnungen* geführt: bei angenommener Fehlergröße wird ermittelt, ob ein Risswachstum mit nachfolgendem Bruch erfolgt. Unter Berücksichtigung der vorliegenden Werkstoffeigenschaften und der Beanspruchung wird die maximale (zulässige) Fehlergröße ermittelt, die als Vorgabe für eine zerstörungsfreie Untersuchung verwendet wird. Bei sicherheitsrelevanten Bauteilen wird in der Regel über die entsprechenden Normen vorgeschrieben, in welcher Form und Umfang die zerstörungsfreie Prüfung durchzuführen ist und welche Fehler zulässig sind. Liegt kein entsprechender Nachweis vor, darf das Bauteil nicht in den Verkehr gebracht werden bzw. darf kein *CE-Zeichen* führen. In den meisten Fällen vereinbaren Kunde und Hersteller auf der Basis einer Norm die Zulässigkeit von Fehlern.

Die über die zerstörungsfreie Prüfung ermittelte Fehlergröße (z.B. *Ersatzfehlergröße* ESR der Ultraschallprüfung) wird in kritischen Fällen mit dem metallographischen Befund überprüft. Mit der verifizierten Größe wird die Berechnung durchgeführt, ob der erkannte Fehler in den Bauteilen belassen werden kann. Es ist wichtig, dass die Analyse und Bewertung der metallographisch gefundenen Fehler im Werkstoff, die der Grund für die Auslösung eines Signals der zerstörungsfreien Prüfung sein können, in Abstimmung mit dem zfP-Prüfer durchgeführt werden.

Üblicherweise werden die Durchstrahlungsprüfung (Röntgenprüfung) (RT) und die Ultraschallprüfung (UT) für die Untersuchung von Bauteilen mit Fehlern unter der Oberfläche (im Werkstoffvolumen) eingesetzt. Zur Ermittlung von Fehlern an der Oberfläche werden die Wirbelstromprüfung (ET), Magnetpulverprüfung (MT) und die Farbeindringprüfung (PT)verwendet. Die Nachweisgrenze, d.h. die Auffindbarkeit eines Fehlers einer bestimmten Größe wird bei jeder der angesprochenen Methoden jeweils von der Bauteilgeometrie, dem Werkstoff und der Art und Lage des Fehlers beeinflusst. Die geometrische Ausbildung der Fehlstelle/Ungänze/Rissbildung und deren Lage im Bauteil hängen vom Werkstoff, von der Herstellung sowie von der Verarbeitung ab. Die Umsetzung der Ergebnisse aus der zerstörungsfreien Prüfung in eine reale Fehlergröße muss die möglichen Erscheinungsformen berücksichtigen. So werden z.B. bei der Ultraschallprüfung von dickwandigen Bauteilen aus Stahl bzw. Stahlguss folgende Klassifizierung von Fehlern vorgenommen:

- GAT: Gruppenanzeigen, auflösbar, mit messbarer Tiefenausdehnung der einzelnen Reflektoren (vorhandener Fehler); hierbei handelt es sich wahrscheinlich um einen teilweise ausgeheilten Warmriss
- EET: Einzelanzeige mit messbarer Tiefenausdehnung; hierbei handelt es sich wahrscheinlich um einen Warmriss
- EE: Einzelanzeige ohne messbare Tiefausdehnung; hierbei handelt es sich wahrscheinlich um Poren, Lunker, nichtmetallische Einschlüsse
- GA: Gruppenanzeige, auflösbar, ohne messbare Tiefenausdehnung der einzelnen Reflektoren; hierbei handelt es sich wahrscheinlich um Poren, Lunker, nichtmetallische Einschlüsse [5].

Die Verifizierung von Anzeigen der zerstörungsfreien Prüfung – besonders was die Größe, Form und Lage der angezeigten Fehler betrifft – erfolgt über die zerstörende metallographische Untersuchung. Die Notwendigkeit der Verifizierung ergibt sich aus der Unsicherheit, ob tatsächlich ein Werkstofffehler vorliegt, oder lediglich eine lokale Gefügeanomalie, z.B. in der Ansammlung von größeren Einschlüssen oder Mikroporen oder wenn Zweifel über die tatsächliche Größe bestehen. Die Erkenntnisse aus dieser Untersuchung werden z.B. in der Bewertung eines möglichen Schadens und in Änderungen der Herstellungsbedingungen umgesetzt oder im Streitfall zur Klärung der Kostenübernahme verwendet.

5.5.2 Anforderungen an die Schliffherstellung und Präparation

Die Lage der unterstellten Fehler im Bauteil sollte in der Prüfdokumentation der zerstörungsfreien Prüfung dargestellt sein. Ohne diese Angabe können lediglich sichtbare Oberflächenfehler erfolgreich metallographisch untersucht werden, siehe auch Abschnitt 4.2. Vor der Durchführung der metallographischen Untersuchung muss das Ziel der Untersuchung festgelegt werden, da diese den Aufwand der Arbeiten beeinflusst:

Ziel 1 – Fehlernachweis

Es soll lediglich der Nachweis erbracht werden, dass eine Fehlstelle vorliegt. In diesem Fall genügt es, wenn die Fehlstelle durch einen Sägeschnitt angeschnitten wird und die Fläche bis zur Erkennbarkeit der Fehlstelle präpariert wird, wobei ein einfaches Schleifen bei rissartigen Fehlstellen oft ausreichend ist. Bei mikroskopischen Fehlern ist ein höherer Präparationsaufwand erforderlich.

Ziel 2 – Quantifizierung des Fehlers

Es soll die Größe und Ausbildung der Fehlstelle beschrieben werden, z.B. als Grundlage für eine bruchmechanische Berechnung der örtlichen Spannung und damit zur Ermittlung der Zulässigkeit der Fehlstelle. Hier ergibt sich das Problem, dass Fehler, die nicht eben sind oder aus einer Ansammlung von Einzelfehlern bestehen, mit Hilfe der üblichen metallographische Untersuchung schwierig zu beschreiben sind, da nur über eine größere Anzahl von Schliffebenen eine ansatzweise räumliche Darstellung möglich wird. Hier bietet sich, als Alternative zur aufwändigen Schliffherstellung über mehrere Stufen, das Aufbrechen der lokalisierten Fehlstelle mit anschließender fraktographischen Untersuchung an.

Ziel 3 – Beschreibung der Fehlerursache

Es soll die Ursache für die Bildung der Fehlstelle ermittelt werden. Es treten die bereits in Punkt 2 genannte Probleme auf. Zusätzlich ist zu beachten, dass durch den Sägeschnitt nicht wesentliche Bereiche „zerspant“ werden, die für die Interpretation notwendig sind – z.B. frei erstarrte Oberflächen oder Verbindungsrisse zwischen Einzelfehlstellen. Auch hier ist eine Kombination von Schliffuntersuchung mit der fraktographischen Untersuchung von freigelegten Bruchflächen sinnvoll.

5.5.3 Festlegung der Sägeschnitte und Schliffentnahme

Bei der Festlegung des Sägeschnittes im Bauteil (vgl. auch Abschnitt 4.6.4 und 4.6.5) ist zu beachten, dass die Lage der mittels zerstörungsfreien Prüfung detektierten Fehlstelle mit Unsicherheiten behaftet sein kann, sowohl was die Lage im Bauteil als auch deren Existenz selbst betrifft. Dies kann dazu führen, Bild 5.8, dass

a) die (vorhandene) Fehlstelle angeschnitten wird und ordnungsgemäß im Schliff präpariert und sichtbar gemacht werden kann, Bild oben
b) die (vorhandene) Fehlstelle nicht angeschnitten wird und demzufolge durch stufenweises Abschleifen versucht werden muss, die Fehlstelle sichtbar zu machen, Bild Mitte
c) die (vorhandene) Fehlstelle durch einen groben Sägeschnitt „zerspant“ wird und demzufolge nicht mehr vorhanden ist bzw. die Existenz derselben nicht mehr nachgewiesen werden kann, Bild unten.

Bei der Festlegung des Sägeschnitts muss man daher die mögliche Größe der Fehlstelle und deren räumliche Erstreckung berücksichtigen. Der Schnitt sollte senkrecht zu der Ebene der Fehlstelle durchgeführt werden, in der diese am größten ist. Bei kleinen Fehlstellen sollte der Schnitt nicht

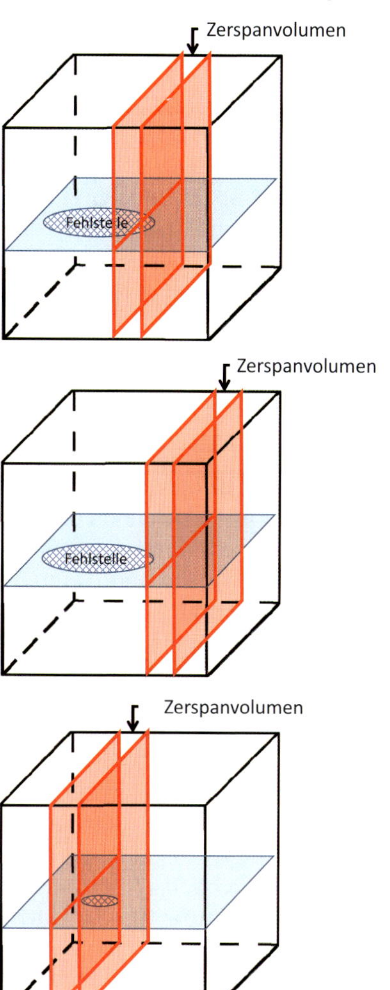

Bild 5.8: Schematische Darstellung Fehlerlage und Sägeschnitt

direkt durch dieselbe führen. Von Nachteil ist dabei das zeitaufwändige, stufenweise Abschleifen bis zum Ort der vermuteten Fehlstelle.

5.5.4 Besondere Maßnahmen bei der Schliffherstellung

Wie bereits erwähnt, muss der Trennschnitt so gesetzt werden, dass das Risiko die Fehlstelle zu zerstören, möglichst gering ist. Hinzu kommt, dass durch die während des Trennens/Schleifens eingebrachten Spannungen u. U. Werkstoffbrücken zwischen benachbarten Fehlstellen aufreißen können und damit ein ursprünglich nicht vorhandenes Schadensbild erzeugt wird. In manchen Fällen ist es von Vorteil, das Bauteil in kleinere Abschnitte zu zerlegen, an denen wiederum eine zerstörungsfreie Prüfung stattfindet, um die Fehleranzeigen zu bestätigen bzw. genauer zu lokalisieren. Damit wird die Möglichkeit, die Fehlstelle mit dem Schliff anzuschneiden, verbessert. Die Lage des Trennschnitts orientiert sich an der maximalen Ausdehnung des detektierten Fehlers, ggf. kann – je nach Ausbildung der Fehlstelle im Schliff – dieser zusätzlich im rechten Winkel präpariert werden, um z.B. die Tiefenerstreckung eines gefundenen Risses darzustellen.

5.6 Besondere Präparationstechniken

5.6.1 Vibrationspolieren für mikroskopische Fehlstellen und Gefügefeinstrukturen

Sind die metallographisch zu bewertenden Gefügeungänzen sehr klein, wie z.B. Poren im µm-Bereich oder Risse an Korngrenzenfacetten, muss sehr sorgfältig präpariert werden, damit die Poren/Risse nicht durch zu starken Abtrag verschmiert werden und dadurch nicht in Erscheinung treten oder durch Ausbrechen/Verformung oder zu starkes Ätzen ihre Erscheinungsform verändern. Auch die Erzeugung von Artefakten ist zu vermeiden, wie das Beispiel in Bild 5.1 zeigt. Hier wurde der harte Einschluss durch zu hohe Flächenpressung beim Schleifen/Polieren zerbrochen. Beim anschließenden Ätzen kann der Einschluss herausfallen und so eine nicht vorhandene Pore vortäuschen. Auch eine Ablösung des Einschlusses von der Matrix muss kritisch betrachtet werden: zum einen ist es möglich, dass ein zu starker Ätzangriff an der Grenze Gefügematrix/Einschluss einen Hohlraum verursacht, zum anderen kann aber auch eine verformungsbedingte Ablösung vorliegen. In beiden Fällen handelt es sich dann nicht um eine Kriechpore. Abhilfe bietet hier das verformungsarme Vibrationspolieren und die mikroskopische Untersuchung im polierten Zustand.

Das Vibrationspolieren ist ein Verfahren, das die Herstellung von Schliffen mit geringst möglicher Oberflächenverformung erlaubt. Auf einer mit einem Poliertuch überzogenen Scheibe werden schraubenartige Schwingungen über-

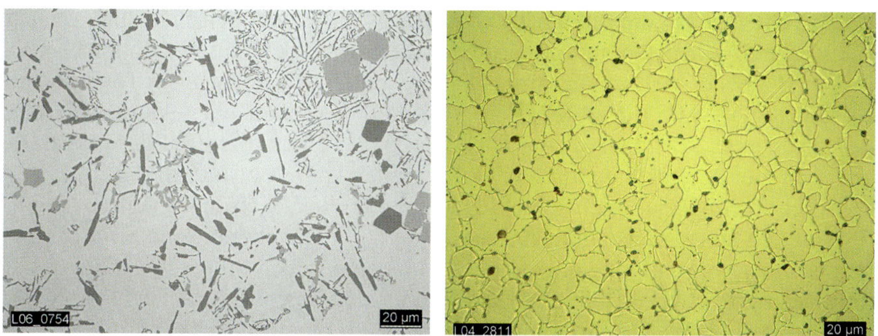

Bild 5.9: Erzeugung von kratzerfreien und verformungsfreien Oberflächen bei einer Al-Si-Legierung, unveredelt (links) bzw. CuZn (rechts), α/β-Phase: die dunkleren Körner mit Zwillingen stellen die α-Phase, die helleren Körner sind β-Phase

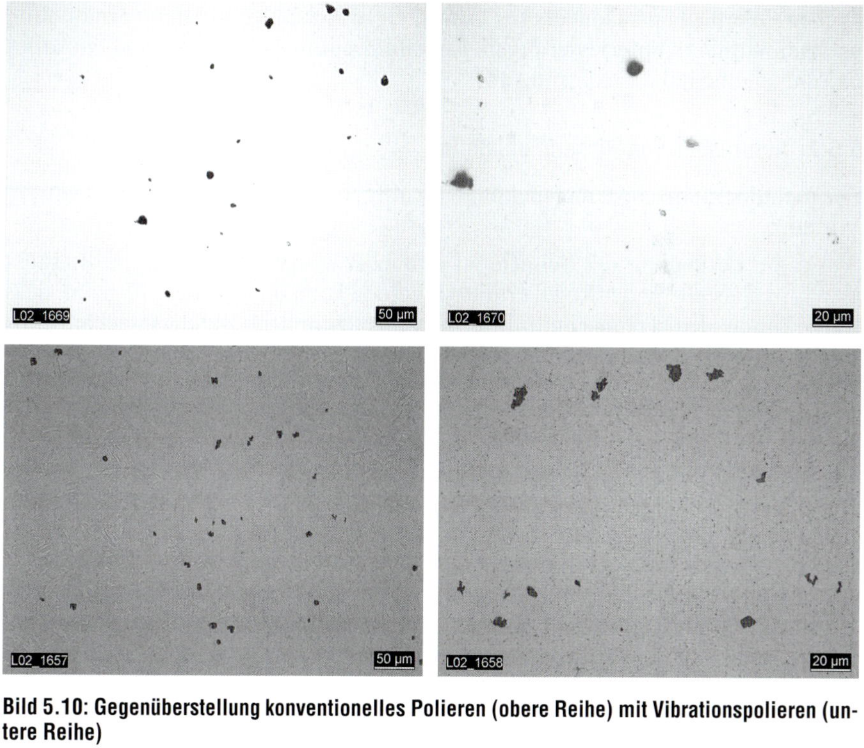

Bild 5.10: Gegenüberstellung konventionelles Polieren (obere Reihe) mit Vibrationspolieren (untere Reihe)

tragen. Die Proben, die mit einem kleinen Zusatzgewicht versehen sind, drehen sich dadurch selbstständig mit geringer Geschwindigkeit auf der Polierscheibe. Ein weitgehend verformungsarmer Abtrag mittels Diamant oder Tonerde mit Körnungen bis 0,05 µm ist möglich. Aufgrund des schonenden Abtrags werden hervorragende, kratzerfreie Oberflächen erzielt, so dass die Zahl der präparationsbedingter Artefakte deutlich gesenkt werden kann, Beispiel Bild 5.9.

Aber auch Spezialfälle wie die Identifizierung von Mikrohohlräumen im Gefüge stellen einen Anwendungsfall dar, Bild 5.10. Die obere Reihe zeigt das Ergebnis einer sorgfältigen konventionellen mechanischen Präparation: Bei hoher Vergrößerung ist erkennbar, dass die Ränder der Poren nicht scharf abgebildet werden und der Werkstoffrand in den Hohlraum hineingedrückt wird bzw. diesen teilweise abdeckt. In der unteren Reihe wurden die Proben zusätzlich vibrationspoliert und *ionenstrahlgeätzt* (20°, 5kV, 2,5mA, 10 min). Das Ergebnis ist ein wesentlich höherer Kontrast und effektive Randschärfe der Poren, so dass die Erscheinungsform der Poren detailgetreu abgebildet wird.

Das Vibrationspolieren stellt somit eine ergänzende und sichere Methode zum üblichen Polieren dar. Es weist bei der Herstellung von randscharfen und ebenen Oberflächen besonders bei kritischen (weichen bzw. zähen) Werkstoffen wie Reinkupfer, Kupferlegierungen, Reinaluminium, Aluminium- und Nickellegierungen eine hohe Erfolgsrate auf.

5.6.2 Aufbrechen von Rissen/Fehlstellen

Die metallographische Untersuchung von aufgebrochenen Rissen bietet mehrere Vorteile:

- die Festlegung der Schliffe ist einfacher vorzunehmen, da die Rissausgangsstelle in der Regel ermittelt werden kann und damit das Risiko, dass durch den Trennschnitt Informationen zum Rissbildungsmechanismus verloren gehen, reduziert wird
- der Rissauslauf und eine eventuelle Vorschädigung vor der Rissfront kann besser untersucht werden
- anhand der Struktur der Rissoberfläche kann festgestellt werden, ob unterschiedliche Schadensereignisse vorliegen, z.B. Rissfortschritt – Stillstand
- ggf. kann die Oberfläche gereinigt werden
- die Gegenfläche kann unbeschädigt einer Untersuchung eines anderen Labors oder im REM unterzogen werden.

Dem steht gegenüber, dass durch die Aufbrechvorgänge Informationen über einen Rissbelag, z.B. nicht festhaftende Oxide, verloren gehen können oder die

Rissfläche nicht vollständig freigelegt wird, insbesondere wenn diese Verästelungen oder keine ebene Bruchfläche aufweist.

Der Aufbrechvorgang ist sorgfältig zu planen:

Der Laborbruch muss sich von der Rissfläche abheben, d.h. die Bruchstruktur des Laborbruchs sollte sich von der des Risses bzw. der Fehlstelle unterscheiden. Um dies zu erreichen, wird die Probe, z.B. mit flüssigem Stickstoff heruntergekühlt, damit ein Sprödbruch mit einer kristallin glänzenden Spaltbruchfläche erzeugt wird. Diese hebt sich in den meisten Fällen von den oftmals oxidierten Rissflächen ab. Die Bildung eines Sprödbruchs kann durch lokales Ankerben und eine schlagartige Beanspruchung (z.B. durch einen Schlag) erhöht werden. Bei austenitischen Werkstoffen ist der Effekt der Abkühlung wegen der auch bei tiefen Temperaturen vorhandenen Zähigkeit nicht ausnutzbar.

Der Laborbruch darf die ursprüngliche Rissfläche bzw. Fehlstellen nicht beschädigen. Es muss ausgeschlossen werden, dass die Rissfläche/Fehlstelle durch die Beanspruchung zur Erzeugung des Laborbruchs gequetscht oder verformt wird. Daher sollte der Querschnitt, der aufgebrochen wird, unter Zugbeanspruchung stehen. Falls das Aufbrechen durch eine Biegebeanspruchung erfolgt, muss sichergestellt werden, dass der Biegedruckanteil im ungeschädigten Bereich der Probe liegt.

Nach dem Aufbrechen ist die Probe vor dem Anlaufen zu schützen, da sich auf der abgekühlten Oberfläche Schwitzwasser bilden kann. Es empfiehlt sich ein Abspülen in Alkohol und das Trockenföhnen der Oberfläche.

Die Vorgehensweise wird an dem nachfolgend gezeigten Beispiel demonstriert.

In einer Rundnaht eines Überhitzerrohres aus 7CrMoVTiB10-10 trat nach einer Versuchsphase in einer Testanlage eine Leckage auf. Beansprucht wurde das Testrohr mit Innendruck (aufbereitetes Wasser) bei 180°C. Das Prüfstück, ein herausgesägter Rohrabschnitt ist in Bild 5.11 abgebildet.

Bild 5.11: Aufgesägter Rohrabschnitt

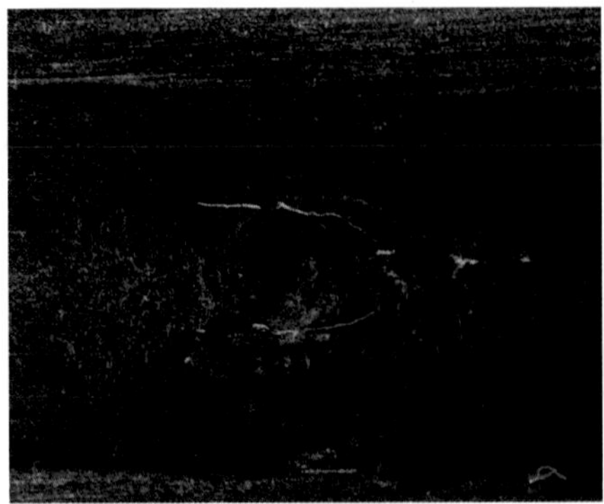

Bild 5.12: Magnetpulverprüfungen am längs-aufgeschnitten Rohr mit Rundnaht: Innenoberfläche

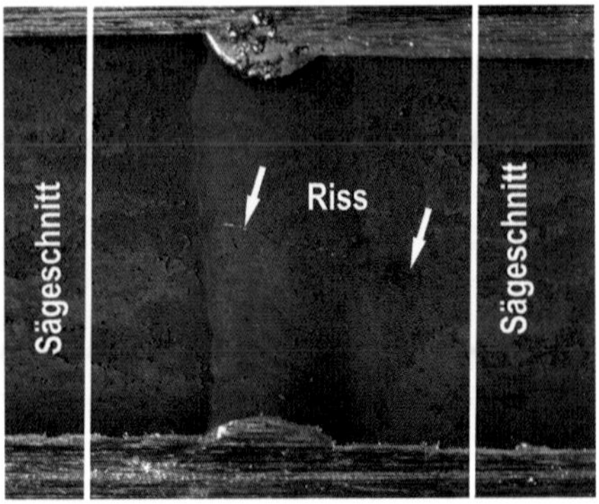

Bild 5.13: Vorbereitung der Probe

Die Prüfstücke wurden einer Magnetpulveranzeige unterzogen, Bild 5.12. Die Magnetpulveranzeigen an der Innenoberfläche sind ausgeprägter als an der Außenoberfläche (nicht abgebildet). Es kann davon ausgegangen werden, dass der Anriss an der Innenoberfläche initiiert wurde.

Wenn Mehrfachanrissbildungen auftreten, empfiehlt es sich im Allgemeinen nicht, die Risse aufzubrechen. Es ist nicht vorherzusehen, welcher Riss freigelegt wird und ob die volle Fläche sichtbar wird. Für den dargestellten Einzelriss ist dies nicht zu erwarten.

Würde sich der Riss quer zur Rohrlängsachse erstrecken, könnte eine Streifenprobe aus dem Rohr entnommen werden und diese nach Abkühlen in einer Zugmaschine abgerissen werden. Da sich hier der Riss eher längs zur Rohrachse orientiert, müssen pragmatische Methoden angewendet werden. Im ersten Schritt ist die Fläche, die aufgebrochen werden soll, auf ein Minimum zu reduzieren.

In Bild 5.13 wird gezeigt, wie die Probe links und rechts vom Riss durch Sägeschnitte verkleinert wird. In diesem Zusammenhang ist es wichtig, dass die vermutliche Rissfläche im Werkstoffvolumen richtig abgeschätzt wird, da sonst durch die Sägeschnitte Rissfläche abgetrennt wird. Im vorliegenden Fall benutzt man die Anzeigen der Magnetpulverprüfung (Bild 5.12) an der Innen- und Außenoberfläche. Daraus kann auch geschlossen werden, dass der Riss an der Innenoberfläche gestartet und in Richtung Außenoberfläche gewachsen ist. Danach wurde das Rohr undicht (Leckage). Der unterstellte Riss hat an der Innenoberfläche die größte Ausdehnung und nimmt zur Oberfläche hin ab – die Rissfläche hat im Normalfall eine halbelliptische Form. Allgemein ist darauf zu

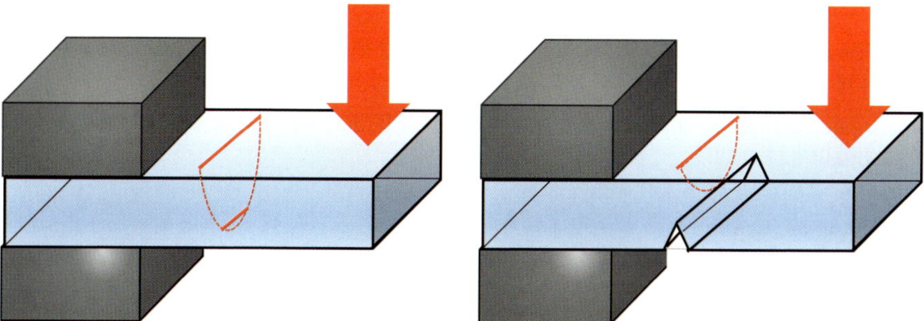

Bild 5.14: Einseitiges Einspannen und Abschlagen des überstehenden Teils bei Proben mit durchgehenden Rissen

Bild 5.15: Einseitiges Einspannen und Abschlagen des überstehenden Teils bei angekerbten Proben mit nicht durchgehenden Rissen

achten, dass die Rissfläche im Vergleich zur ungeschädigten Restfläche ausreichend groß ist, damit eine ausreichende Kerbwirkung durch den Anriss vorliegt und die gesamte Rissfläche bis hin zur Rissspitze freigelegt wird. Ist dies nicht der Fall, muss zusätzlich angekerbt werden. Die Belastung beim Aufbrechen sollte hierbei so eingestellt werden, dass sich die Probe von der Innenoberfläche ausgehend öffnet, d.h. dieser Bereich unter Zugbeanspruchung steht. Dies kann z.B. über die gezeigte schematische Darstellung gemacht, Bild 5.14.

Vor dem Aufbrechen wird die Probe in flüssigem Stickstoff abgekühlt. Die meisten Werkstoffe verhalten sich bei diesen Temperaturen sehr spröde. Zusätzlich kann bei nicht durchgehenden Rissen noch eine Einkerbung der Probe erfolgen: Über die Kerbwirkung wird die Verformungsfähigkeit herabgesetzt, Bild 5.15.

Bei Proben aus austenitischen Werkstoffen wird im Gegensatz zu den ferritischen Werkstoffen kein spröder Werkstoffzustand durch Kühlung erzielt, sodass bei geringen Rissflächen die Gefahr besteht, dass sich der Querschnitt deutlich verformt. Hier empfiehlt sich in jedem Fall, den Querschnitt zusätzlich anzukerben, um über einen verschärften Spannungszustand die Verformungsfähigkeit herabzusetzen. Mit höherer Beanspruchungsgeschwindigkeit wird die Verformungsfähigkeit ebenfalls reduziert – sofern eine geeignete Orientierung der aufzubrechenden Rissfläche in der Probe vorliegt, kann diese auch in einem Kerbschlagwerk aufgebrochen werden. Vorher ist allerdings über die Abschätzung der Fläche zu prüfen, ob das Kerbschlagwerk über eine ausreichende Schlagenergie verfügt.

Tipps für die metallographische Untersuchung von Fehlern im Volumen der Probe

Vor der Zerlegung der Probe ist diese sorgfältig mit der Darstellung der Schlifflage(n) zu dokumentieren.

Bei der Festlegung der Schlifflage sind die Hinweise/Angaben der zerstörungsfreien Prüfung zu beachten.

Sind keine Hinweise vorhanden, ist eine Ebene zu wählen, die senkrecht zur theoretisch möglichen Fehlererstreckung liegt. Dazu sollten Überlegungen zur Beanspruchung des Bauteils aus Betrieb und Fertigung herangezogen werden.

Bei der Zerlegung sind Bearbeitungszugaben sind einzuhalten.

Bei Oberflächenfehlern, die nicht aufgebrochen werden, ist der Schliff quer zur Rissausbreitungs- bzw. Fehlerrichtung anzulegen. Zu Erfassung der Fehlertiefe wird ein Schliff an der Stelle der größten Fehleröffnung angefertigt. Weitere Schliffe am Rand des Fehlers/Risses werden durchgeführt, um ggf. Änderungen im Verlauf in der Mikrostruktur zu erhalten.

Bei Hinweisen auf eine mögliche Abweichung des Gefüges von dem vorgegebenen bzw. erwarteten Zustand ist in jedem Fall ein Schliff außerhalb des Fehlerbereichs durchzuführen. Die Schliffebene ist in diesem Fall in der Ebene des Fehlers/Risses durchzuführen. Wenn Texturen vorliegen, ist auch die Ebene quer zum Riss/Fehler einzubeziehen.

Bei der Auswertung der Schliffe sind die Fehler/Risse auf folgende Punkte

- inter- oder transkristallin
- Risse/Fehler verzweigt
- Risslänge
- Rissöffnung
- Füllung mit herstellungs- oder betriebsbedingten Oxiden
- Gefüge im Bereich der Risse/Fehler (Verformungen, Ausscheidungen, Gefügetyp, Korngröße)

zu untersuchen. Ferner ist darauf zu achten, ob Vorstufen einer Schädigung oder ein anderer Gefügezustand vor der Rissspitze vorliegen. Diese Bewertungen sind ggf. auch im polierten Zustand (bei kleinen Fehlergrößen empfiehlt sich das Vibrationspolieren) vorzunehmen.

Wenn es sich um wanddurchdringende Risse/Fehler handelt (Bleche, Rohre etc.) sollten beide Oberflächen makroskopisch untersucht werden, ggf. unter Zuhilfenahme von zf-Verfahren (Magnetpulver-Prüfung, Farbeindringprüfung …), damit festgestellt werden kann, von welcher Seite der Riss ausging.

Die Härteprüfung ist ein wesentlicher Bestandteil der Gefügeanalyse.

Ein Aufbrechen von Fehlern/Anrissen ist sinnvoll, wenn eine ausgeprägte Fehler/Rissfläche in einer Ebene vorliegt und es möglich ist, den Querschnitt zu verkleinern.

Das Ergebnis des Aufbrechens ist in Bild 5.16 zu sehen: die oxidierte Fläche stellt den Anriss dar, dessen Fläche sich deutlich von der kristallin glänzenden Laborbruchfläche abhebt.

Bild 5.16: Aufgebrochene Rissfläche

Im Allgemeinen verwendet man eine Bruchhälfte für Untersuchungen im Rasterelektronenmikroskop und die andere Hälfte für Schliffuntersuchungen.

5.7 Fallbeispiel

5.7.1 Metallographische Untersuchung von Anzeigen einer Durchstrahlungsprüfung

Anlass: Bei routinemäßigen zerstörungsfreien Prüfungen eines mit Heißdampf beanspruchten Rohres wurden Hinweise auf Rissbildungen gefunden. Eine Klärung, ob Risse (ausgehend von der Innenwand) vorhanden sind und deren Ursache, sollte mit einer zerstörenden Untersuchung festgestellt werden.

Prüfstück: Rohrabschnitt aus dem Werkstoff 17MnMoV6-4. Beanspruchung: Innendruck mit Wasser 69 bar/285°C. Verdacht auf Rissbildungen nach Magnetpulver- bzw. Durchstrahlungsprüfung. Werkstoffvorgabe: nahtloses Rohr, vergütet (normalgeglüht bei 980°C und angelassen bei 620°C).

1. Vorgehen: Aufbringen eines Messrasters, Bild 5.17, und Wiederholung der zerstörungsfreien Prüfung. Über das Messraster ist eine Zuordnung der eventuellen Risse zur Einbaulage des Rohres möglich. Erstellen von Schliffen in den Bereichen mit Anzeigen. Fraktographische Untersuchung der Anrissflächen. Makroskopische Besichtigung der Innenoberfläche.

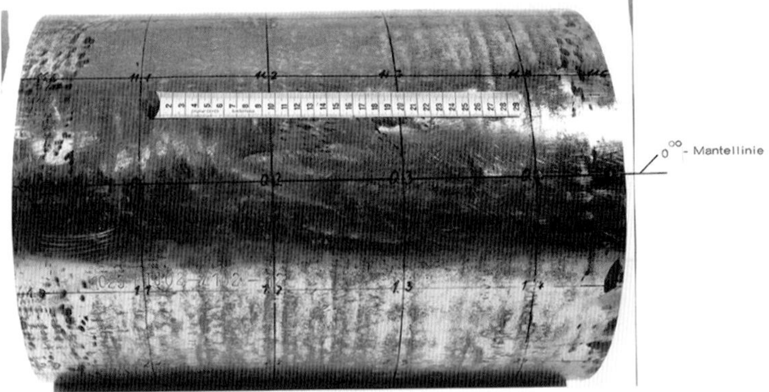

Bild 5.17: Rohrabschnitt mit Messraster

2. Makroskopische Untersuchung und Röntgenprüfung:

In Bild 5.18 ist der Befund der Röntgenprüfung aus dem Bereich 6°° dargestellt. Es liegen mehrere Rissabschnitte vor, bei denen es sich auch um Einzelanrisse handeln könnte. Die Risse sind vorwiegend in Längsrichtung des Rohres orientiert. Teilabschnitte der Risse sind um bis zu 20° gegen die Längsrichtung geneigt, was auf eine zusätzlich zum Innendruck auftretende Biegung/Torsionsbeanspruchung hinweist.

Die makroskopische Besichtigung der Rohrinnenoberfläche zeigt, Bild 5.19, dass sich der Bereich der 6°° Lage von der übrigen durch einen eher glatten Oxidbelag abhebt: der Bereich, in dem sich die Rissanzeige befindet, weist eine Vielzahl von Korrosionsnarben und -pusteln auf. Daraus lässt sich ableiten, dass

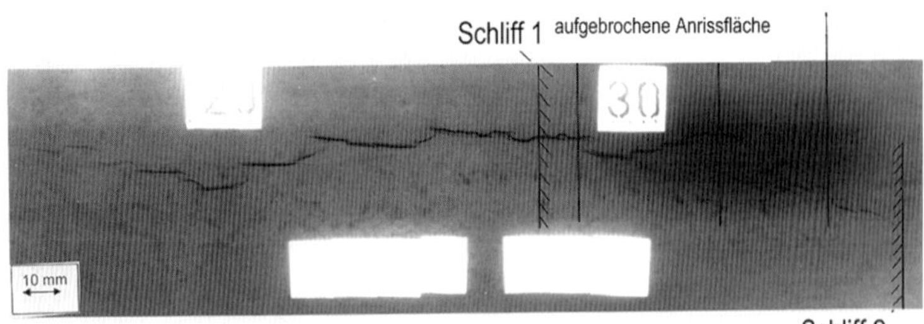

Bild 5.18: Befund der Röntgenprüfung

Bild 5.19: Rohrinnenoberfläche

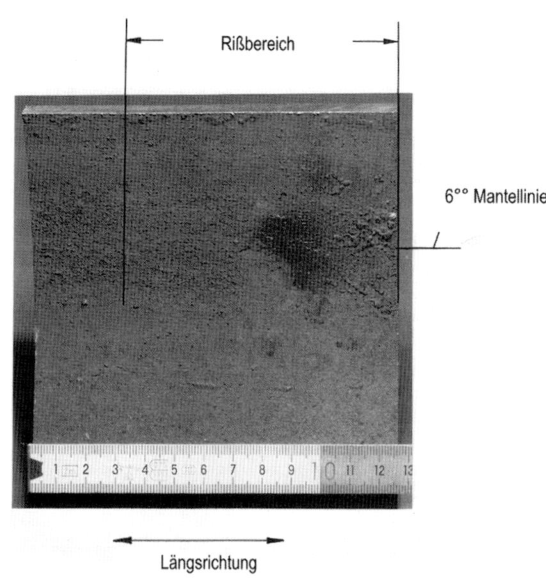

sich hier wiederholt Wasser bei der Abkühlung bzw. beim Abfahren aus der Dampfphase über einen Kondensationsvorgang gebildet hat.

3. Festlegung Schliffe

Es wurden zwei Schliffe quer zur Anzeige erstellt. Schliff 1 in die Mitte, Schliff 2 in den Auslauf eines Anrisses, Bild 5.18. Zur Prüfung, ob es sich um Einzelanrisse handelt, wurde dieser Bereich in Stickstoff aufgebrochen.

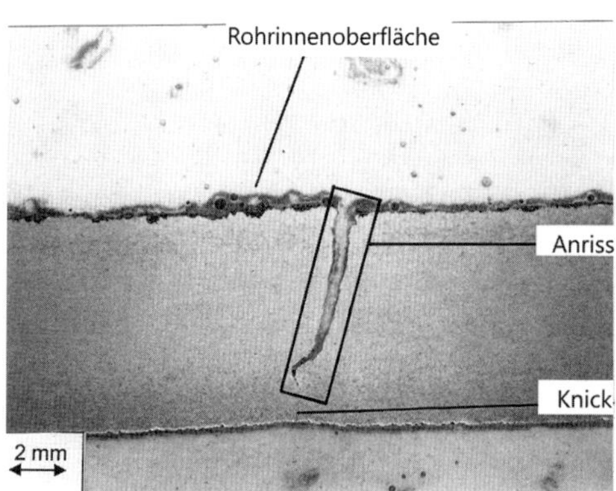

Bild 5.20: Makroaufnahme Schliff 1, Rissmitte der Anzeige in Bild 5.18

Bild 5.21: Rissverlauf Schliff 1, Ausschnitt aus Bild 5.20

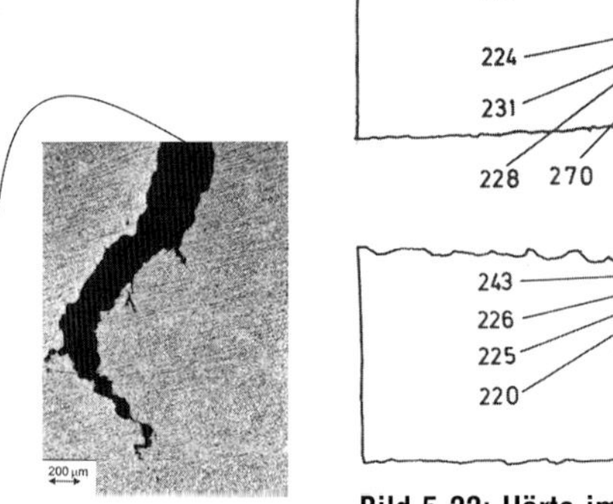

Bild 5.22: Härte im Bereich der Risse Schliff 1 (oben) und Schliff 2 (unten)

Bild 5.23: Nebenriss, Ausschnitt A aus Bild 5.21

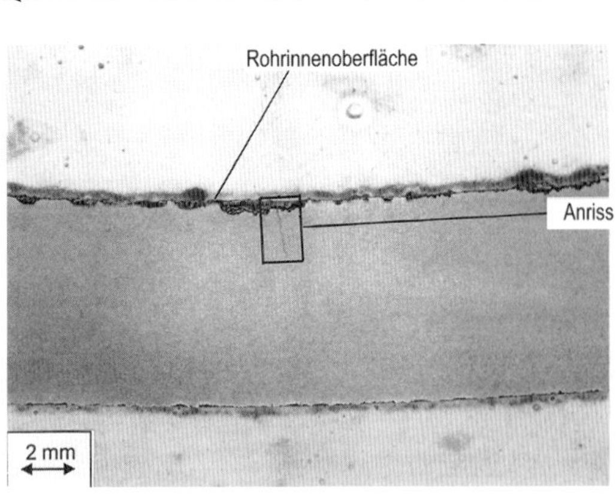

Bild 5.24: Übersicht Schliff 3, Rissauslauf

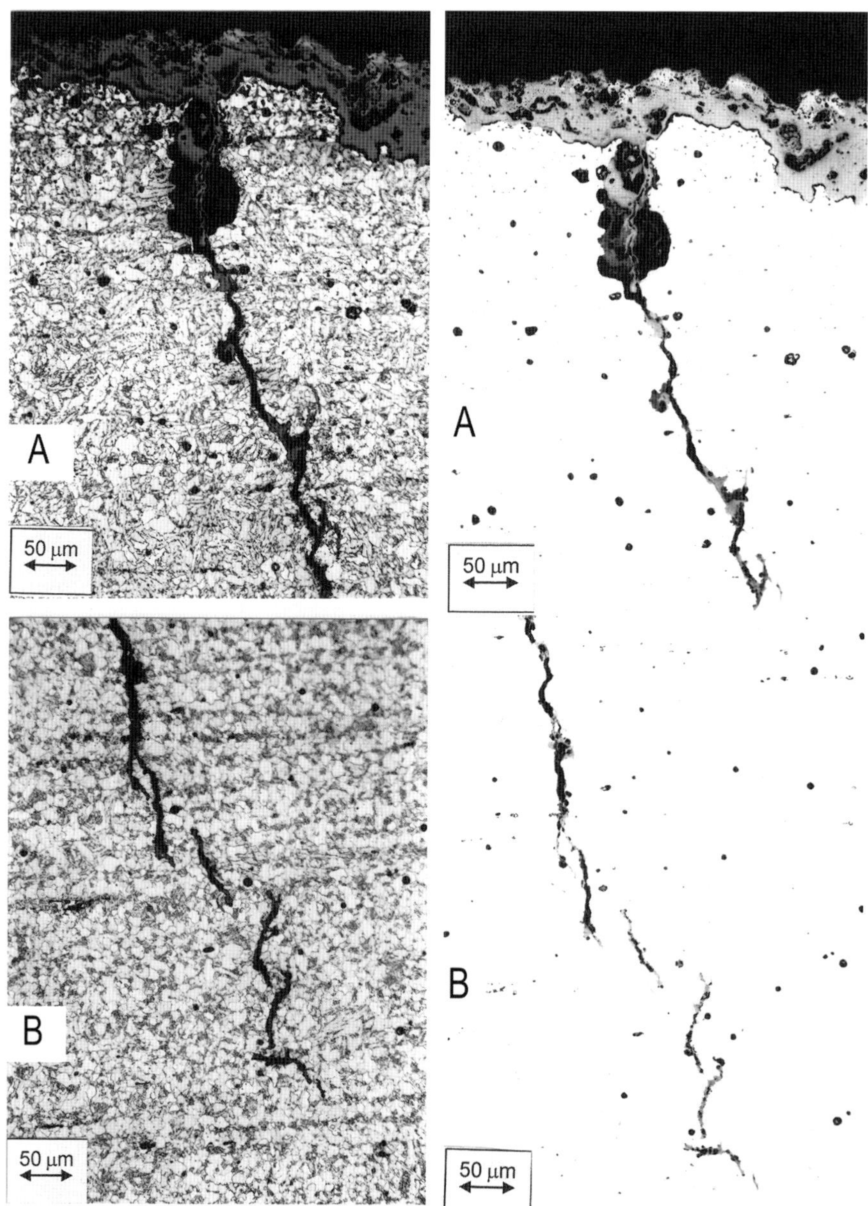

Bild 5.25: Ausschnittsvergrößerung aus Bild 5.24

4. Befunde Schliffe

Bild 5.20 zeigt, dass der Riss von der Rohrinnenoberfläche startet. Die klaffende Öffnung ist allerdings auf das mechanische Herausarbeiten des Schliffsegments zurückzuführen, wie der Knick in der Rohrwandkontur und der Verlauf der Rissspitze in der Gefügestruktur zeigt, Bild 5.21. Auch die Härte HV10, Bild 5.22, in diesem Bereich zeigt eine lokale Erhöhung als Folge der mechanischen Verfestigung im Vergleich mit dem geschlossenen Riss in Schliff 2. Die Risse gehen von oxidgefüllten Korrosionsnarben aus, wie der Ausschnitt (Anriss A in Bild 5.21) in Bild 5.23 deutlich zeigt.

Der Schliff 2 wurde in den Auslaufbereich eines Anrisses, vgl. Bild 5.18 gelegt. Er zeigt teilweise stufenförmige Versetzungen, Bild 5.24. Die Ausschnittsvergrößerungen, Bild 5.25, zeigen besonders im polierten Zustand, dass große Bereiche des Rissfortschritts mit oxidischen Einschlüssen belegt sind.

5. Fraktographie:

Der in Bild 5.18 angezeichnete Bereich wurde in flüssigem Stickstoff aufgebrochen.

6. Befunde der Fraktographie:

Die oxidierten Anrissflächen heben sich deutlich vom spröden, hell kristallin glänzenden Gewaltbruch ab. Die Innenoberfläche ist mit Oxiden belegt. Die Makroaufnahme, Bild 5.26, macht deutlich, dass es sich um mehrere Anrisse handelt, die sich im Laufe des Risswachstums vereinigt haben.

Die Anrissfläche ist stark mit Magnetit belegt, Bild 5.27 unten, sodass die eigentliche Bruchstruktur und damit Hinweise auf einen Ermüdungsbruch über Schwingstreifen nicht erkennbar waren. Im mittleren Bild ist der klar erkennbare Übergang zum Gewaltbruch dargestellt.

Bild 5.26: In flüssigem Stickstoff aufgebrochene Anrisse

Bild 5.27: Fraktographische Untersuchung der Anrissflächen, Ausschnitt aus Bild 5.26

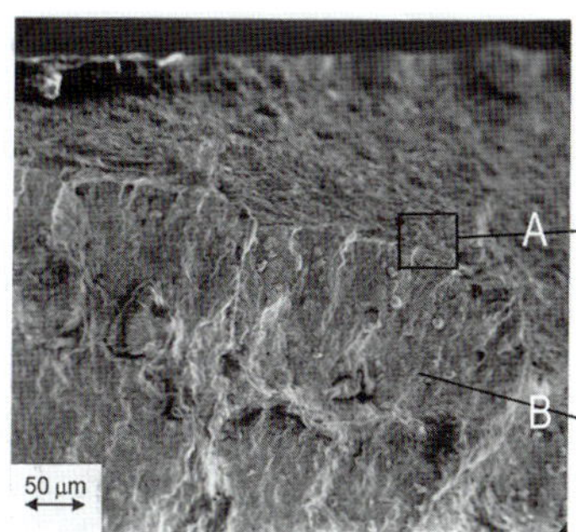

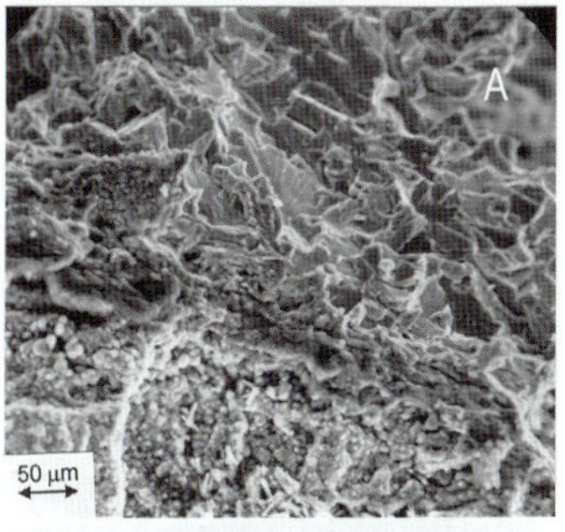

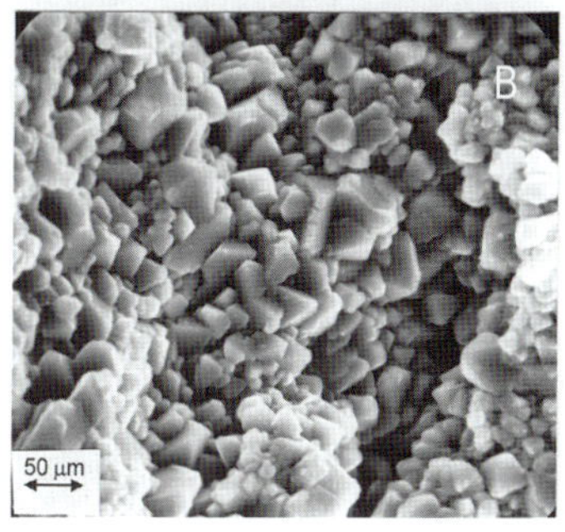

7. Schadensursache:

Die Anrisse gehen von Korrosionsnarben aus. Die Risse beginnen senkrecht zur Oberfläche und weisen Verzweigungen bzw. Unterbrechungen (gefördert durch die zeilige Werkstoffstruktur) und Verdickungen auf. Das Risswachstum wird durch die zahlreichen oxidischen Einschlüsse begünstigt. Aufgrund der makroskopischen Feststellung, dass im Rohr eine Kondensatbildung stattgefunden hat, kann davon ausgegangen werden, dass eine zyklische Dehnungsbehinderung vorliegt. Verursacht wird diese durch die Temperaturunterschiede über den Rohrumfang bzw. -wand bei den einzelnen An- und Abfahrten. Demzufolge handelt es sich um eine dehnungsinduzierte Ermüdungsrissbildung mit Korrosionseinfluss.

5.7.2 Rissbildung in einem Rotorgehäuse

Anlass: An einem Rotorgehäuse aus Stahlguss wurde im Zuge der zerstörungsfreien Prüfung ein Oberflächenanriss festgestellt. Durch kegelförmige Anbohrungen wurde die aktuelle Risstiefe ermittelt. Als nach Wiederholungsprüfungen festgestellt wurde, dass der Anriss weiter gewachsen ist, wurde eine metallographische Untersuchung durchgeführt.

Prüfstück: Aus dem Rotorgehäuse wurde eine Materialprobe mit dem Anriss entnommen, Bild 5.28.

L19_0002 10 mm

Bild 5.28: Materialprobe mit Riss

1. Vorgehen:

Die Probe wurde in flüssigem Stickstoff aufgebrochen und fraktographisch im REM untersucht. Schliff quer zur Rissfläche.

2. Befunde

Bild 5.29 zeigt die freigelegte Bruchfläche mit den erwähnten Anbohrungen. In der Bruchfläche können schwach ausgeprägte Rastlinien beobachtet werden. Bei hoher Vergrößerung wurden oxidische Einschlüsse bzw. Mangansulfidzeilen festgestellt, Beispiel Bild 5.30. Die Gefügeanalyse des Schliffs zeigt ebenfalls Einschlüsse, kleine Hohlräume und ein atypisches Gefüge aus Ferrit/Perlit mit unregelmäßigen Kornformen, Bild 5.31.

3. Schadensursache

Das Vorhandensein einer ungünstigen Gefügestruktur, die beim Gießen entstanden ist, mit zahlreichen Einschlüssen hat das Wachstum des Ermüdungsanrisses begünstigt.

Bild 5.29: Freigelegte Bruchfläche mit Anbohrungen

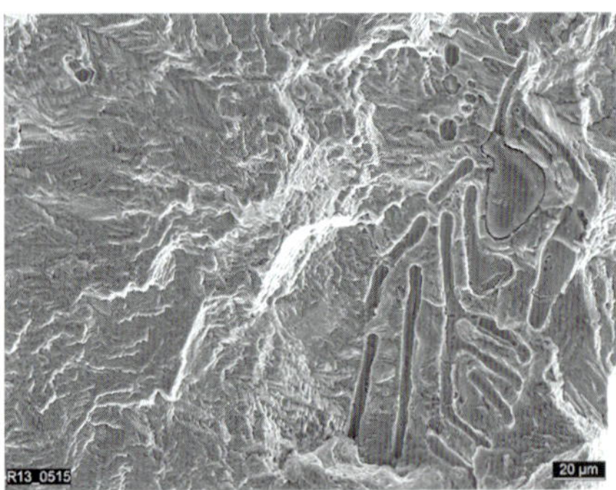

Bild 5.30: Mangansulfidzeilen in der Anrissfläche

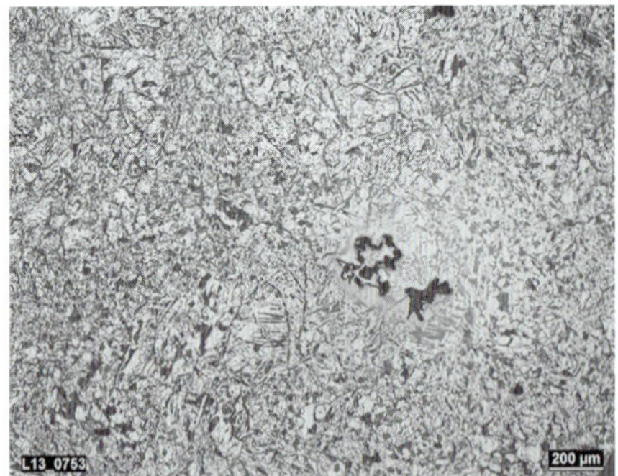

Bild 5.31: Fehlstellen und Gefügestruktur in Anrissnähe

5.7.3 Oberflächenanrisse in einem Rohr unter Innendruck

Anlass: Bei der routinemäßigen Prüfung eines längsnahtgeschweißten Rohres aus S235JR (alte Bezeichnung St37-2) wurden mit der zerstörungsfreien Prüfung Rissfelder entdeckt. Das Rohr wurde mit 130°C warmem Wasser bei maximal 3 bar betrieben.

Prüfstück: mit Brennschnitt entnommenes Rohrstück

1. Vorgehen:

Makroskopische und zerstörungsfreie Untersuchung und metallographische Untersuchung der Rissanzeigen.

2. Befunde der makroskopischen und zerstörungsfreien Untersuchung

Die makroskopische Untersuchung zeigt an der Oberfläche des Rohres anhaftende Reste der Isolierung, Bild 5.32 links. Die Oberfläche ist mit Oxiden unterschiedlicher Dicke belegt, die Oxidationsschicht weist eine narbige Struktur auf. Mit der Magnetpulverprüfung konnten sowohl auf der Außenoberfläche, Bild 5.32 rechts, als auch auf der Rohrinnenoberfläche Anrisse gefunden werden. Die Anrisse erstrecken sich quer zur Rohrlängsachse bzw. ringförmig um den mit

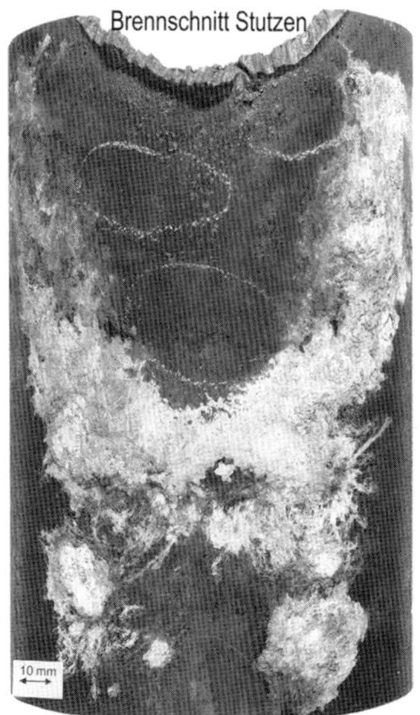

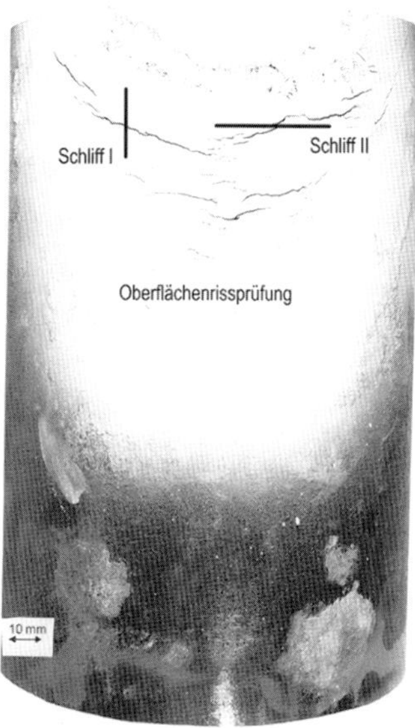

Bild 5.32: Einlieferungszustand eines rissbehafteten Rohres (links) und Rissanzeigen auf der Oberfläche nach Magnetpulverprüfung (rechts)

Brennschnitt herausgetrennten Stutzen. Die Risslängen an der Oberfläche sind größer als auf der Innenseite, was vermuten lässt, dass die Anrisse an der Oberfläche gestartet sind.

3. Festlegung der Schliffe

Die Schliffe wurden sowohl quer zu einer Rissanzeige in Rohrlängsrichtung (Schliff I) als auch in Rohrumfangsrichtung (Schliff II) entnommen. Die Lage wurde so gewählt, dass die Anzeigen mittig von der Schliffebene angeschnitten werden, Bild 5.32 rechts.

4. Besondere Maßnahmen bei der Schliffherstellung

Beim Sägen bzw. Heraustrennen der Schliffe ist zu beachten:

- Der Sägeschnitt inkl. einer Zugabe für das Schleifen und Polieren sollte einen ausreichenden Abstand zur festgelegten Schliffebene haben. Besonders beim Erfassen von Rissausläufen könnte es sonst passieren, dass in der Schliffebene der Riss „weggesägt“ wurde.
- Der Riss könnte mit Oxiden oder Korrosionsprodukten gefüllt sein, die wichtige Hinweise auf die Entstehung liefern könnten. Durch das Heraustrennen könnten diese aus dem Riss herausgefallen sein. Im vorliegenden Fall kann zusätzlich ein Kontaminierungseffekt durch die Vorbereitung und Durchführung der Magnetpulverprüfung (Prüfmittel mit magnetisierbaren Partikeln) eintreten.

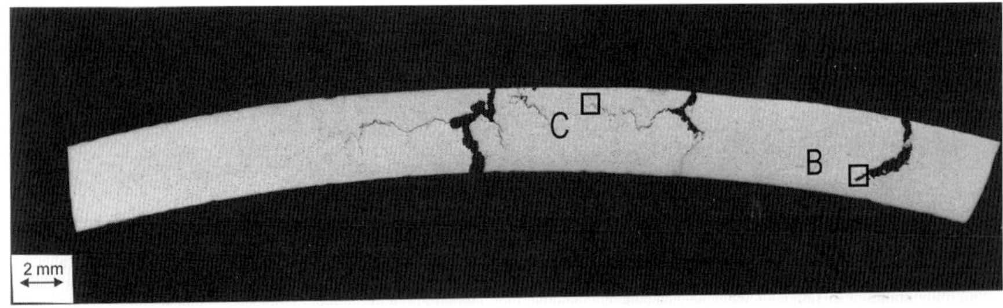

Bild 5.33: Übersichtsaufnahme Schliff I (oben) und Schliff II (unten)

5. Befunde

Die Übersichtsaufnahme von Schliff I und II sind Bild 5.33 dargestellt.

Es ist ersichtlich, dass der Riss in Schliff I die Rohrwand durchdringt und demzufolge keine Aussage zum Charakter an der Rissspitze liefert. Neben diesem wanddurchdringenden Riss liegen verschiedene kürzere Anrisse vor, die ein geringes Risswachstum gezeigt haben. Der eingezeichnete Ausschnitt A (Bild 5.33) ist in Bild 5.34 abgebildet. Dank der sorgfältigen Präparation kann erkannt werden, dass dieser Anriss interkristallin in einem weitgehend ferritischen Gefü-

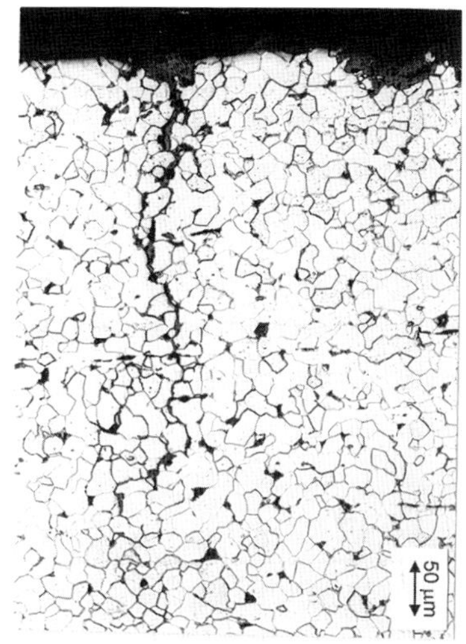

Bild 5.34: Ausschnitt A aus Bild 5.33

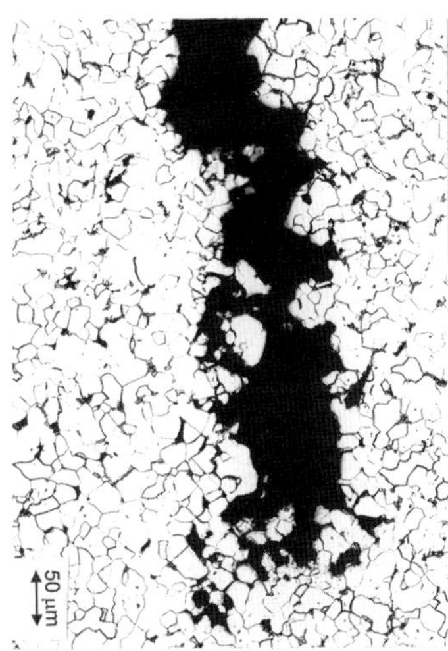

Bild 5.35: Ausschnitt B aus Bild 5.33; Rissabstumpfung (Bild um rd. 45° gedreht)

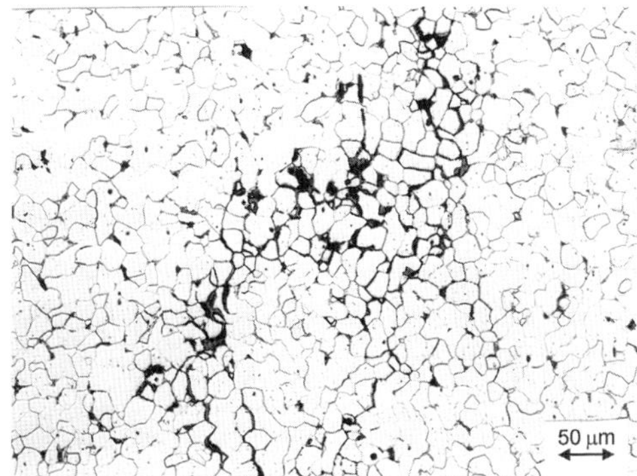

Bild 5.36: Ausschnitt C aus Bild 5.33; interkristalline Rissverästelungen

ge verläuft und mit einem grauen Korrosionsprodukt gefüllt ist, das sich auch an der Oberfläche in der Korrosionsmulde rechts neben dem Riss findet.

Die Übersichtsaufnahme von Schliff II (quer zur Rohrlängsachse), in dem mehrere Anrisse angeschnitten wurden, gibt weitere zusätzliche Informationen. Die vorhandenen Risse zeigen eine große Breite, d.h. Klaffung auf. Bei der Bewertung dieser Beobachtung muss man darauf hinweisen, dass die Schliffebene II in Umfangsrichtung des Rohres liegt. Daraus ergibt sich, dass bei Innendruck in dieser Richtung eine doppelt so große Spannung als in Längsrichtung – entsprechend der Lage des Schliffs I – wirkt: die Risse könnten durch die Spannung aufgeweitet werden. Es ist deshalb sehr wichtig, die Lage der Schliffe zum Bauteil sauber zu dokumentieren. Dass es sich um Aufweitungen durch die Bauteilspannung handelt, zeigt der Ausschnitt B mit der dargestellten Abstumpfung des Rissauslaufes, Bild 5.35 (Bild gedreht). Auch das sichtbare Rissmuster, d.h. die Verästelungen und Nebenrisse stellen sich anders als im Schliff I – I dar, Bild 5.36.

Das Beispiel zeigt, dass mit einem Einzelschliff nur begrenzte Informationen erhalten werden. Aufgabe des Metallographen ist es, durch die strukturierte Vorgehensweise bei der Erstellung von Schliffen eine möglichst große Palette an Informationen bereitzustellen und zu dokumentieren.

6. Schlussfolgerungen/Schadensursache

Die Außenoberfläche zeigt Oxidation und entsprechende mit Oxiden gefüllte Mulden, d.h. es lag Feuchtigkeit vor. Die ringförmige Anordnung um den herausgetrennten Stutzen weist daraufhin, dass über den Stutzen Kräfte/Momente in das Rohr eingebracht wurden. Die interkristallinen Rissbildungen gehen von der Rohraußenoberfläche aus und weisen interkristalline Verästelungen und Gefügeauflockerungen auf. Aufgrund des metallographischen Erscheinungsbildes und der Anordnung der Rissbildung ist Spannungsrisskorrosion als Ursache anzusetzen.

5.7.4 Herstellungsbedingte Oberflächenrisse in einem Gehäuse aus austenitischem Ferroguss

Anlass: Im Klappengehäuse einer Absperrarmatur, die in einer Meerwasserentsalzungsanlage eingebaut war, wurden nach einer kurzen Betriebsphase Anrisse in einer Auftragsschweißung im Bereich des Klappensitzes festgestellt. Das Gehäuse besteht aus Gusseisen mit Kugelgraphit GGG-NiCrNb 202[12] und die Auftragsschweißung wurde mit einer Nickellegierung geschweißt. Es soll festgestellt werden, ob es sich um betriebliche Anrisse oder ob ein Herstellungsman-

[12] GGG Globulare Grauguss – neue Bezeichnung GJS (**G** = Guss, **J** = Eisen (Iron), **S** = kugelförmig (Sphärisch))

Bild 5.37: Klappengehäuse DN 400

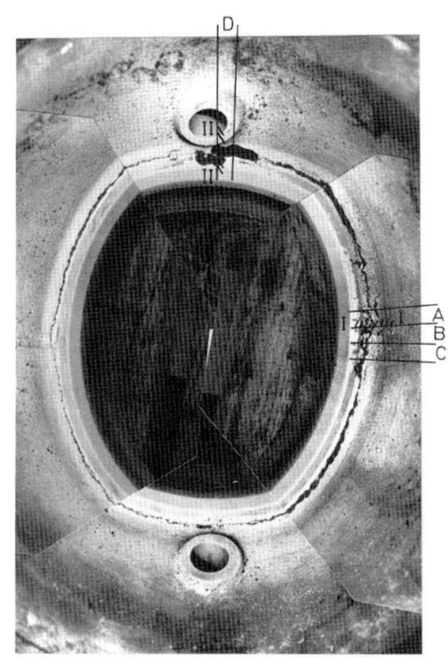

Bild 5.38: Innenansicht des Gehäuses mit Anzeigen der Farbeindringprüfung (Bildmontage aus Einzelaufnahmen) – siehe auch Hinweise im Text zur Bewertung des FE-Befundes

gel vorliegt. Dazu wurde ein eingebautes Gehäuse untersucht, das noch nicht in Betrieb gegangen war.

Prüfstück: komplettes Klappengehäuse, Bild 5.37

1. Vorgehensweise:

Makroskopische Untersuchung auf Risse mit Durchführung einer Oberflächenrissprüfung. Metallographische Schliffuntersuchung. Zugprüfungen an entnommenen Materialabschnitten zur Erzeugung von Gewaltbruchanrissen.

2. Befunde makroskopische Untersuchung und Oberflächenrissprüfung

Das Gehäuse ist auf der Innen- und Außenoberfläche nicht bearbeitet und weist eine Gusshaut auf. Im Bereich des Klappensitzes wurde eine Dichtfläche angedreht, siehe Bild 5.37.

Die Oberflächenrissprüfung mit dem Farbeindringverfahren erfolgte nach leichtem Beschleifen im Übergangsteil Dichtsitz zum zylindrischen Teil des Gehäuses. Deutliche Fehleranzeigen wurden im gesamten Bereich festgestellt, Bild 5.38, wobei die Auftragsschweißung weitgehend fehlerfrei war.

An dieser Stelle sei darauf hingewiesen, dass die Dokumentation des Befundes nach einer Farbeindringprüfung unmittelbar nach dem Aufbringen des Entwicklers erfolgen sollte, da vorhandene Risse „ausbluten", d.h. die Anzeigen sich verbreitern, was zu falschen Befunden hinsichtlich der tatsächlich vorliegenden Rissbreite führen kann, Beispiel Segment D in Bild 5.38. Dies könnte auch Auswirkungen auf die Festlegung der Schliffe haben. Es ist daher auch sinnvoll, die Festlegung des metallographischen Untersuchungsumfanges direkt mit der Auswertung des Befundes der zerstörungsfreien Prüfung zu koppeln.

3. Festlegung von Schliffen

Für die Untersuchung wurden die Segmente A bis D entnommen. Die Festlegung der Schliffe (quer zur Rissausbreitung) erfolgte nach dem Kriterium:

- Besondere Anhäufung von Rissen (Schliff I – I, Segment A)
- Ausgeprägter Einzelriss (Schliff II – II, Segment D)

4. Befunde metallographische Untersuchung

Die Übersichtsaufnahme des Schliffs I – I des polierten Zustandes zeigt Bild 5.39.

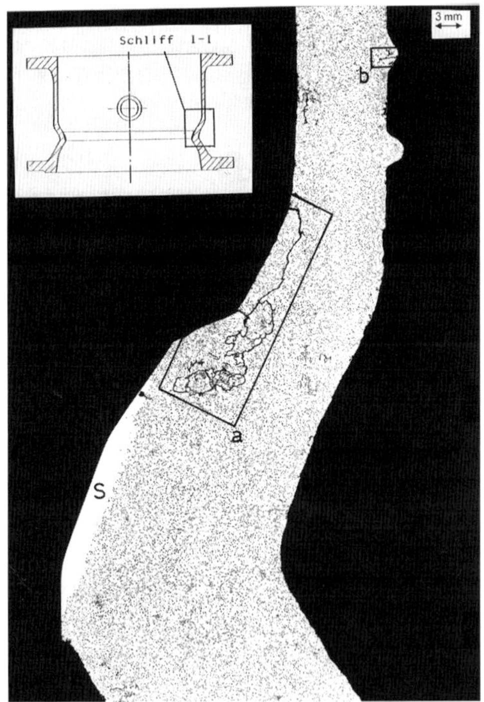

Bild 5.39: Übersichtsaufnahme Schliff I - I

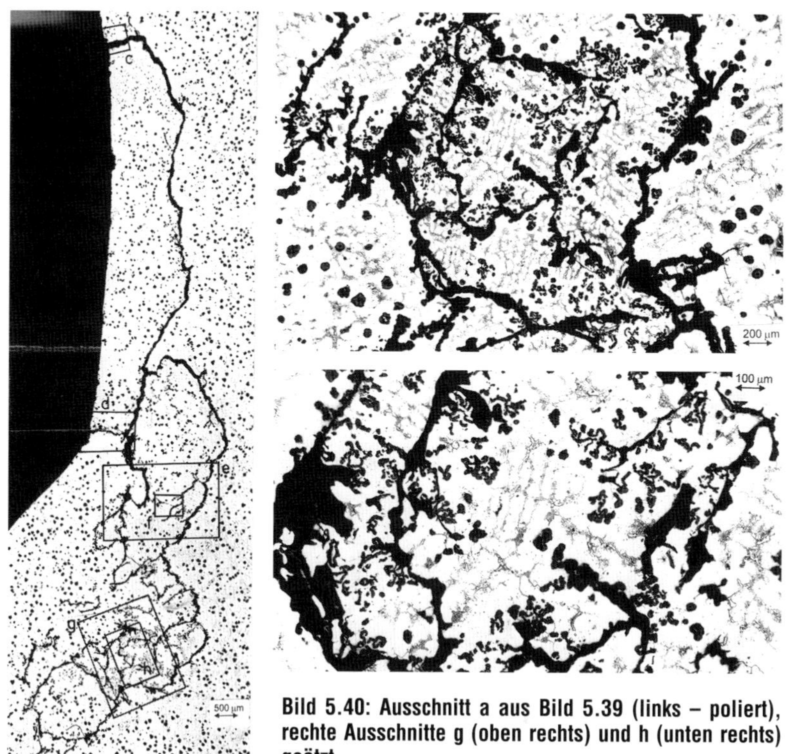

Bild 5.40: Ausschnitt a aus Bild 5.39 (links – poliert), rechte Ausschnitte g (oben rechts) und h (unten rechts) geätzt.

Die Auftragsschweißung S hebt sich deutlich vom Grundgefüge des Gehäuses ab – die dunklen Punkte stellen den globularen Graphit dar. Im Bereich der FE- Rissanzeige ist ein ausgeprägtes Rissnetzwerk im Steg des Gehäuses sichtbar, das sich vorwiegend unterhalb der Oberfläche befindet, Ausschnitt a. Bei höherer Auflösung, Bild 5.40, können die Fehlstellen in den Bereichen g und h als Mikrolunker, die beim Gießen entstehen, identifiziert werden. Sie sind teilweise mit Oxiden belegt, Ausschnitt c, Bild 5.41.

Hinweise für diese Fehlerart ergeben sich aus den abgerundeten Formen an den Rissenden und die Zuordnung zum Gefüge, wenn dieses geätzt wird. Im Bereich des Rissnetzwerkes ist der Graphit nicht kugelförmig ausgebildet. Es handelt sich hierbei um herstellungsbedingte Fehler, die während der Erstarrung nach dem Gießen des Gehäuses entstanden sind (Dross – vgl. Abschnitt 3.5.8).

Der Ausschnitt b aus Bild 5.39 mit einem verhältnismäßig kleinen Anriss verdeutlicht die Notwendigkeit der sorgfältigen Präparation, Bild 5.42.

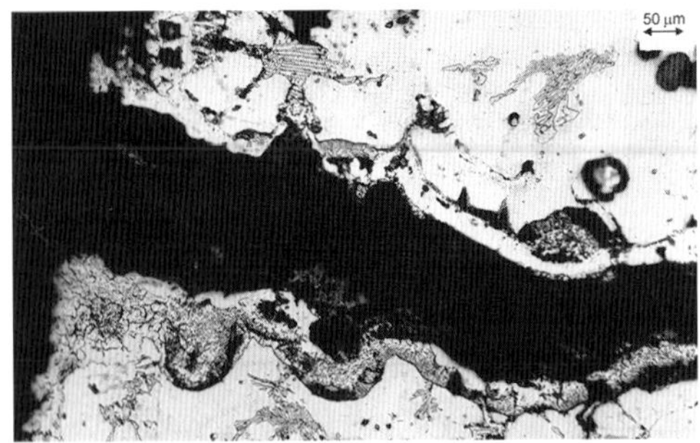

Bild 5.41: Oxidbelegte Rissflanken, Ausschnitt c aus Bild 5.40

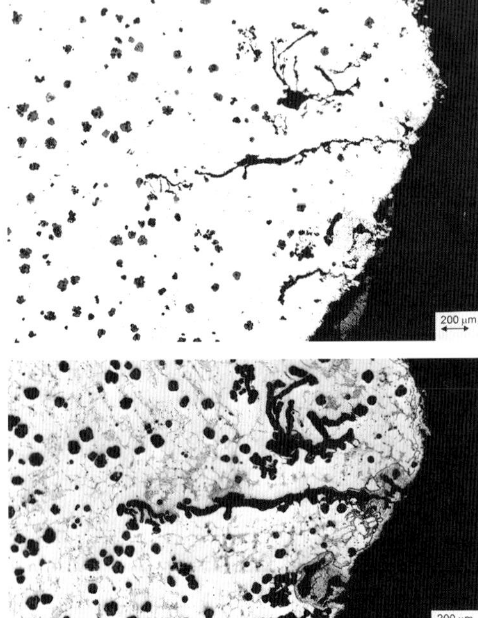

Bild 5.42: Ausschnitt b aus Bild 5.39: Oben poliert – unten geätzt

Im polierten Zustand (Bild 5.42 oben) befindet sich der Graphit noch größtenteils in der Matrix, erkennbar als dunkelgraue Struktur. Die Risse sind teilweise unterbrochen und haben eine relativ kleine Öffnung. Im geätzten Zustand (Bild 5.42 unten) ergeben sich deutliche Unterschiede, die sich in der Interpretation des mikroskopischen Befundes niederschlagen könnten. Der Graphit wurde größtenteils im Zuge der Präparation herausgelöst, die ursprünglichen kugel-

Bild 5.43: Rissöffnung an der Oberfläche, Ausschnitt d aus Bild 5.40; oberes Teilbild – poliert bzw. unteres Teilbild geätzt.

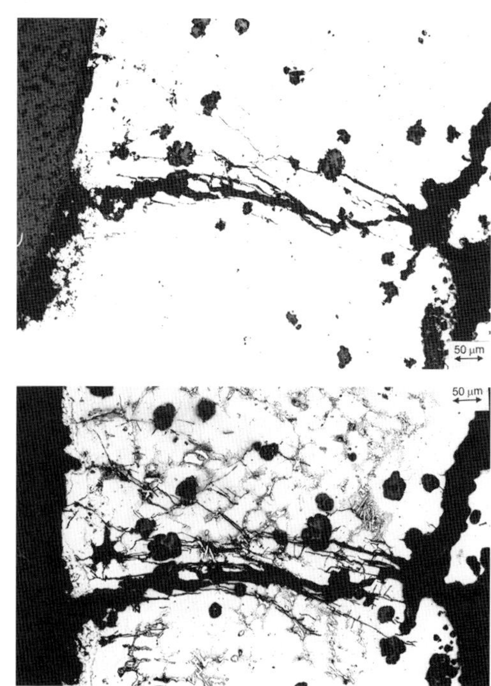

förmigen Graphitinseln erscheinen als Löcher bzw. Hohlräume. Die Risskanäle sind deutlich breiter, der Rissverlauf ist zusammenhängender. Auch die Risse in diesen Bildern weisen eine abgerundete Form auf, die darauf hinweist, dass es sich nicht um einen unter Betriebsbelastung gewachsenen Riss handelt.

Wie wichtig eine umfassende metallographische Untersuchung ist, zeigen die Befunde an der Stelle d, Bild 5.43. Auch hier liegt ein Oberflächenriss vor, der eine Verbindung mit dem sich unter der Oberfläche befindlichen Rissnetzwerk hat. Im Gegensatz zu den bisherigen mikroskopischen Befunden liegt hier ein anderer Risstypus vor: die Risse liegen weitgehend parallel zueinander und weisen die gleiche Orientierung auf. Sie durchlaufen die austenitische Matrix ohne erkennbare Verformung. Die transkristalline Rissausbreitung erfolgt durch die Einbeziehung von Kerbstellen wie Graphitnester bzw. Karbidnester (hellen Phasen). Auffallend ist auch die fehlende Belegung der Rissflanken mit Oxiden, was darauf hindeutet, dass diese Fehler später entstanden sind. In Bild 5.44 wird die Bruchkante einer Zugprobe gezeigt. Man sieht, dass der Bruch die Kerbstellen der spröden Karbide einbezieht und die Risse in der duktilen austenitischen Matrix zum Teil gestoppt werden, wobei sich die Risse deutlich öffnen.

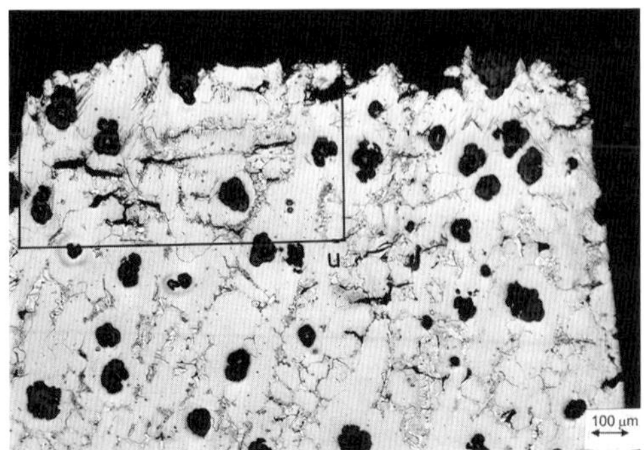

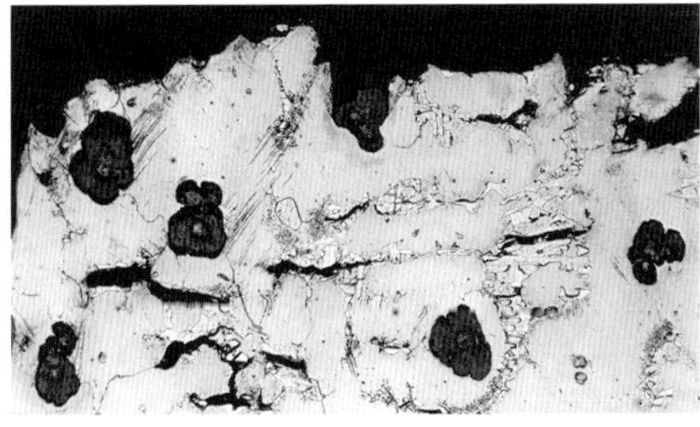

Bild 5.44: Anrisse im Querschnitt einer Zugprobe nach Gewaltbruch: Ausschnitt unten.

Die vergrößerte Übersichtsaufnahme des Schliffs II ist in Bild 5.45 dargestellt. Trotz vermeintlich deutlicher Anzeige der Farbeindringprüfung („ausgeblutete" Stelle) ist das angeschnittene herstellungsbedingte Fehlstellenfeld nicht größer als das Feld in Schliff I. Aus der Form der Risse ist wiederum abzuleiten, dass es sich auch hier nicht um Anrisse aus einer Betriebsbelastung handelt, sondern um einen Herstellungsfehler beim Guss. Interessant ist der Ausschnitt m: hier wurde mit der Auftragsschweißung ein herstellungsbedingter Mikrolunker angeschnitten. Bei dem Riss im Schweißgut handelt es sich um einen interkristallinen Heißriss, der beim Abkühlen des flüssigen Schweißgutes im festen Zustand entstanden ist – begünstigt durch die Kerbwirkung des Lunkers.

5. Schadensursache und Schlussfolgerungen

Die metallographischen Untersuchungen zeigen, dass es sich bei den beanstandeten „Rissen" primär um herstellungsbedingte Fehler beim Gießen des Gehäuses handelt. Die zusätzlich gefundenen, transkristallin verlaufenden Risse haben eine andere Ursache: Lage und Ausbildung weisen auf die Einwirkung von Spannungen hin, wobei aufgrund der parallel nebeneinander liegenden Anordnung die Einwirkung eines Mediums nicht ausgeschlossen werden kann, sodass hier als Mechanismus transkristalline Spannungsrisskorrosion anzusetzen ist.

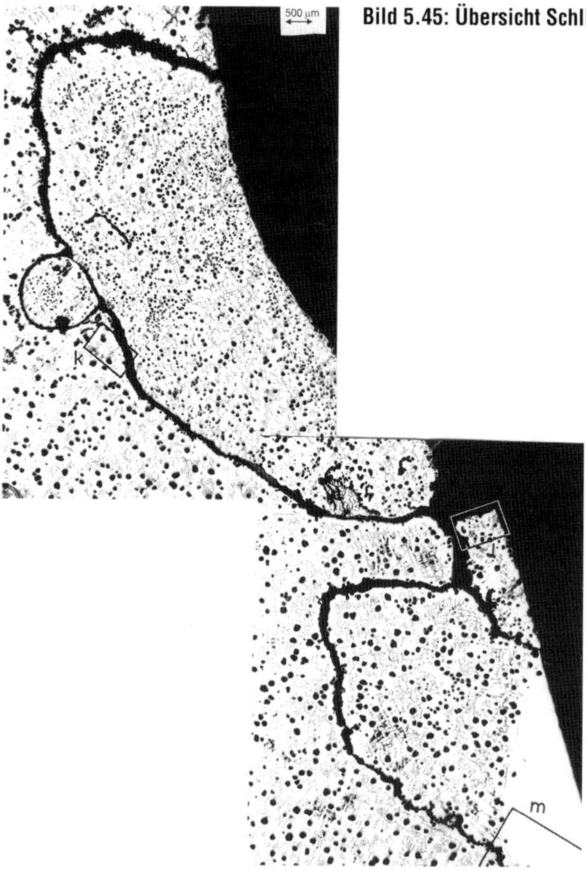

Bild 5.45: Übersicht Schliff II

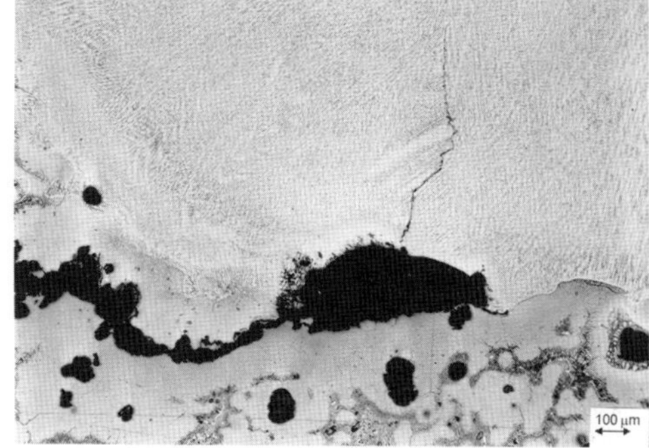

Bild 5.46: Heißriss im Schweißgut der Auftragsschweißung, Ausschnitt m aus Bild 5.45

6 Metallographische Untersuchung gebrochener Teile

Bei Schadensfalluntersuchungen stehen in vielen Fällen nur Bruchteile des Bauteils für die metallographische Analyse zur Verfügung. Diese können verformt und/oder durch Umgebungseinflüsse oxidiert/korrodiert sein. Folgende Fragestellungen sind vor Beginn der Untersuchung zu lösen:

1. Welches Bruchstück kann zweifelsfrei dem Schadensausgang zugeordnet werden? Sind Rissbildungen in der Umgebung des vermutlichen Schadensausganges bereits vor dem Schadensereignis vorhanden gewesen oder eine Folge des Schadensereignisses, z.B. durch die lokal erhöhte Spannung bei vermindertem Querschnitt?
2. Welche Bruchstücke sind Folgeschäden, die nach dem eigentlichen Schaden entstanden sind?
3. Ist die Bruchoberfläche durch die Umgebung nach dem Schaden beeinträchtigt worden, z.B. durch Korrosion (Rost)?
4. Ist die Bruchoberfläche durch Folgeschäden nach dem Schaden beeinträchtigt worden, z.B. durch Verformungen, austretendes Medium oder Aufeinanderreiben von Bruchflächen?

Der makroskopischen Bruchflächenanalyse kommt für die Festlegung des Untersuchungsablaufes eine besondere Bedeutung zu.

6.1 Vorbereitung der Bruchfläche

Bei der makroskopischen Bruchflächenanalyse muss berücksichtigt werden, dass die Bruchfläche beschädigt sein kann und nicht im Originalzustand vorliegt. Wenn die Bruchfläche durch einen Schlag gegen einen anderen festen Gegenstand verformt/zerstört wurde, ist es nicht mehr möglich, makroskopische Beurteilungen vorzunehmen. Liegt z.B. eine Erosion durch unter hohem Druck austretendes Medium vor, Beispiel siehe Bild 6.1, ist die ursprüngliche metallographische Schadensstruktur nicht mehr vorhanden. Ist die Bruchfläche oxidiert, kann bei dünnen Oxidschichten die ursprüngliche Bruchstruktur noch erkannt werden. Bei dicken Oxidschichten wird die originale Bruchstruktur komplett überdeckt. In manchen Fällen kann die Oxidschicht mit einem Lösungsmittel, wie z.B. ENDOX (→ *Oxidablösung*) abgelöst werden. Da sowohl die Oxidation als auch das Ätzmittel die metallische Oberfläche angreifen, muss damit gerechnet werden, dass nach Ablösung eine veränderte Bruchstruktur vorliegen kann. Bei verschmutzten Bruchflächen sollte eine mechanische Reinigung der Bruchfläche nicht durchgeführt werden. Je nach Werkstoff kann eine Reinigung im

Bild 6.1: Links: Erosion einer Rohroberfläche durch austretenden Dampf eines darunter liegenden Rohr mit Schmelzlinienbruch; Mitte: Bruchfläche eines *Fusionslinienbruchs* an der Schweißnaht mit durch austretenden Dampf teilweise erodierender Oberfläche; Rechts: Gegenstück ohne Einwirkung des austretenden Dampfes

Ultraschallbad vorgenommen werden, ein Anlaufen/Oxidieren der Fläche sollte dabei jedoch nicht stattfinden.

6.2 Makroskopische Bruchflächenanalyse

6.2.1 Analyse der Bruchfläche

Aus der Bruchausbildung – Aussehen und Form des Bruchs – lassen sich grundsätzlich Rückschlüsse auf

- die Eigenschaften des Werkstoffs (sprödes oder zähes Verhalten)
- die äußere Beanspruchung (Richtung von Kräften und/oder Momenten, statische oder schwingende Beanspruchung)
- die Bruchausgangsstelle

ziehen.

Die Kriterien für einen Verformungsbruch (zähes Werkstoffverhalten) und einem verformungsarmen Bruch (sprödes Werkstoffverhalten) sind in Tabelle 6.1 zusammengestellt. Es ist aber zu beachten, dass auch ein an sich zäher Werkstoff einen verformungsarmen Bruch zeigen kann, wenn ein ungünstiger Spannungszustand (z.B. Zugspannungen in drei Richtungen bei rotierenden Bauteilen), ein versprödendes Umgebungsmedium wie z.B. Wasserstoff oder eine schwingende Beanspruchung – wie nachfolgend erläutert – vorliegt.

Tabelle 6.1: Kriterien für einen Verformungsbruch (zähes Werkstoffverhalten) und einen verformungsarmen Bruch (sprödes Werkstoffverhalten)

	Verformungsbruch; Bild 6.2	Verformungsarmer Bruch; Bild 6.3
Makroskopischer Befund		
1. Verformung	messtechnisch erfassbar: ausgezogener Bruchrand, Einschnürung	Keine erkennbare Verformung
2. Bruchfläche	matt, samtig	kristallin, glänzend
3. Bruchverlauf	mindestens teilweise in Richtung der Schubspannung	senkrecht zur größten Normalspannung
Mikroskopischer Befund		
1. lichtoptisch	verformte Körner	Keine Verformung erkennbar, u.U. Zwillingsbildung,
2. rasterelektronenmikroskopisch	Wabenstruktur („Näpfchen – dimples“)	Bruchaussehen abhängig von Beanspruchungsbedingungen; Spaltbruch oder interkristalliner Bruch, keine Waben

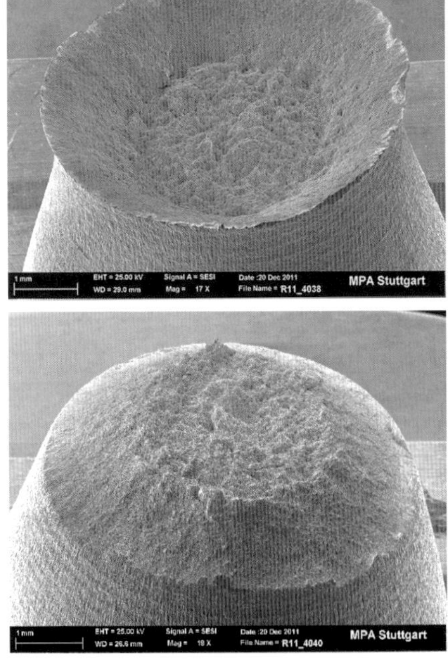

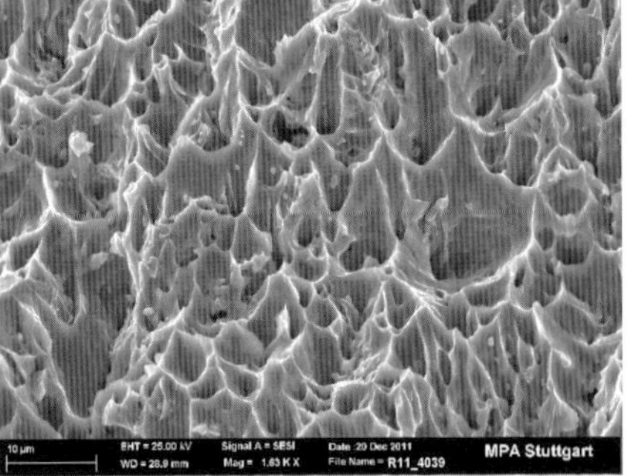

Bild 6.2: Beispiel für ein zähes Bruchverhalten – REM Aufnahme einer Zugprobe mit Einschnürung und Scherlippen (links) und Ausschnitt aus dem Trennbruch mit Verformungswaben (rechts)

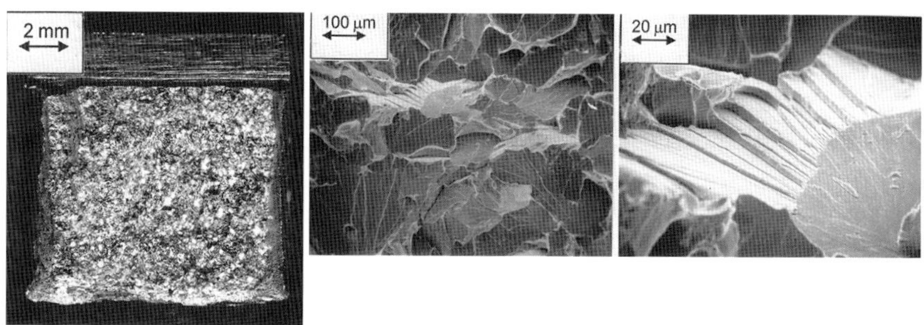

Bild 6.3: Beispiel für ein sprödes Bruchverhalten – Bruchfläche einer spröd gebrochenen Kerbschlagbiegeprobe aus einer niedriglegierten Schweißverbindung (REM-Aufnahme)

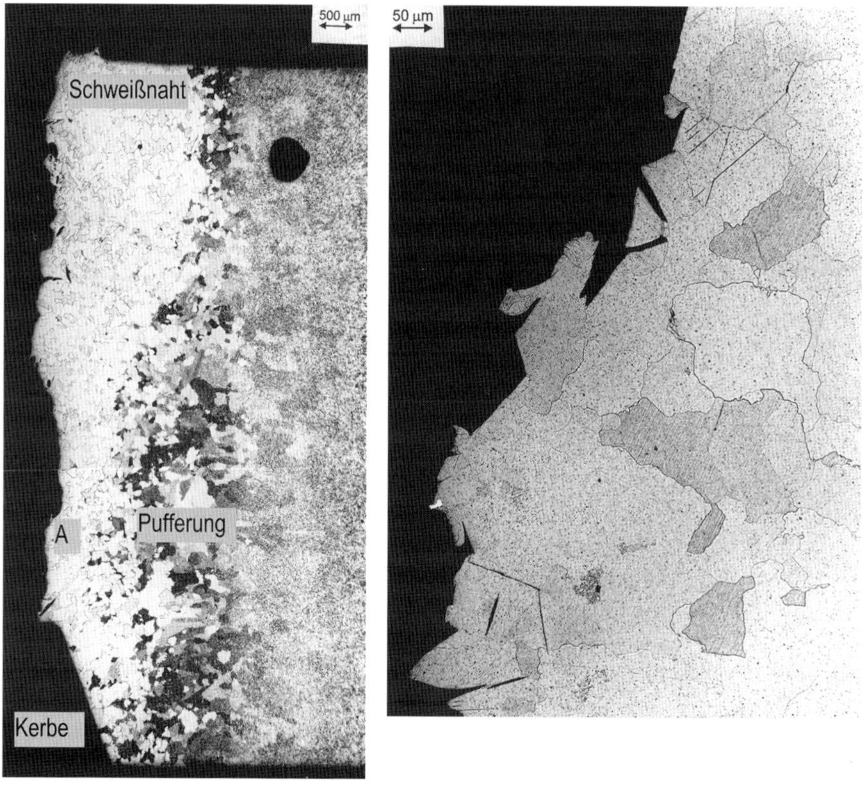

Bild 6.4: Querschliff durch die Bruchfläche der Kerbschlagbiegeprobe von Bild 6.3

Werkstoff-zustand	Dominierende Zugspannung	Dominierende Druckspannung	Dominierende Biegespannung	Dominierende Torsionspannung
spröd	Trennbruch unter 90° 	Bruch unter 45° 	Trennbruch unter 90° 	Spiralförmiger Bruch unter 45° 
zäh	Teller-Tassenbruch (45° Scherlippe, Einschnürung) 	Stauchung (plast. Verformung) Bruch (Risse) unter 45 ° 	Bleibende Verformung, Bruch (Risse) unter 45 ° 	Ebener Scherbruch 

Bild 6.5: Bruchaussehen und Bruchverlauf bei statischer Beanspruchung bei zähem und sprödem Werkstoffverhalten

Werkstoff-zustand	zäh				spröd			
Beanspruchung	Zug		Torsion		Zug		Torsion	
Verlauf	statisch	zyklisch	statisch	zyklisch	statisch	zyklisch	statisch	zyklisch
Äußeres Versagensbild								
Bruchfläche	körnig, samtig, kristallin glänzend, Trennbruch, Scherlippe	Glatt - Ausnahme: Gewalt-bruchanteil (siehe links)	glatt	glatt	kristallin glänzend	glatt	kristallin glänzend	glatt
Bemerkung	Fließende Übergänge zwischen beiden Versagensarten							

Bild 6.6: Bruchaussehen und Bruchverlauf bei statischer Beanspruchung bei zähem und sprödem Werkstoffverhalten

Beanspruchung	Bruchaussehen schematisch	Beispiel
Schwellende Biegebeanspruchung	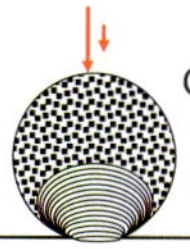 Gewaltbruch Schwingbruch	
Wechselnde Biegung	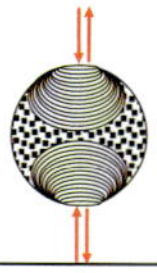	
Umlaufende Biegung	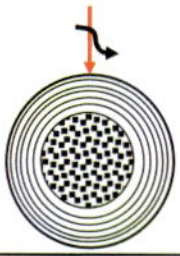	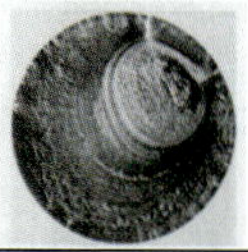
Schwellende Torsion		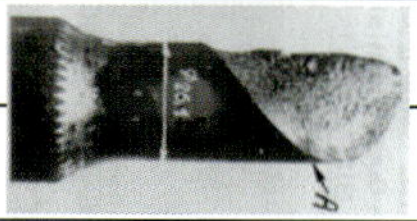
Wechselnde Torsion		

Bild 6.7: Bruchflächenanalyse bei schwingender Beanspruchung

In Bild 6.4 wird der Zusammenhang der fraktographischen Befunde im REM (Bild 6.3) mit dem Querschliff ersichtlich: sowohl im REM Bild (Ausschnitt rechts) als auch im Schliff ist die Zwillingsbildung zu erkennen.

Bild 6.5 zeigt die Bruchrichtungen von prismatischen Körper für die Lastfälle Zug, Druck, Biegung und Torsion. Bei schwingender Beanspruchung treten in der Dauerbruchfläche keine Verformungen auf, er ist als „spröder" Bruch anzusehen. Er tritt stets senkrecht zur größten Normalspannung auf. Der Zusammenhang zwischen Bruchrichtung und Beanspruchungsverlauf, Beanspruchungsart und Werkstoffverhalten ist in Bild 6.6 zusammenfassend dargestellt.

6.2.2 Identifizierung der Bruchausgangsstelle

Gemäß den obenstehenden Angaben kann aufgrund der makroskopischen Bruchstruktur eine Unterscheidung zwischen einem Gewaltbruch unter statischer bzw. zügiger und einem *Dauerbruch* unter schwingender Beanspruchung gemacht werden.

6.2.2.1 Dauerbruch

Die Fläche eines Bruchs unter Ermüdungs-, d.h. schwingender Beanspruchung weist zwei Bereiche mit unterschiedlicher Bruchcharakteristik auf:

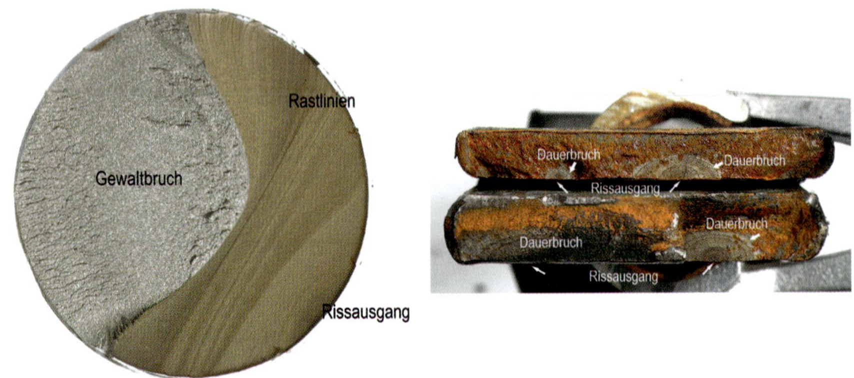

Bild 6.8: Makroskopische Ausbildung einer Dauerbruchfläche: Links: Dauerbruchfläche nach einseitiger Biegung und im Labor freigelegte, kristallin glänzende Gewaltbruchfläche; Rechts: Bruch im Betrieb mit Dauerbruchanteilen – Gewaltbruch angerostet

- die Dauerbruchfläche (sofern sie nicht durch nachträgliche Einwirkungen beschädigt ist) zeigt eine glatte Oberfläche, Bild 6.7
- die Restbruchfläche zeigt eine raue bis kristalline Struktur – abhängig vom Werkstoffzustand, siehe Tabelle 6.1.

Die Restbruchfläche ist eine Folge des Gewaltbruchs, der eintritt, wenn die tragende Fläche durch den fortschreitenden Dauerbruch der Beanspruchung nicht mehr standhält.

Der Anteil der Restbruchfläche an der Gesamtfläche dient als Anhalt zur Abschätzung der Höhe der betrieblichen Beanspruchung des Bauteils: wenn der Anteil klein ist, lag eine niedrige Beanspruchung vor bzw. der Bauteilquerschnitt war gegen die (statische) Betriebsbelastung mit hoher Sicherheit ausgelegt.

Eine gut erhaltene, nicht durch sekundäre Beanspruchungen in Mitleidenschaft gezogene Dauerbruchfläche, zeigt häufig charakteristische Linien mit einer konzentrischen Anordnung. Diese sogenannten makroskopisch erkennbaren Rastlinien bilden sich nach Betriebspausen beim Anfahren oder bei signifikanten Leistungsänderungen. Sie kennzeichnen die Rissfortschrittsrichtungen und gehen auf die Bruchausgangsstelle zurück, vgl. auch Bild 6.7.

Bild 6.8 zeigt beispielhaft den Dauerbruch einer Welle (links) bzw. von Blattfedern (rechts). Die Dauerbruchfläche erscheint glatt und weist die erwähnten konzentrischen Rastlinien auf, die den Rissfortschritt beschreiben und auf die Bruchausgangstelle hinweisen. Die raue Oberfläche stellt den Gewaltbruch dar, der spontan eingetreten ist, nachdem die Dauerbruchfläche so groß geworden ist, dass der Restquerschnitt der vorliegenden Beanspruchung nicht mehr standhalten konnte. Bei dem Holm wurde der Gewaltbruch im Labor nach Abkühlung in flüssigem Stickstoff erzeugt, er zeigt daher eine helle, nicht oxidierte kristalline Fläche. Die Blattfedern sind im Betrieb gebrochen – die Oberfläche des Gewaltbruchs ist oxidiert.

6.2.2.2 Gewaltbruch bzw. statischer Anriss

Unter einem Gewaltbruch wird der spontane Bruch des tragenden Querschnitts infolge Überbeanspruchung verstanden: es liegt ein instabiles Risswachstum vor. Der Bruch kann je nach Werkstoff- oder Spannungszustand mit Verformungen oder spröd (verformungslos) erfolgen, Bild 6.2 und Bild 6.3. Die Ursachen für einen Gewaltbruch sind:

Bild 6.9: Bruchlinien in der Anrissfläche; oberes Bild mit oxidierter Oberfläche – unteres Bild gereinigt.

1. die Beanspruchung bzw. die Spannung im Bauteil ist deutlich höher als die *ertragbare Last/Spannung,* wenn Fehlfunktionen, Störfälle und/oder Zusatzbelastungen auftreten oder die Auslegungsberechnung falsch war
2. Werkstoffverwechslung mit schlechteren Festigkeitseigenschaften oder Veränderung der Werkstoffeigenschaften durch Herstellung, Bearbeitung und/oder Betriebsmedium und Betriebstemperatur
3. nicht erkannte herstellungs- und verarbeitungsbedingte Fehler/Risse im Querschnitt, die zu einer Überbeanspruchung der restlichen tragenden Fläche nach Punkt 1 führen.

Unter statischer Beanspruchung kann sich aufgrund der Spannungskonzentration an der Rissspitze, vielfach unterstützt durch Korrosionswirkung, ein stabiles Risswachstum einstellen, das in der Regel interkristallin verläuft.

Liegen in einer Gewaltbruchfläche Anrissbildungen mit stabilem Risswachstum vor, so haben diese im Normalfall ein anderes Aussehen bzw. Struktur, siehe auch Bild 6.8.

Die Bruchausgangsstelle lässt sich – wie auch bei stabilem Risswachstum unter Korrosionseinfluss – vielfach anhand der strahlenförmigen Linien (Bruchbahnen) in der Bruchstruktur identifizieren, Bild 6.9. Auch aus der Form des Anrisses lassen sich Rückschlüsse auf den Bruchausgang ziehen: die kreisförmigen bzw. elliptischen Flächen können wie in Bild 6.9 gezeigt, Bruchausgängen zugeordnet werden.

6.3 Anforderungen an die Schliffherstellung und Präparation

Gebrochene Teile stellen einmalige Untersuchungsteile dar. Die Schliffaufteilung muss sorgfältig geplant werden, da bei der Zerlegung Probenmaterial verlorengeht. Grundsätzlich müssen die eingelieferten Teile sorgfältig dokumentiert werden, sodass die Orte der durchgeführten Untersuchungen an den vorliegenden Bruchstücken zweifelsfrei nachvollzogen werden können.

Bei der Wahl der Schlifflage müssen die Erkenntnisse der Bruchflächenanalyse berücksichtigt werden.

Bei einer Reinigung ist sehr sorgfältig darauf zu achten, dass der (Oberflächen)Zustand nach dem Schadenseintritt nicht beschädigt wird. Das heißt, dass keine Reinigungsmethoden verwendet werden dürfen, die die Bruchfläche oder den Risscharakter verändern, wie z.B. Sandstrahlen.

Üblicherweise wird ein Querschliff durch die vermutete Bruchausgangsstelle gelegt. Beim Sägen bzw. Trennen ist aber darauf zu achten, dass eine entsprechende Zugabe eingehalten wird, damit die Bruchausgangsstelle nicht „zersägt“ wird. Nach dem Schleifen und Polieren sollte der Schliff in der Ebene der vermuteten Bruchausgangstelle liegen. Es empfiehlt sich jedoch, die Schlifffläche während des Präparierens auf Hinweise zur Bruchursache vor Erreichen der geplanten Endstufe abzusuchen. Weitere Schliffe können an Bruchübergängen, wie z.B. Rastlinien in Bereichen mit anderer Bruchstruktur sowie an Bruchausläufen gemacht werden.

Werden gezielt Indizien für einen Schadensmechanismus gesucht, z.B. Nebenrisse, die zur gleichen Zeit entstanden, aber nicht weiter gewachsen sind, ist die Überprüfung eines möglichen Befundes im polierten Zustand sinnvoll.

Tipps für die metallographische Untersuchung gebrochener Teile

Vor der Zerlegung der Probe ist diese sorgfältig mit der Darstellung der Schlifflage(n) zu dokumentieren.

Die makroskopische Besichtigung ist ein wichtiger Bestandteil der Untersuchung. Sie dient dazu festzustellen,

- welche Bruchanteile primär vorhanden waren und welche Teile als Folge des Primärbruches verursacht wurden (Sekundärschaden)
- ob Hinweise für einen Bruchausgangsort vorliegen
- ob aus der Oberfläche/Geometrie des Bauteils geschlossen werden kann, dass Abweichungen vom geforderten Zustand (zu scharfe Kerben, Oberflächenzustände, Abweichungen von der Zeichnungsgeometrie) vorliegen
- weitere Anrisse/Fehler vorliegen, die sich nicht zum Hauptbruch entwickelt haben.

Diese Befunde sind zu dokumentieren und bilden die Grundlage für den Schliffplan.

Bei der Planung der Zerlegung für Schliffe ist zu berücksichtigen, dass eine fraktographische Untersuchung im Rasterelektronenmikroskop erforderlich sein kann bzw. durchgeführt wird. Bei kleinen Prüfquerschnitten sollte diese vor der metallographischen Untersuchung erfolgen.

Der Schliff wird senkrecht zur Bruchfläche durch die vermutliche Bruchausgangsstelle (mit Bearbeitungszugabe) in Richtung der größten Rissausbreitung durchgeführt. Auf eine gute Abbildung der Bruchkanten ist zu achten. Die dazu erforderliche hohe Randschärfe wird mit einer geeigneten Einbettung erreicht.

Liegt kein Hinweis auf eine Bruchausgangsstelle vor, sollte der Schliff durch einen Bereich gelegt werden, der primär entstanden ist, und sich z.B. durch eine andere Bruchstruktur (z.B. verformungslos) auszeichnet.

Weitere Schliffe am Rande der Bruchebene werden durchgeführt, um ggf. Änderungen im Verlauf in der Mikrostruktur zu erhalten.

Bei Hinweisen auf eine mögliche Abweichung des Gefüges von dem vorgegebenen bzw. erwarteten Zustand ist in jedem Fall ein weiterer Schliff außerhalb des

Fehlerbereichs anzufertigen. Die Schliffebene ist in diesem Fall in der Ebene des Fehlers/Risses durchzuführen. Wenn Texturen vorliegen (können), ist auch die Ebene quer zum Riss/Fehler in die metallographische Untersuchung einzubeziehen. Wenn ein sogenanntes „Gutteil", d.h. ein baugleiches Bauteil ohne Beanstandung vorliegt, sollten vergleichende Betrachtungen/Untersuchungen zwischen dem guten Referenzteil und dem beanstandeten Teil durchgeführt werden.

Bei der Auswertung der Schliffe ist neben der Beurteilung des Fehlers/Risses auf:

- inter- oder transkristallin
- Nebenrisse
- Gefüge im Bereich des Risses (Verformungen, Ausscheidungen, Gefügetyp, Korngröße)

auch der Bereich vor der Bruchfläche zu untersuchen, ob ggf. Vorstufen einer Schädigung oder ein anderer Gefügezustand vorliegen. Diese Bewertungen sind ggf. auch im polierten Zustand (bei kleinen Fehlergrößen empfiehlt sich das Vibrationspolieren) vorzunehmen.

Die Härteprüfung ist ein wesentlicher Bestandteil der Gefügeanalyse.

6.4 Fallbeispiel

6.4.1 Gewaltbruch in Halteringen

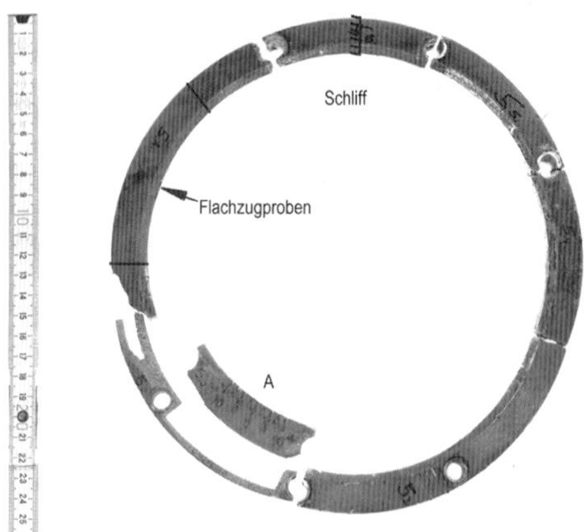

Bild 6.10: Gebrochener Ring

Anlass: Die Halteringe wurden zur Befestigung von Maschinenteilen in einer Anlage verwendet und müssen das Gewicht aufnehmen. Bei mehreren Teilen erfolgte ein Bruch während des Betriebs der Anlage. Andere, baugleiche Ringe wiesen keinen Schäden auf.

Prüfstücke: Gebrochene und nicht geschädigte Ringe aus der betroffenen Anlage. Werkstoff: Druckguss AlSi12.

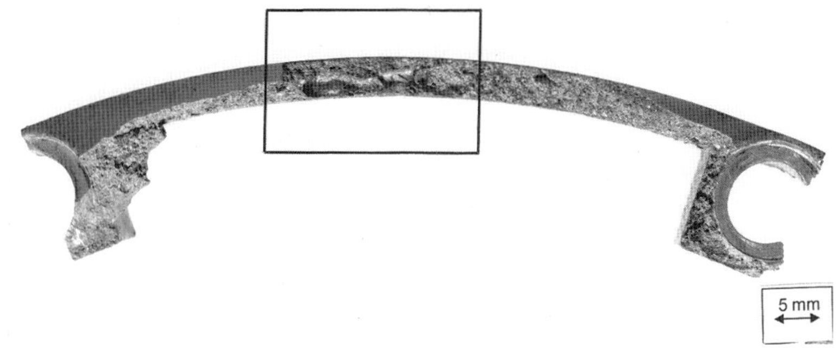

Bild 6.11: Bruchoberfläche, vergleichbar Stelle A aus Bild 6.10

1. Vorgehen

Makroskopische Besichtigung und Vergleich mit nicht gebrochenen Ringen. Metallographische Untersuchungen mit Härteprüfung. Zugversuche zur Ermittlung der Festigkeit.

2. Befund makroskopische Untersuchungen

Die gebrochenen Ringe weisen Mehrfachbrüche auf. Die Bruchlage kann teilweise den Durchgangslöchern für die Befestigungsschrauben zugeordnet werden. Die Brüche sind spröde, es sind keine Verformungen zu erkennen. Die Bruchoberfläche ist rau und enthält Poren, Bild 6.11. Eine besondere Bruchausgangsstelle ist nicht zu erkennen. Die nicht gebrochenen Ringe unterscheiden sich in der Geometrie nicht von den gebrochenen.

3. Schlifffestlegung

Nachdem makroskopisch keine ausgewiesene Bruchausgangsstelle identifiziert werden konnte, aber die Vermutung vorliegt, dass das Volumen durch Werkstofffehler beim Gießen/Erstarren geschwächt ist, wurde ein Querschliff in einen Bereich ohne Bruch gelegt, vgl. Bild 6.10.

4. Befunde metallographische Untersuchung

Der Querschliff zeigt in der Makrodarstellung die Anhäufung zahlreicher Poren in der Mitte des Profils, Bild 6.12. Der Vergleich mit einem Querschliff aus einem anderen gebrochenen Haltering zeigt, dass die Porendichte und -größe sich deutlich unterscheiden und auch über den Ringumfang unterschiedlich ist.

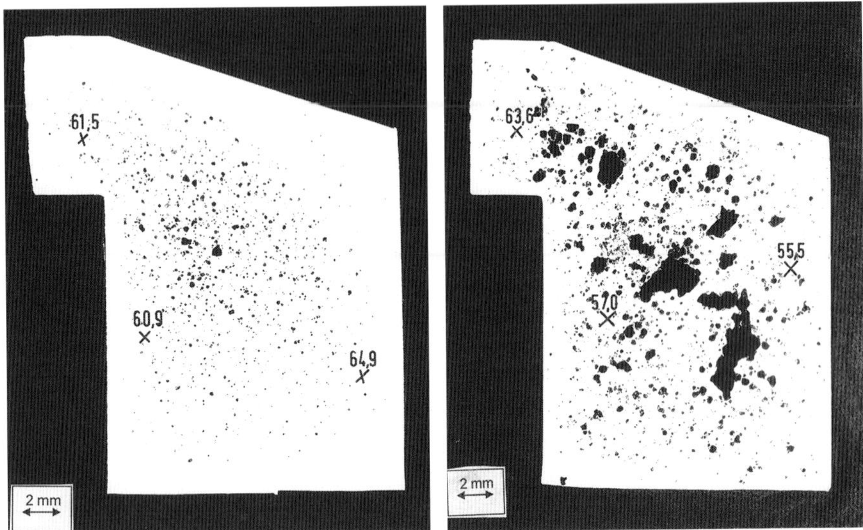

Bild 6.12: Querschliffe (poliert) durch einen nicht gebrochenen Teil von unterschiedlichen Halteringen – links Schliff aus Bild 6.10

Die Härte HBW1/10/30 schwankt zwischen rd. 55 bis rd. 65 und liegt im Mittel (von allen untersuchten Halteringen) etwas unter dem damalig von der DIN 1725:1983 (zurückgezogen, Ersatz DIN EN 573:1994) geforderten Wert von 60 bis 80.

Die AlSi-Ausscheidungen liegen im Gefüge, Bild 6.13 links feinverteilt (Pfeil 1) und nadelförmig (Pfeil 2) – Haltering aus Bild 6.10 – bzw. im Bild rechts (anderer gebrochener Haltering) nadelförmig bzw. grob plattenförmig (Pfeil 3) vor.

5. Befunde Zugprüfung

Die aus den gebrochenen Halteringen entnommenen Zugproben weisen starke Streuungen bei den ermittelten Kennwerten auf. Dies ist auf die unterschiedliche Ausbildung der Porosität in jedem Haltering zurückzuführen. Erwartungsgemäß werden die Anforderungen der Norm nicht erfüllt. Dies gilt auch für die Proben aus den nicht gebrochenen Halteringen.

6. Fraktographische Untersuchung

Bereits aus der lichtmikroskopischen Untersuchung geht hervor, dass die Halteringe eine ausgeprägte Porosität aufweisen. Dies bestätigt auch die fraktographische Untersuchung im REM, Bild 6.14.

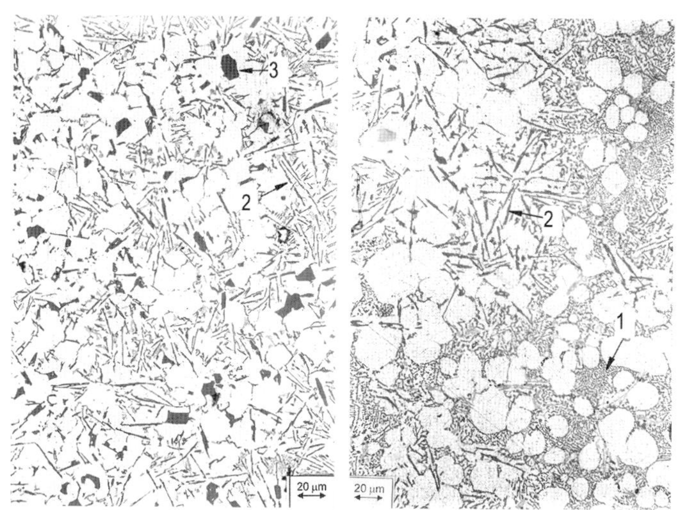

Bild 6.13: Gefüge aus Haltering von Bild 6.10 (links) und rechts aus einem anderen Haltering

Bild 6.14: Bruchoberfläche mit Poren

7. Schlussfolgerungen/Schadensursache

Dieses Fallbeispiel zeigt, dass eine lichtmikroskopische Untersuchung ausreichend ist, die Schadensursache zu identifizieren. Sie ist in der schlechten Herstellungsqualität der Halteringe begründet. Der Werkstoff ist nicht ausreichend veredelt. Die ausgeprägte Porosität ist im Querschliff erkennbar, sie ist für den Gewaltbruch verantwortlich: zum einen wird die tragende Fläche über die Hohlstellen reduziert und damit die wirkende Spannung erhöht und zum anderen ergeben sich über die Kerbwirkung der Poren lokale Spannungsspitzen, die wegen der spröden Matrix nicht über plastische Verformungen abgebaut werden. Der Gewaltbruch trat als spontaner Bruch ein. Da zahlreiche Poren im Querschnitt vorhanden sind, kann eine singuläre Bruchausgangsstelle nicht identifiziert werden. Bei den nicht gebrochenen Halteringen liegt eine vergleichbar schlechte Qualität vor: ein Gewaltbruch trat nicht ein, weil diese einer niedrigeren Belastung unterworfen waren.

6.4.2 Dauerbruch einer Kurbelwelle

Anlass: Bruch einer Kurbelwelle. Die Überprüfung der Beanspruchungsbedingungen ergab keine Besonderheiten. Es sind keine Überbeanspruchungen durch Lagerschäden oder Schiefstellungen, keine Druckspitzen am Pumpenausgang, keine Temperaturen über 65°C aufgetreten.

Prüfstück: Gebrochene Kurbelwelle aus dem Werkstoff: 42CrMo4, Bild 6.15. Die Oberfläche ist nitrocarburiert.

1. Vorgehen:

Überprüfung der Betriebsbedingungen. Makroskopische Untersuchung mit Bruchflächenanalyse, fraktographische Bruchflächenuntersuchung im REM und metallographische Untersuchung.

2. Befund makroskopische Untersuchungen

Bei dem Bruch handelt es sich makroskopisch um einen verformungsarmen Schwingbruch. Der Bruchausgang kann aufgrund der zusammenlaufenden

Bild 6.15: Gebrochene Kurbelwelle

Bruchbahnen mit einer Stelle am Außenrand festgelegt werden. Sie hebt sich durch eine andere Oberflächenstruktur etwas von der Dauerbruchfläche ab, Bild 6.16. An der Außenoberfläche selbst sind keine Besonderheiten zu beobachten. Der Bereich des Sekundärbruches (= Gewaltbruch, nachdem die tragende Restquerschnittfläche eine kritische Größe erreicht hat) weist eine von der glatten Dauerbruchfläche abweichende Oberflächenstruktur auf. Die Sekundärverformung ist eine Folge des Gewaltbruchs: das Teil hat sich aus der seiner ursprünglichen Lage herausgedreht und dabei verformt.

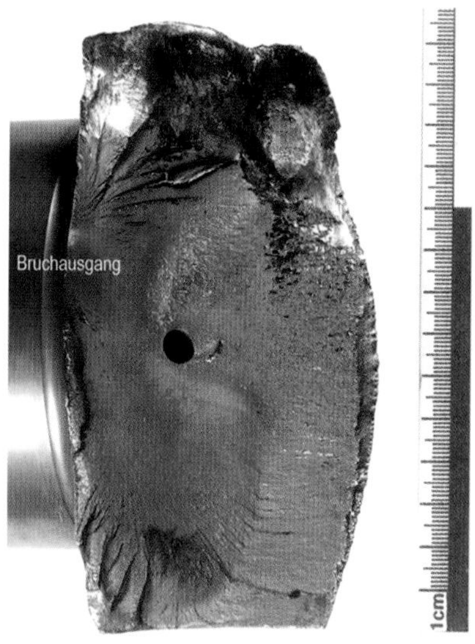

Bild 6.16: Makroaufnahme der Bruchfläche

3. Befund der fraktographischen Untersuchung im REM

An der Oberfläche ist der dunkle Diffusionsbereich der Nitrocarburierung als ebene Fläche mit einer durchgehenden Bruchstruktur erkennbar. An der Stelle A ist eine helle, etwas erhöhte Fläche erkennbar, auf die die Bruchlinien zulaufen. Es handelt sich dabei um ein Aluminiumoxid-Partikel der Größe 20 µm, von welchem ein Riss ausgeht, Bild 6.18.

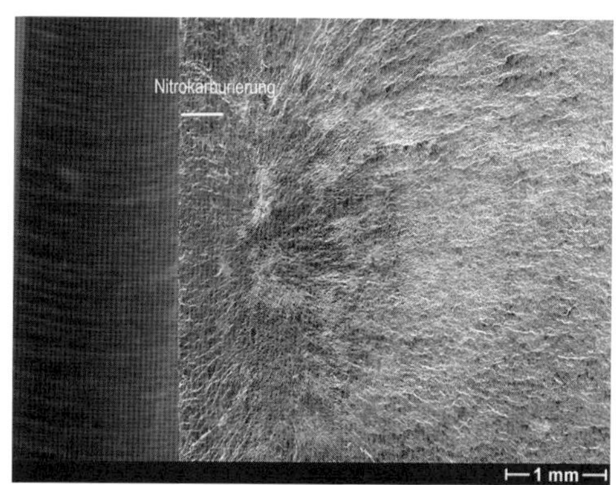

Bild 6.17: Rasterelektronenmikroskopische Aufnahme des Bruchausgangs

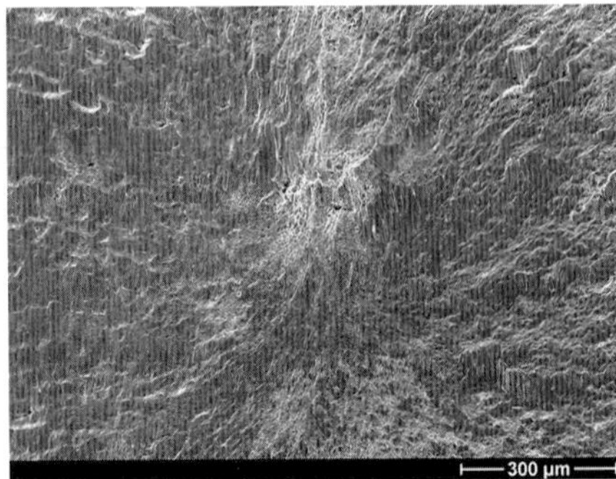

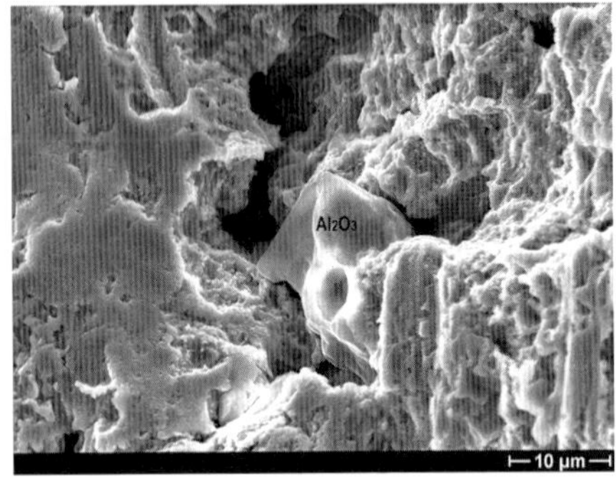

Bild 6.18: Ausschnitt aus Bild 6.17 – Nichtmetallischer Einschluss als Auslöser einer Rissbildung

4. Festlegung der Schliffflächen

Die Untersuchung einer Dauerbruchfläche – wie in Bild 6.16 erkennbar – erfolgt üblicherweise über eine elektronenmikroskopische Untersuchung. Zur Klärung von möglichen Ursachen bzw. Auslösern, ist oftmals eine Schliffuntersuchung hilfreich, da damit auch das Gefüge unter der Bruchebene beurteilt werden kann. Durch das Gebiet des Bruchausgangs, vgl. Bild 6.16, wurde ein Querschliff angefertigt.

5. Befunde der Schliffuntersuchung

Der Querschliff durch den Rissausgang, Bild 6.19 zeigt die ausgeprägte Seigerungsstruktur des Bauteils mit hellen und dunklen Zonen, die sich in der Härte deutlich unterscheiden. Die Härte liegt in einem Bereich von 215 bis 272 HV10 mit dem Mittelwert von 236 HV10. Die höheren Werte liegen in den dunklen positiven Seigerungszonen. Die Bruchausgangsstelle liegt an der Stelle A. Die Mikroaufnahme, Bild 6.20, zeigt im polierten Zustand, dass im Bereich der Seigerungszone lokal Anreicherungen nichtmetallischer Einschlüsse vorliegen. Um die Einschlüsse haben sich z.T. Hohlräume gebildet. Die über die Nitrocarburierbehandlung erzeugte Diffusionszone an der Bauteiloberfläche, stellt sich als dunkler Saum mit einer Dicke von 0,2 mm dar. Die Verbindungsschicht ist als heller Saum direkt an der Oberfläche erkennbar. Sie ist eine Folge der Stickstoffanreicherung während der Nitrocarburierung, vgl. auch Abschnitt 3.5.4.

Der Vergleich der rasterelektronenmikroskopischen mit der lichtmikroskopischen Untersuchung zeigt, dass mit letzterer ebenfalls die Ursachen bzw. Auslöser für den Dauerbruch identifiziert werden können, allerdings liefert die elektronenmikroskopische Untersuchung einen schnelleren Befund. Ferner können mit dem REM die Partikel qualitativ beschrieben werden.

Bild 6.19: Makroaufnahme des Querschliffs durch die Bruchausgangsstelle

Bild 6.20: Mikroaufnahme aus dem Bereich B, Bild 6.19, poliert: nichtmetallische Einschlüsse mit Hohlräumen

6. Schlussfolgerungen/Schadensursache

Die festgestellten Aluminiumoxidausscheidungen sind innere Kerben. Mit der Lage dicht unter der Oberfläche des relativ großen Partikels ergibt sich eine hohe lokale Spannungskonzentration, die zur Auslösung des Dauerbruchs geführt hat. Bei einem homogeneren Gefüge mit kleineren bzw. weniger nichtmetallischen Einschlüssen tritt kein Dauerbruch ein.

6.4.3 Bruch eines Eckventils mit Verlängerungsstück

Anlass: Ein ½“-Eckventil wurde mit einem Verlängerungsstück unterhalb einer Spültisch-Einheit für den Trinkwasseranschluss (kalt) montiert. Durch den Bruch des Verlängerungsstücks kam es zu einem Wasserschaden. Das Verlängerungsstück mit eingebautem Permanentmagnet sollte das durchfließende Wasser so beeinflussen, dass die Struktur von Kalzitkristallkeimen verändert wird. Dadurch sollten Kalkausscheidungen und Wasserfleckenbildungen auf den Armaturen unterbunden werden. Der Versorgungsdruck lag bei 6,2 bar. Das Rohrleitungsnetz bestand aus Stahlrohr verzinkt nach DIN 2440.

Prüfstück: Bild 6.21 zeigt die Anordnung Ventil – Verlängerungsstück. Beide Teile wiesen keine Kennzeichnung auf.

Bild 6.21: Eckventil mit Bruch in Verlängerungsstück

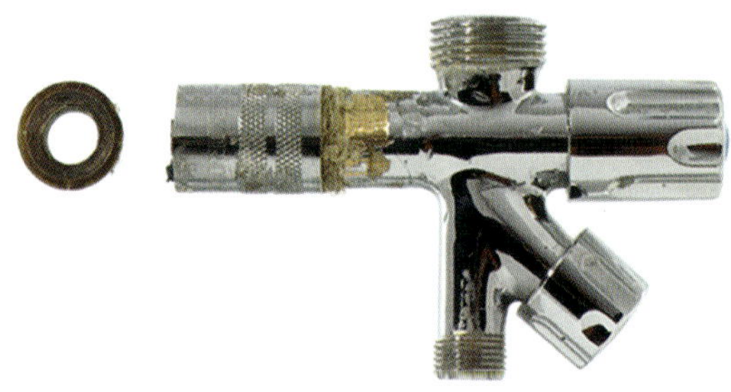

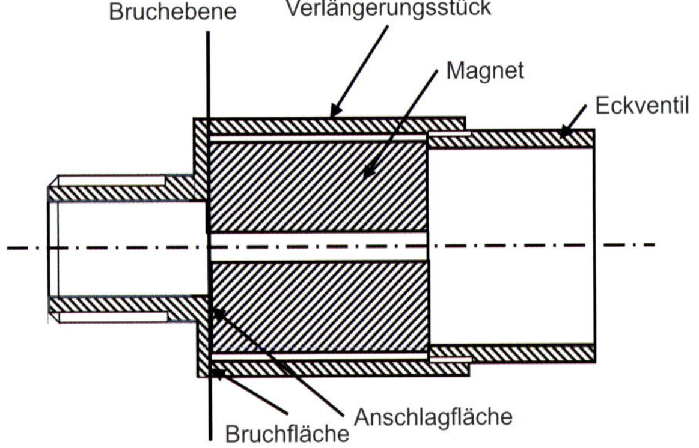

1. Vorgehensweise

Makroskopische Untersuchung. Analyse der Bruchstruktur im REM. Analyse des Gefüges im Schliff. Da die Zusammensetzung nicht bekannt war, wurde eine chemische Analyse (Stückanalyse) durchgeführt.

2. Befund makroskopische Untersuchung

Am Prüfstück sind deutliche Gebrauchspuren eines Werkzeuges zu sehen, Bild

6.21. Diese lassen darauf schließen, dass das Verlängerungsstück mit erheblichem Kraftaufwand angezogen wurde.

Bild 6.22 zeigt die Aufnahme der Bruchfläche. Anzeichen eines Verformungsbruches sind nicht erkennbar. Die Bruchflächenstruktur ist über dem Umfang gleichmäßig und weist keinen besonderen Bereich auf, der als Bruchausgang in Frage kommt.

3. Schlifffestlegung

Da keine Bruchausgangsstelle erkennbar ist, wurde ein Schliff gemäß Bild 6.22 festgelegt.

Bild 6.22: Bruchfläche

4. Befunde Schliffe

Das Gefüge des Verlängerungsstückes besteht aus einem α/β-Strangpressgefüge, Bild 6.23 links. An der Innenoberfläche ist eine beginnende *Entzinkung* zu sehen, Bild 6.23 rechts.

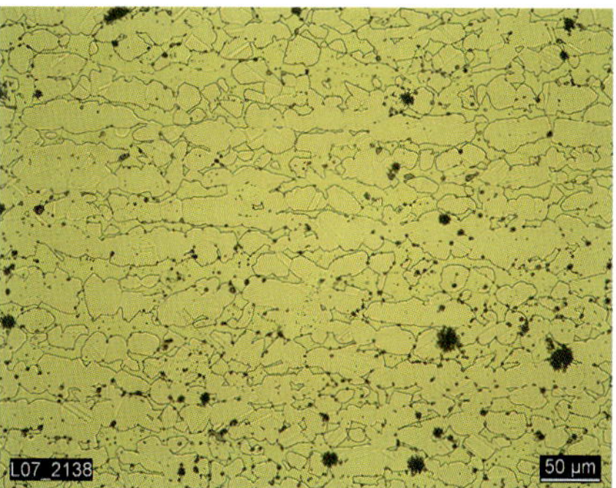

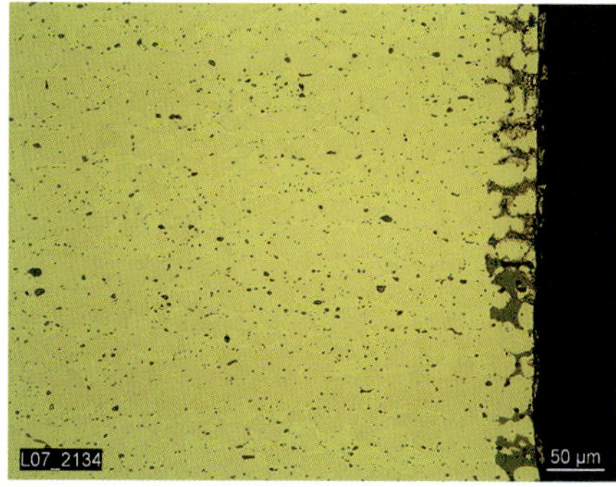

Bild 6.23: Gefüge des Verlängerungsstückes

5. Befunde der Stückanalyse

Die Analyse ergab, dass das verwendete Material keine genormte Zusammensetzung aufweist. Insbesondere der Bleigehalt lag deutlich über den normal zugelassenen Werten für übliche, genormte Legierungen, die für diese Bauteile eingesetzt werden.

6. Befunde der fraktographischen Analyse

Die rasterelektronische Bruchflächenuntersuchung, Bild 6.24 zeigt, dass an der inneren Anschlagkante Verformungen vorliegen, die vermutlich vom zu starken Anziehen des Verlängerungsstückes herrühren, Bild 6.25. Die eigentliche Bruchfläche weist einen verformungslosen, interkristallinen Charakter auf.

7. Schlussfolgerungen/Schadensursache

Das gebrochene Verlängerungsstück wurde aus einem zweiphasigen, entzinkungsunbeständigen Messing-Werkstoff im Strangpresszustand hergestellt. Es weist einen zu hohen Pb-Gehalt auf. Die interkristalline Bruchfläche ist auf ein Versagen infolge Spannungsrisskorrosion zurückzuführen. Dazu beigetragen haben die vorliegenden großen Spannungen aus der Herstellung (Eigenspannungen) sowie die zusätzlichen geometrie- und montagebedingten Zugspannungen.

Bild 6.24: Übersicht Bruchfläche

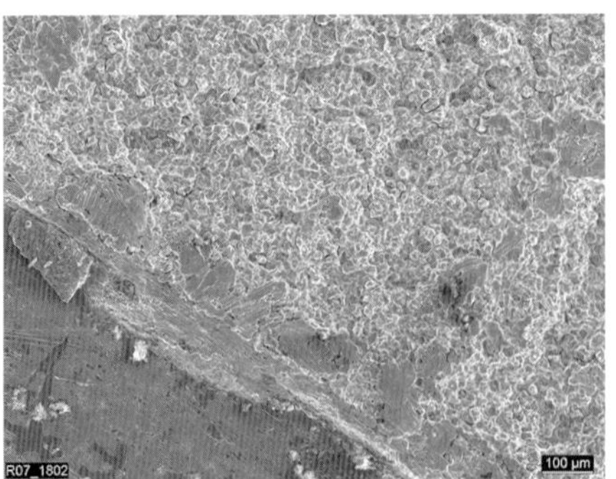

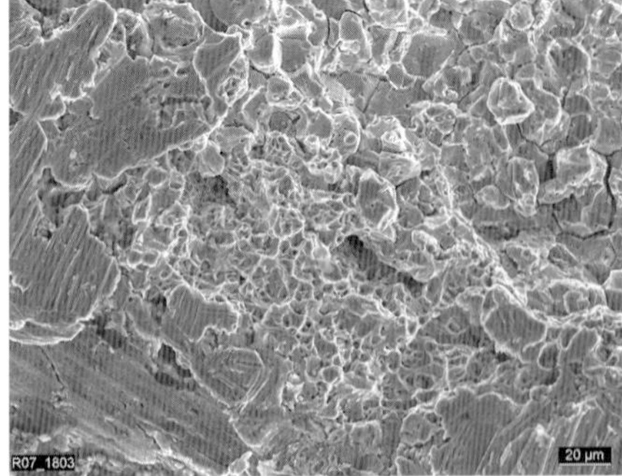

Bild 6.25: Ausschnitte aus Bild 6.24

7 Begriffserläuterungen

Nachfolgend werden die im Buch verwendeten wichtigsten werkstoffkundlichen und technischen Begriffe kurz erläutert.

Abnahmezeugnis

Prüfbescheinigungen zur Feststellung der Übereinstimmung mit den bestellten Anforderungen. Man spricht von Bescheinigung oder Zeugnis, je nachdem, wer der Aussteller ist: Werksbescheinigung, Werkszeugnis werden vom Hersteller ausgestellt. Die höchste Wertigkeit hat das Abnahmeprüfzeugnis, da es von einem unabhängigen Abnahmebeauftragten ausgestellt wird.

Arbeitsprobe

Arbeitsproben dienen zur Qualifikation eines Schweißverfahrens. Mit der Durchführung der Schweißung an einem dem Bauteil vergleichbaren Modell und der anschließenden Untersuchung wird nachgewiesen, dass das Verfahren und die damit verbundenen Prozessparameter geeignet sind, Schweißungen am Bauteil anforderungsgemäß durchzuführen.

Baugruppe

Wenn mehrere Bauteile eines Herstellers zu einem zerlegbaren, in sich geschlossenen Gegenstand mit einer zugeordneten Funktionalität verbunden werden, handelt es sich um eine Baugruppe. In Regelwerken wie z.B. der Druckgeräterichtlinie müssen mindestens zwei Druckgeräte miteinander verbunden sein, damit eine Baugruppe vorliegt, wie z.B. ein Schnellkochtopf mit Behälter + Sicherheitsventil oder aber auch komplexe Industrieanlagen.

Ein Einzelteil dagegen ist ein technisch beschriebener und gefertigter Gegenstand, der nicht zerstörungsfrei zerlegt werden kann.

Bestimmungsgemäßer Betrieb

Das Bauteil wird einer Belastung ausgesetzt, die in der Auslegungsberechnung vorgesehen ist und für die es konstruiert wurde. Es treten keine Abweichungen von der bei der Auslegungsberechnung vorgesehenen Belastung bzw. Einsatzbedingungen auf.

Beschaffenheit

Begriff aus dem Qualitätswesen. Die Gesamtheit der Merkmale und Merkmalswerte eines Produktes/Teiles wird unter dem Begriff „Beschaffenheit“ zusammengefasst. Die Beschaffenheit ist dann die geforderte Gesamtheit der Merkmale und Merkmalswerte eines Produktes und identisch mit dem Begriff Qualitätsforderung.

Die Qualität ergibt sich aus der Differenz von geforderter Beschaffenheit zur umgesetzten Beschaffenheit eines Produkts. Qualität orientiert sich an den Forderungen des Kunden und des Marktes. Eine maximale Qualität ist dann vorhanden, wenn die Differenz null ist.

Bewertungsgruppe

Eine Bewertungsgruppe gibt vor, welche Anforderungen an die Qualität seiner Herstellung ein Bauteil erfüllen muss. In der DIN EN ISO 5817:2014 stellt die Bewertungsgruppe D die niedrigsten Anforderungen, die Bewertungsgruppe C mittlere Anforderungen und die Bewertungsgruppe B die höchsten Anforderungen an die Ausführung von Schweißnähten im Hinblick auf die Zulässigkeit von *Unregelmäßigkeiten*.

Bruchmechanische Berechnungen

Bruchmechanische Berechnungen werden zum Nachweis eines möglichen Versagens bzw. zum Ausschluss desselben bei Bauteilen unter vorwiegend statischer Beanspruchung durchgeführt. Dazu wird die Spannungsintensität im Bauteil in Abhängigkeit von Werkstoff, Bauteilgeometrie und Beanspruchung für eine vorgegebene Fehlergröße (z.B. Risslänge) berechnet. Bei Überschreitung des kritischen Spannungsintensitätsfaktors K_{IC}, tritt spontanes Risswachstum ein, das zum Bruch führt. K_{IC} ist ein werkstoffabhängiger Wert und wird verwendet, wenn keine plastischen Verformungen auftreten.

CE-Zeichen

Durch die Anbringung der CE-Kennzeichnung bestätigt der Hersteller, dass das Produkt geltenden europäischen Richtlinien entspricht. Ohne diese Konformitätserklärung darf das Produkt nicht auf den europäischen Markt gebracht werden.

Dauerbruch

Der Dauerbruch – auch als Schwingbruch, Dauerschwingbruch oder Ermüdungsbruch bezeichnet – entsteht unter sich zeitlich verändernden Beanspruchungen, d.h. die Beanspruchungsgröße und/oder deren Richtungen wechseln. Er tritt ein, wenn die Beanspruchungen über einer bestimmten, kritischen Größe liegen. Nach einer Inkubationszeit breitet sich ein Schwingriss – teilweise mehrere Schwingrisse – allmählich über das Bauteil aus, bis der verbliebene Restquerschnitt infolge der ständig angestiegenen Spannung durch Gewaltbruch versagt (Restbruch). Mit Hilfe des dabei entstehenden Bruchbilds kann auf die Beanspruchungsart geschlossen werden, Bild 6.7. Voraussetzung hierbei ist, dass die Bruchfläche nicht zerstört wird, z.B. wenn Druckspannungen vorliegen oder eine Oxidation/Korrosion erfolgt. Unter korrosiven Medien kann die kritische Beanspruchung deutlich abgesenkt werden.

Dopplung

Beim Herstellen von Blechen/Schmiedestücken aus gegossenem Vormaterial werden gießbedingte Hohlräume (Lunker) sowie Ansammlungen von nichtmetallischen Einschlüssen zu Zeilen ausgewalzt. Die Hohlräume werden nicht oder nur teilweise miteinander verbunden bzw. die Einschlusszeilen trennen die umgebende Matrix. Diese Fehler liegen in der Regel im Mittenbereich des Halbzeugquerschnitts. Treten Spannungen quer zu den Zeilen auf (Z-Richtung) öffnen sich diese und spalten das Halbzeug in Dickenrichtung (siehe auch *Terrassenbruch*).

Dopplungen stellen Schwachstellen in einer Konstruktion dar, eine Belastung in Dickenrichtung kann zum Versagen führen. Besonders bei schweißtechnischen Konstruktionen sind – wegen der auftretenden Schrumpfspannungen - Dopplungen auszuschließen. Bei der Bestellung ist ggf. die Mindestanforderung an die Brucheinschürung in Dickenrichtung anzugeben (Z-Güte).

DVGW-Grenzhärtewert

Deutscher Verein für das Gas- und Wasserfach. Das DVGW-Regelwerk bildet die Grundlage für alle Aktivitäten in der Gas- und Wasserwirtschaft. Es umfasst die technischen Regeln und DIN-Normen und bietet Handlungs- sowie Rechtssicherheit. Die empfohlenen Härtewerte sind in dem DVGW-Arbeitsblatt GW 393 „Verlängerungen (Rohrverbinder) aus Kupferwerkstoffen für Gas- und Trinkwasserinstallationen; Anforderungen und Prüfungen“, Wirtschafts- und Verlagsgesellschaft Gas und Wasser mbH (2003) dargestellt.

Eigenspannungszustand

Spannungen in einem Bauteil, die ohne äußere Last und/oder ohne betriebsbedingte Temperaturdifferenzen vorhanden sind, werden als Eigenspannungen bezeichnet. Sie entstehen z.B. durch lokale plastische Verformungen, durch die Behinderung beim Ausdehnen bzw. Schrumpfen oder in der Mikrostruktur durch Phasenumwandlungen. Sie können makroskopische Bereiche erfassen, z.B. in Schweißverbindungen oder auch in Mikrobereichen wirken, z.B. bei der Einlagerung von großen Fremdatomen im Gitter.

Eigenspannungen beeinflussen durch die Überlagerung mit betrieblichen Spannungen das Versagensverhalten von Bauteilen.

Elastizitätsmodul

Bei Werkstoffen, die bei Belastung einen linearen Zusammenhang zwischen der Belastung F (Spannung σ = F/Ausgangsquerschnitt A) und der Verlängerung Δl (Dehnung $\varepsilon = \Delta l$/Ausgangslänge l) zeigen, stellt der Elastizitätsmodul E die Proportionalitätskonstante dar mit $\sigma = E \cdot \varepsilon$.

Energiedispersive Röntgenspektroskopie

Englisch: energy dispersive X-ray spectroscopy; gebräuchliche Abkürzungen: EDX, EDRS oder EDS. Die im Rasterelektronenmikroskop vom Elektronenstrahl getroffene Probe emittiert außer den Elektronen auch Röntgenstrahlung, die zur Analyse der in der Probe vorhandenen Elemente verwendet werden kann.

Entzinkung

Die Entzinkung von Messing ist ein Oxidationsvorgang (selektive Korrosion), bei dem das Kupfer vom Zink getrennt wird und als poröser Kupferschwamm zurückbleibt. Das Zink wird gelöst mit dem Medium (meist Wasser) abtransportiert. Aufgrund des fehlenden Zinks färben sich die betroffenen Stellen kupferrot. Je höher der Kupfergehalt im Messing, desto geringer ist die Wahrscheinlichkeit einer Entzinkung.

Ersatzfehlergröße

Das Ultraschallsignal liefert in vielen Fällen keine (ausreichenden) Informationen über die räumliche Ausbildung des Fehlers. Deswegen erfolgt eine Umrechnung in eine ideelle Kreisscheibe (KSR Kreisscheibenreflektor), die gleiche Ultraschallreflexion verursachen würde. Der KSR-Wert stellt den Durchmesser in mm dieses ideellen Fehlers dar.

Erschmelzung

Bei der Herstellung von Legierungen werden je nach der Art der Ausgangsstoffe unterschiedliche Verfahren eingesetzt. So wird z.B. Eisenerz in einem Hochofen zur Reduktion des Oxids zu Roheisen verarbeitet und in einem Konverter zu Stahl weiterverarbeitet. Energetisch günstiger Schrott und Zuschlagsstoffe werden im Lichtbogenofen erschmolzen. Zur Erzielung bester oder ausgewählter Materialeigenschaften werden engste Toleranzen bei der Stahlreinheit vorgegeben. Es kommen daher unterschiedliche Verfahren der Nachbehandlung, wie z.B. Entgasen (Sekundärmetallurgie) oder Umschmelzen zum Einsatz, wie z.B. das Lichtbogen *Vakuum Verfahren* (*LBV*) bzw. *das Elektroschlacke-Umschmelzverfahren* (*ESU*). Der Art und Umfang der Erschmelzung kann vom Besteller vorgegeben werden.

Elektroschlacke-Umschmelzverfahren (ESU)

Ein Block aus dem Ausgangsmaterial wird als Elektrode in ein Schlackebad einer Kokille eingetaucht. Aufgrund des hohen elektrischen Widerstandes zwischen Schlacke und Elektrode schmilzt das Material an der Spitze ab. Nach dem Durchgang durch die Schlacke sammelt sich die Schmelze in einer wassergekühlten Kupferkokille. Die nichtmetallischen Einschlüsse und Schwefel verbleiben in der Schlacke und werden anschließend abgeschieden. Es ergibt sich ein Stahl von besonderer Reinheit und homogenem Gefüge mit verbesserter Materialeigenschaft.

Ertragbare Spannung

Ein Bauteil kann sicher betrieben werden, wenn die zulässige = ertragbare Spannung größer ist als die im Bauteil vorliegende wirksame Spannung. Die zulässige Spannung σ_{zul} ermittelt sich aus dem Quotienten Werkstoffkennwert K/ Sicherheitsbeiwert S. Die wirksame Spannung σ_v errechnet sich aus den Bauteilbeanspruchungen bezogen auf den vorliegenden Querschnitt bzw. das zugehörige Widerstandsmoment. Die Festigkeitsbedingung lautet: $\sigma_v < \sigma_{zul.}$

Fusionslinienbruch

Bruch bzw. Rissbildung an der Fusionslinie (Ende der Aufschmelzzone des Grundwerkstoffs durch das Schweißgut) einer Schweißverbindung. Tritt meist bei nicht miteinander kompatiblen Gittersystemen auf, wenn z.B. ein kubisch raumzentriertes Gitter eines austenitischen Stahles/Legierung mit dem kubischflächenzentrierten Gitter eines ferritischen Stahl/Legierung (Schwarz-Weiß-Verbindung) verbunden wird. Die Fusionslinie stellt besonders bei Ermüdungsbeanspruchung oder Kriechbeanspruchung mit höherer Beanspruchung (quer zur Schweißverbindung) eine Zone mit hohem Versagenspotenzial dar.

Gasblasen

Einschluss von Gas während der Erstarrung aus der schmelzflüssigen *Phase* mit unterschiedlicher Größe: makroskopisch bei geringer Vergrößerung oder mit dem Auge im Schliff erkennbar oder mikroskopisch bei Vergrößerung größer 50fach. In der Regel weisen Gasblasen glatte und runde Formen auf.

Gitterstruktur

Die Atome eines Metalls sind auf Knotenpunkten eines räumlichen Gitters angeordnet. Dieses Kristallgitter kann durch das Verschieben der Elementarzelle abgebildet werden. Wichtige Elementarzellen von technischen Legierungen sind

- das kubisch raumzentrierte Gitter (krz): auf jeder Ecke des Würfels der Elementarzelle sitzt ein Atom sowie ein Atom zentral in Würfelmitte = raumzentriert
- das kubisch flächenzentrierte Gitter (kfz): zusätzlich zu den Atomen auf den Würfelecken befindet sich ein Atom auf jeder Flächenmitte = flächenzentriert.

Heißriss

Heißrisse entstehen während des Abkühlens aus dem schmelzflüssigen Zustand (Gussstücke, Schweißgut). Während des Erstarrungsvorgangs befinden sich Restschmelze und/oder niederschmelzende Eutektika vor der Erstarrungsfront. Dieser Bereich ist nicht in der Lage, auftretende Schrumpfspannungen zu übertragen, sodass es zu interkristallin und interdendritisch verlaufenden Rissen kommt. In der WEZ kann es durch die Einwirkung der hohen Temperatur des schmelzflüssigen Schweißguts zu interkristallinen Wiederaufschmelzrissen von Bereichen mit niedrigschmelzenden Phasen kommen, die sich unter Einwirkung der Schrumpfspannungen beim Abkühlen nicht mehr schließen.

Hydroxid

Hydroxide sind salzähnliche Stoffe. Sie enthalten Hydroxid-Ionen (OH^-) als negative Gitterbausteine (Anionen). Sie bilden sich über die Reaktion von Metalloxiden mit Wasser. Natriumhydroxid oder Kaliumhydroxid bilden mit Wasser stark alkalische Lösungen (Laugen).

Induktivbiegen

Herstellung einer Rohrkrümmung aus einem in einer Rohrbiegemaschine eingespannten geraden Rohr über örtliches Induktives Aufheizen der Biegestelle und gleichzeitiger Krafteinleitung. Die Aufheiztemperatur ist werkstoffabhängig. Bei einem legierten Stahl beträgt sie rd. 950°C.

Interferenzschichtmetallographie

Physikalische Ätzmethode: Herstellung von Interferenzschichten, z.B. durch Aufdampfen von Zinkselenid, Titanoxid auf die polierte Probenoberfläche zur Verstärkung des Kontrastes. Die auf der Objektoberfläche auftreffenden Lichtwellen werden durch Mehrfachreflexionen an den Grenzflächen Metall/Schicht und Schicht/Luft geschwächt, wodurch eine von den optischen Konstanten zweier benachbarter Phasen abhängige Kontraststeigerung zwischen den Gefügebestandteilen hervorgerufen wird. Diese Kontraststeigerung besteht nicht nur in einer Vergrößerung des Unterschiedes der Intensität des reflektierten Lichtes zwischen zwei Phasen, sondern auch in einer Vergrößerung des Farbkontrastes.

Instandhaltung

Hochwertige Bauteile, die im Versagensfall einen großen kommerziellen und funktionalen Schaden verursachen, werden bzw. müssen in vielen Fällen, wie vom Gesetz vorgeschrieben, einer regelmäßigen Instandhaltung unterzogen werden. Die dabei einzusetzenden Methoden müssen geeignet sein, die durch den Betrieb oder bei Störfällen auftretende Schädigung zuverlässig zu erfassen. Das Bauteil ist bei Erreichen eines definierten Erschöpfungs- bzw. Schädigungszustands auszutauschen.

Ionenstrahlätzen

Die metallographisch vorpräparierte Oberfläche wird mit energiereichen Edelgasionen (meist Argon) beschossen. Die Ionen lösen Atome aus der Oberfläche des Werkstückes heraus. Der Kontrast entsteht durch die unterschiedliche Abtragrate von dicht gepackten Gitterebenen und nicht so dicht gepackten Ebenen. Einstellparameter sind Aufprallwinkel, Strahlenergie bzw. -leistung und Zeit.

Jominy-Versuch (Stirnabschreckversuch-Versuch)

Der Stirnabschreckversuch nach DIN EN ISO 642:1999 dient zur Ermittlung der Aufhärtung bei Martensitbildung sowie der Einhärtungstiefe. Letztere definiert den Härteverlauf über die Werkstücklänge, d.h. den Härtewert in Abhängigkeit vom Abstand zum Ort der größten Abschreckung.

Der Jominy Versuch ist eine experimentelle Methode, die Einhärtung eines Stahls an einer vorgegebenen Probe unter vorgegebenen Abkühlbedingungen zu ermitteln. Die Prüfung erfolgt durch:

a. Erwärmen einer zylindrischen Probe auf eine festgelegte Temperatur im austenitischen Bereich für eine festgelegte Zeitdauer,
b. Abschrecken der Probe durch einen Wasserstrahl an einer der Stirnflächen unter festgelegten Bedingungen,
c. Messung der Härte an bestimmten vorgegebenen Punkten, an in Längsrichtung auf der Probe angeschliffenen Prüfflächen.

Wird der zeitliche Verlauf der Temperatur über der Probenlänge gemessen, kann mit Hilfe des zugehörigen ZTU-Schaubildes die Gefügezusammensetzung ermittelt und dem vorliegenden Gefüge der Probe zugeordnet werden.

Kaltarbeitsstahl

Werkzeugstahl, der für Bearbeitungstemperaturen bis 200°C eingesetzt werden kann, z.B. für Schnitt- oder Sägewerkzeuge. Die maßgebenden Eigenschaften sind hohe Härte, hohe Verschleißfestigkeit, gute Zähigkeit und gute Maßbeständigkeit bei noch ausreichender Bearbeitbarkeit. Unlegierte Kaltarbeitsstähle weisen Kohlenstoffgehalte von 0,5 bis 1,5% C auf. Sie sind i. Allg. nicht durchhärtbar und weisen einen zäher Bauteilkern auf. Legierte Kaltarbeitsstähle werden zusätzlich mit Si, Mn, Cr, Mo, V und W legiert. Die Bearbeitung erfolgt im weichgeglühten Zustand. Die Stähle sind nicht schweißbar.

Kohärenz

Mit Kohärenz wird die Übereinstimmung der Gittertypen und Gitterkonstanten zweier unterschiedlicher Phasen/Kristalle (im allgemeinen Matrix und Ausscheidung) bezeichnet. Bei geringer Abweichung der Gitterkonstante der beiden Gitter um weniger als 2% gehen die Gitterebenen beider Kristalle ineinander über. Teilkohärenz liegt vor, wenn beide nur einige Gitterebenen gemeinsam haben. Inkohärente Ausscheidungen weisen keine gemeinsamen Gitterebenen mit der Matrix auf. Der Kohärenztyp hat Auswirkungen auf die Festigkeit: Teilkohärenz bewirkt i. Allg. die höchste Festigkeitssteigerung. Bei groben inkohärenten Ausscheidungen fällt die Festigkeit wieder ab.

Kriechbereich, Kriechen

Erhöhter Temperaturbereich, in dem der Werkstoff bei Spannungen unterhalb der Streckgrenze ein zeitabhängiges Verformungsverhalten zeigt: die Verformung erfolgt ohne Erhöhung der Spannung, d.h. bei konstanter Spannung nach einem vom Werkstoff und der Temperatur abhängigen Zeitgesetz. Bei entsprechend langer Beanspruchungszeit versagt der Werkstoff durch einen Kriechbruch. Dieser ist nicht mit der Zugfestigkeit beschreibbar. Es müssen über Zeitstandversuche besondere Kennwerte ermittelt werden: Probestäbe werden konstanten Lasten bei konstanten Temperaturen ausgesetzt. Die Zeit bis zum Bruch sowie die Kriechbruchverformung wird bestimmt. Die Zeitstandfestigkeit ist dabei die Spannung, die bei einer gegebenen Prüftemperatur nach z.B. 10^5 h zum Bruch führt. Die Kriechfestigkeit bzw. Zeitstandfestigkeit eines Werkstoffes ist von seinem Gefüge abhängig. Das Kriechversagen erfolgt durch die Bildung von *Kriechporen* und Mikrorissen an Korn- bzw. Subkorngrenzen, wobei hier ein starker Einfluss des Gefüges, der Belastungszeit und der Temperatur vorliegt.

Das Kriechverhalten wird in drei Bereiche eingeteilt: Kriechbereich I (primäres Kriechen, Übergangskriechen) – die Kriechverformungsgeschwindigkeit nimmt ab. Kriechbereich II (sekundäres Kriechen, stationäres Kriechen) – die Kriechgeschwindigkeit ist konstant. Kriechbereich III (tertiäres Kriechen) – die Kriechgeschwindigkeit nimmt progressiv zu.

Phase I wird bei niedrigeren Temperaturen und hohen Spannungen beobachtet, es können größere Verformungswerte beim Bruch auftreten. Phase II tritt bei niedrigeren Spannungen und höheren Temperaturen auf. In diesem Fall nimmt es den größten Zeitanteil in Anspruch, die Kriechverformungswerte nehmen stark ab. Phase III tritt auf, wenn die Mikrostruktur durch Diffusionsvorgänge in der Phase II und die gegen Ende der Phase II auftretenden irreversiblen Schädigungen (Kriechporen) geschwächt und der Kriechwiderstand herabgesetzt ist.

Kriechen tritt bei einfachem warmfestem Stahl bei Temperaturen > 400°C auf. Die maximale Einsatztemperatur für z.B. 10^5 h liegt bei ferritischen Stählen durch Zusatz von Legierungselementen und eine optimierte Wärmebehandlung bei bis zu 650°C, bei austenitischen Stählen bis 700°C und bei Nickellegierungen bis zu 750°C. Wird die Betriebszeit herabgesetzt, kann die Temperatur auch höher liegen – bei ferritischen Stählen muss diese jedoch immer unter der Anlasstemperatur bzw. Umwandlungstemperatur liegen (Überhitzungseffekte).

Kriechporen

Kriechporen treten am Ende der Kriechphase II (stationäres Kriechen) vorzugsweise an Korngrenzen oder Martensitlattengrenzen auf. Aussehen und Größe wird vom Gefüge bestimmt. Kriechporen sind technisch relevant, wenn sie im Lichtmikroskop mit einer Größe von > 1 µm erkannt und identifiziert werden. In martensitischen Stählen sind die Poren von eckiger Form – bedingt durch die umgebenden Martensitlatten. In ferritischen Stählen sind Kriechporen vorwiegend von abgerundeter Form, Bild 7.1: obere und mittlere Bildreihe. Kriechporen sollten nicht mit Verformungsporen verwechselt werden, die sich bei einer Verformung bei zunehmender, stetig ansteigender Belastung bilden, Beispiel Bild 7.1 untere Bildreihe. Bei den Kriechporen ist eine Zuordnung zu den Korngrenzen bzw. Martensitlatten erkennbar.

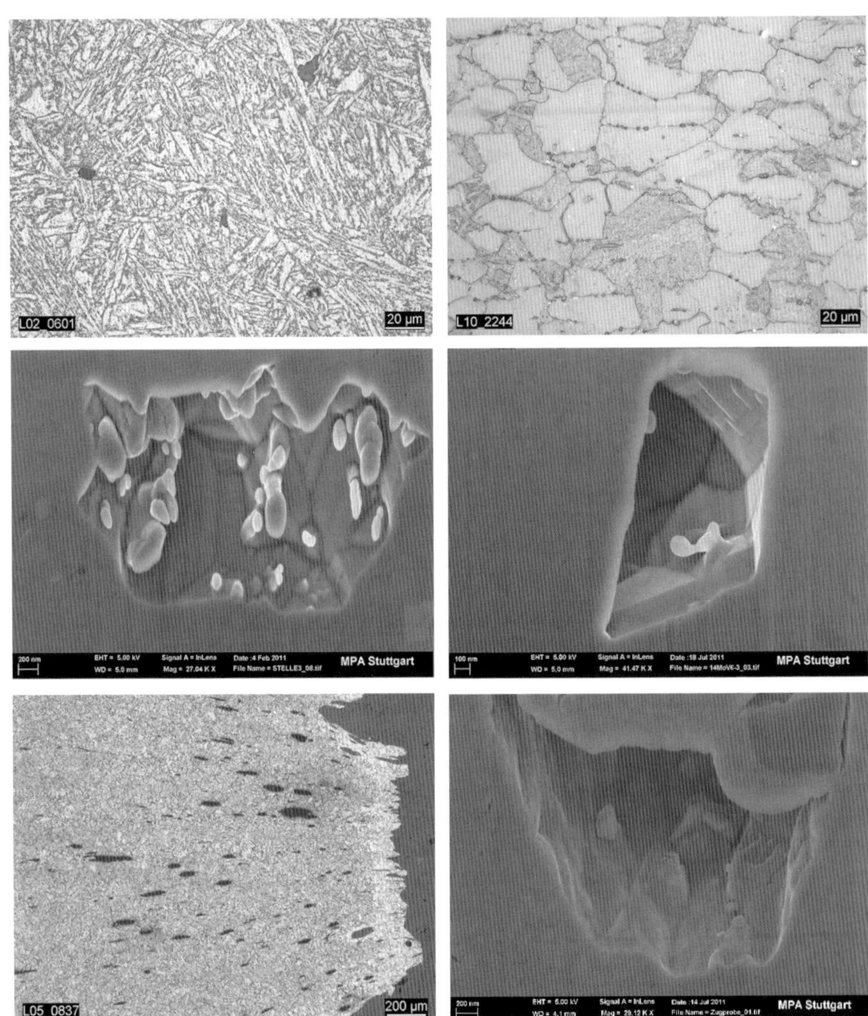

Bild 7.1: Erscheinungsformen von Kriechporen. Obere Reihe: Lichtmikroskopische Aufnahmen – Mittlere Reihe: REM Aufnahmen angeschnittener Kriechporen. Links: Martensitischer 9% Cr-Stahl – Rechts Ferritisch-bainitischer 14MoV6-3. Untere Bildreihe: Verformungspore – Übersichtsaufnahme Zugstab links – REM Aufnahmen angeschnittene Pore rechts.

Im weiteren Verlauf der Kriechschädigung nimmt die Zahl der Poren zu – bevorzugt an Korngrenzen senkrecht zur größten Hauptspannung. Es bilden sich Porenketten und Mikrorisse, aus denen sich Makrorisse entwickeln, vgl. Abschnitt 4.2.2.

Kristall

Die (Metall)Atome eines Elementes sitzen (im festen Zustand) in regelmäßigen Mustern (siehe Gitter) und bilden ein Kristall. Je nach Muster (Gitter) gibt es unterschiedliche Kristallstrukturen. Im Idealzustand weist ein Kristall keine Fehler auf. Im Realzustand treten jedoch Fehler in der Struktur auf: z.B. nulldimensionale Punktfehler: Leerstellen, Zwischengitteratome, Substitutionsatome (Fremdatome); Linienfehler: unvollständige Ebenen – Versetzungen; zweidimensionale Flächenfehler: Stapelfehler, Grenzflächen im Kristall (Oberflächen, Phasengrenzen, Groß- und Kleinwinkelkorngrenzen, Zwillingsgrenzen, Grenzen von Ordnungsbereichen). Diese Fehler haben Auswirkungen auf die Eigenschaften der Werkstoffe. Mit Ausnahme der zweidimensionalen Flächenfehler sind sie metallographisch, d.h. lichtoptisch nicht erkennbar.

Kristallerholung

Bei Verformung, Bestrahlung oder Abschrecken aus höheren Temperaturbereichen bilden sich Gitterfehler, wie z.B. Leerstellen, Fremdatomeinlagerungen sowie Versetzungen/Stapelfehler. Mäßig erhöhten Temperaturen bewirken eine teilweise Ausheilung von Gitterfehlern und eine Umordnung von Versetzungen, die lichtmikroskopisch nicht sichtbar sind. Der Einfluss auf die mechanisch-technologischen Eigenschaften ist gering. Die Temperatur der Kristallerholung liegt unter der Rekristallisierungstemperatur.

Lichtbogen Vakuum Verfahren (LBV)

Ein Block wird als selbstverzehrende Elektrode unter Vakuum über einen Lichtbogen ab- bzw. umgeschmolzen. Das Umschmelzen erfolgt in einem Vakuumkessel bei einem Druck von nur ca. 0,001 mbar. Die Erstarrung des abgeschmolzenen Materials erfolgt im unteren Teil des Vakuumkessels bestehend aus einem wassergekühlten Kupfertiegel, der über eine gute Wärmeabfuhr eine gleichmäßige Erstarrung gewährleistet. Durch diesen Prozess werden unerwünschte Begleitelemente abgedampft und oxidische Einschlüsse entfernt.

Lunker

Hohlraumbildung während des Erstarrungsprozesses aus dem schmelzflüssigen Zustand. Das erstarrte Metall hat ein geringeres Volumen als das flüssige. Die Volumenverringerung führt zur Bildung eines Schwindungshohlraums. Kennzeichnend für einen Lunker sind die frei erstarrten Oberflächen, d.h. die Erkennbarkeit von in den Hohlraum hineingewachsenen Kristalliten. Lunker treten in gegossenen Bauteilen bzw. Gussblöcken und nicht verschmiedetem Vormaterial auf. Lunker sind dreidimensionale makroskopische Fehlererscheinungen.

Makroseigerungen

Entstehen bei der Erstarrung eines Gussteiles bzw. Blocks. Vor der Erstarrungsfront reichern sich Elemente in der Restschmelze an, sodass in dem später erstarrten Volumen andere Konzentrationen von Elementen vorliegen. Makroseigerungen kann man nur durch eine optimierte Gießtechnik vermeiden und durch nachfolgendes Glühen nicht beseitigen.

Martensitendtemperatur M_f

Beim Härten von Stahl ist der Beginn und Ende des Umklappens des austenitischen kfz-Gitters (Austenit) in das martensitische kfz-Gitter vom Kohlenstoff abhängig. Bei einem C40 setzt der Umklappvorgang (Martensitstart M_s) bei rd. 390°C ein und ist bei rd. 170°C abgeschlossen (Martensitstart M_f). Bei einem C60 liegt der Martensitstart M_s bei rd. 310°C ein und ist bei rd. 20°C abgeschlossen (Endtemperatur der Martensitbildung M_f). Bei höheren Kohlenstoffgehalten muss der Stahl unter RT abgekühlt werden, damit die Martensitbildung abgeschlossen werden kann und das Gefüge keinen Restaustenit aufweist.

Mechanisch-technologische Untersuchungen

Mechanisch-technologische Untersuchungen sind Prüfungen zur Feststellung der in den Werkstoffnormen und Spezifikationen vorgegebenen mechanischen und technologischen Eigenschaften. Beispiele für mechanische Eigenschaften: Zugfestigkeit, Streckgrenze, Bruchdehnung, Schlagenergie, Härte. Beispiele für technologische Eigenschaften: Umformbarkeit, Schweißeignung, Scherbarkeit. Zur Ermittlung der zugehörigen Werte sind vorgegebene Versuche durchzuführen: Zugversuch, Kerbschlagbiegeversuch, Härteprüfung, Biegeversuch. Die Art der Durchführung, Probenart und Entnahmeort sind in den Normen/Spezifikationen festgelegt. Das Labor, das die Untersuchungen durchführt, sollte zertifiziert sein.

Mehrachsigkeitszustand

Der Mehrachsigkeitszustand beschreibt, wie ein Bauteil/Werkstoffprobe durch die einwirkende Belastung beansprucht wird: eine Zugprobe wird einachsig belastet (bis zu dem Zeitpunkt, an dem sie beginnt sich einzuschnüren), da die

Zugkraft nur in einer Richtung – der Längsrichtung – wirkt. Die Wand eines Behälters unter Innendruck wird an der Innenoberfläche dreiachsig belastet: in Quer- (Radial) sowie in Längs- und Umfangsrichtung. An der Außenoberfläche ist die Querbeanspruchung gleich Null und es liegt ein zweiachsiger Spannungszustand in Längs- und Umfangsrichtung vor. Die Mehrachsigkeit der Beanspruchung beeinflusst über die Herabsetzung der Verformbarkeit das Versagensverhalten, das im Vergleich zu einer einachsigen Beanspruchung früher eintritt.

Mikrolunker

Die zwischen Kristallen eingeschlossene Restschmelze füllt den Hohlraum nicht aus. Mikrolunker werden als mikroskopische – im Korngrößenbereich – dreidimensionale Fehlererscheinungen bezeichnet.

Mischkristall

Im Kristall eines Elementes A sind Atome eines Elementes B „gelöst“, d.h. die B-Atome sitzen je nach Größe auf Gitter- oder Zwischengitterplätzen. Die Anzahl der B-Atome im A-Gitter hängt von der Temperatur ab (Löslichkeit) ab. Eine wichtige Rolle spielt die Abkühlgeschwindigkeit:

Beim Erstarren aus der Schmelze können sich auch Zonenmischkristalle bilden, z.B. bei Kupfer-Nickellegierungen sitzen im Kern mehr Nickelatome. Der Kern wird von Schichten mit immer weniger Ni-Atomen umgeben. Dieser Effekt ist im geätzten Zustand erkennbar, da ein unterschiedlicher Ätzangriff erfolgt. Durch Glühen unterhalb der Solidustemperatur können die Zonenmischkristalle homogenisiert werden, d.h. die unterschiedliche Ni-Konzentration gleicht sich durch Diffusion aus.

Tritt beim Abkühlen eine Phasenumwandlung auf, kann durch sehr schnelles Abkühlen erreicht werden, dass im Gitter von A mehr B-Atome enthalten sind (Zwangslösung), weil die Zeit für eine Diffusion aus dem A-Gitter zu kurz war.

Ordnungsgemäßer Gefügezustand

Wenn Werkstoff, Wärmebehandlung und Verarbeitungsschritte vorgegeben sind, resultiert daraus ein spezifischer Gefügezustand, der wiederum mit bestimmten geforderten Eigenschaften in direkter Verbindung steht. Z.B. wird angelassener Martensit als ordnungsgemäßer Gefügezustand bei gehärteten und wärmebehandelten Bauteilen vorgegeben, der zusätzlich noch bestimmte Härtewerte aufweisen muss. In vielen Fällen wird die Anforderung an den Gefügezustand in der Werkstoff- bzw. Bauteilspezifikation vorgegeben. Ist dies nicht der Fall, muss der Zustand aus Werkstoff und Wärmebehandlungsbedingungen unter Verwendung entsprechender Zustandsdiagramme abgeleitet werden

Oxidablösung von Bruchflächen (ENDOX Methode [6])

Die oxidierte Bruchfläche wird in einem elektrolytischen Bad (Elektrolyt: äquimolare Mischung aus NaOH und NaCN) als Kathode eingesetzt. Als Anode dient ein zylindrisches Platinnetz. Die Stromdichte liegt im Bereich von rd. 2500 A/m^2 bei einer angelegten Gleichspannung von 6 bis 7 Volt. Bei Erreichen einer Stromstärke von 1 bis 2 A sollte die Probe herausgenommen, im Ultraschallbad gereinigt und getrocknet werden. Ggf. muss der Vorgang wiederholt werden. Bei nicht genügender Erfahrung mit dieser Methode besteht das Risiko, dass die unter dem Oxid befindliche metallische Bruchflächenstruktur angegriffen wird.

Peritektische Reaktion

Eine sich bereits aus der Schmelze gebildete feste Phase, reagiert mit der Schmelze zu einer neuen (anderen) festen Phase. Die Reaktion läuft bei konstanter Temperatur, der sogenannten peritektischen Umwandlungstemperatur ab und findet direkt an der Grenzfläche statt. Findet keine vollständige Umwandlung statt (zu schnelle Abkühlung, Behinderung der Diffusion durch die neue feste Phase an der Grenzfläche) findet keine komplette Umwandlung des ursprünglichen Kristalls statt: die ursprüngliche Struktur im Kern wird von dem neuen Kristall umhüllt.

Phase

Ein Gefüge kann aus einer und/oder mehreren (mikroskopisch unterscheidbaren) Phasen bestehen. Eine Phase ist chemisch homogen und unterscheidet sich von einer anderen Phase durch den kristallographischen Aufbau. Beispiel: α-Mischkristall, β-Mischkristall.

Phosphat, Phosphid

Verbindungen des Schwefels. Beispiel: In P-haltigem Gusseisen mit Lamellengraphit tritt Phosphideutektikum (Steadit) auf. Im metallographischen Schliff nach einer Ätzung wird Steadit als harte, helle Phase sichtbar.

Poren

Hohlräume im Werkstoff bzw. Bauteil, die im Schliff mikroskopisch erkennbar sind. Es gibt unterschiedliche Ursache für die Bildung von Poren. Sie können unter der Wirkung äußerer Lasten im Zusammenhang mit plastischer, zeit- oder zeitunabhängiger Verformung entstehen oder während der Herstellung (Gießen) und Verarbeitung (Schweißen) beim Erstarren aus dem schmelzflüssigen Zustand (→ Gasblasen). Das Aussehen von Poren wird beeinflusst von der Gefügeart und der Entstehungsursache sowie der Präparation des Schliffes.

Primärgefüge

Als Primärgefüge wird das nach der Erstarrung aus der Schmelze vorliegende Gefüge bezeichnet. Bei höheren Abkühlgeschwindigkeit können sich in den Kristallen Elemente ungleichmäßig verteilen: z.B. bei Zonenmischkristallen in CuNi-Legierungen ist die Konzentration von Ni im Kern größer; bei phosphorhaltigen Stählen ist die Konzentration von P am Kristallaußenbereich größer, sodass die Innenbereiche bei der Ätzung nach Oberhoffer stärker angegriffen werden.

Das bei der Weiterverarbeitung, z.B. Walzen und Schmieden bei Stahl über die γ/α-Umwandlung entstehende Gefüge wird als Sekundärgefüge bezeichnet.

Pufferlage, Pufferung, Pufferschweißung

Liegen Grundwerkstoffe mit unterschiedlicher chemischer Zusammensetzung vor, ist es möglich, diese Unterschiede durch eine Aufpufferung einer Schweißkante – d.h. Schweißen von mehreren Pufferlagen – mit einem Schweißgut auszugleichen, das in der chemischen Zusammensetzung zwischen den beiden Grundwerkstoffen liegt. Damit können die metallurgischen Veränderungen im Fusionslinienbereich, die durch die Diffusion von Legierungselementen eintreten, reduziert werden. Die durch die Unterschiede in den physikalischen Eigenschaften, z.B. der Wärmeausdehnung, hervorgerufenen ungünstigen Spannungszuständen durch die behinderte Dehnung werden minimiert. Falls notwendig, kann der aufgepufferte Teil vor der eigentlichen Schweißung wärmebehandelt werden. Wird die eigentliche Schweißung danach mit einem austenitischen Schweißgut durchgeführt und der zweite Verbindungspartner ist ebenfalls austenitisch, kann eine zweite Wärmebehandlung entfallen, sofern die Eigenspannungen tolerierbar sind. Nachteilig ist der größere Aufwand und die mit dem Schweißen der eigentlichen Verbindungsnaht auftretende Anschmelzung und Erwärmung der Pufferung.

Rekristallisation

Ausgehend von Gitterfehlern, die bei der Kaltverformung entstehen, bilden sich bei erhöhter Temperatur neue Kristalle (Körner). Die Größe der neugebildeten Körner ist vom Kaltverformungsgrad bzw. von der Temperatur abhängig. Bei geringer Kaltverformung liegt erhöhtes Risiko von Grobkornbildung (wenige Gitterfehler = Keimstellen für die Kornneubildung) vor, viele Störstellen im Gitter ergeben ein feinkörniges Gefüge.

Bei hohen Temperaturen bildet sich Grobkorn durch Aufzehren benachbarter Körner (sekundäre Rekristallisation). Der kritische Verformungsgrad = Verformungsgrad, bei dem bei Überschreitung einer bestimmten Glühtemperatur Rekristallisation auftritt, ist ebenso wie die Temperatur werkstoffspezifisch.

Relaxationsriss

Relaxationsrisse sind interkristalline Trennungen in der WEZ, im Schweißgut bzw. Grundwerkstoff von relaxationsrissempfindlichen Stählen und Nickellegierungen. Voraussetzung ist eine erstmalige Erwärmung durch den Betrieb oder eine nachfolgende Wärmebehandlung im Bereich 450 bis 600°C. In diesem Bereich werden die bei RT elastischen Eigenspannungen durch den temperaturabhängigen Rückgang der Streckgrenze durch Plastifizieren abgebaut. Da aber das Korn durch die feindisperse Ausscheidung von Karbiden und Nitriden (die sich bei diesen Temperaturen noch nicht auflösen bzw. nicht koagulieren) eine höhere Festigkeit hat, konzentriert sich die plastische Verformung auf die schwächeren Korngrenzen, die oftmals zusätzlich durch Korngrenzenausscheidungen und ausscheidungsfreie Säume geschwächt sind. Besonders empfindlich sind grobkörnige Bereiche. Bei Temperaturen > 450°C werden die Verformungsvorgänge durch Kriechprozesse gesteuert, d.h. es bilden sich Poren an den Korngrenzen. Die daraus entstehenden Porenketten sind die Vorstufe für interkristallinen Mikrorisse, die als Relaxationsrisse bezeichnet werden (englisch „stress relief cracks“).

Restaustenit

Austenit wandelt beim Härten während des Abkühlens nicht vollständig in Martensit um und liegt als helle Phase im Gefüge vor. Bei späterer Umwandlung in Martensit entstehen Eigenspannungen, die zu Rissbildungen führen können. Bei *Duplexstählen* ist die Entstehung beabsichtigt.

Schäfflerdiagramm

Qualitative und quantitative Voraussage des sich einstellenden Gefüges bei Chrom-, Chrom-Nickel- und Chrom-Molybdän-Stählen auf der Grundlage der chemischen Analyse nach dem Abkühlen aus der Schmelze – ursprünglich angewendet für die sich einstellenden Gefüge bei Schweißverbindungen. Die Wirkung der Legierungselemente auf die Gefügeausbildung wird über das Chrom-Äquivalent = %Cr+%Mo+1,5%Si+0,5%Ta+0,5%Nb+%Ti und das Nickel-Äquivalent = %Ni+30%Cr+0,5%Mn+7,5%Ni beschrieben. Bei der Anwendung müssen die Gehalte der zu betrachtenden Legierung in diese empirisch ermittelten Formeln eingetragen werden und die sich einstellenden Gefüge, über das Bild 3.106 abgelesen werden.

Seigerung

Seigerungen entstehen beim Erstarren aus der Schmelze, siehe auch → Makroseigerung. Es können sich sowohl Einschlüsse, als auch Elemente in bevorzugten Bereichen anreichern. Ferner können sich Elemente im Kristallbereich anreichern.

Sigma-Phase (σ-Phase)

Spröde, intermetallische Phase, besteht zu etwa 50% Eisen und 50% Chrom. Entsteht beim Glühen bzw. bei Betriebstemperaturen zwischen

- 600 und 800°C bei nichtrostenden, ferritischen Stählen mit mehr als 13% Cr aus dem Delta-Ferrit sowie in Duplex-Stählen
- 600 bis 900°C in austenitischen Stählen.

Begünstigende Faktoren sind: Kaltumformung, ebenso durch die Legierungselemente Mo, Si, Nb und Ti.

Durch ein Lösungsglühen bei Temperaturen oberhalb von 950°C wird die Sigma-Phase aufgelöst. Bei nicht stabilisierten Stählen (ohne Nb, Ti) kann sich durch wiederholtes Lösungsglühen Grobkorn bilden.

Die Bildung von Sigma-Phasen führt zu Korngrenzenversprödung und Korrosionsanfälligkeit (wegen der Cr-Verarmung) sowie zu Härtesteigerungen.

Small Punch Technik

Beim Small Punch Test wird eine scheibenförmige Kleinprobe über eine Druckbelastung verformt. Die Probe weist eine Größe im Bereich Ø8 × 0,5 mm auf. Sie wird am Rand zwischen Matrize und Niederhalter geklemmt und zentrisch durch den Stempel mit einem Kugelkopf deformiert. Die last- und werkstoffabhängige Deformation und die Anrissbildung werden ermittelt. Mittels geeigneter Berechnungsmodelle können damit Werkstoffkennwerte bestimmt werden, die allerdings auf Normwerte nicht übertragbar sind. Das Verfahren kann eingesetzt werden, wenn nur ein sehr geringes Werkstoffvolumen für Versuche vorhanden ist bzw. die Proben einem Bauteil entnommen werden.

Spannungsrisskorrosion

Spannungsrisskorrosion (SpRK) ist ein Mechanismus, der Rissbildung, auslöst, wenn drei Faktoren vorliegen: ein für den Mechanismus sensibler Werkstoffzustand, ein korrosives Medium und Spannungen im Bauteil. Gefüge, die eine hohe Härte aufweisen (z.B. nicht angelassener Martensit bei Stählen) weisen eine erhöhte Anfälligkeit für SpRK auf. Daraus kann aber nicht geschlossen werden, dass bei geringen Härten keine SpRK auftreten kann. Das Medium selbst kann eine geringe Korrosionswirkung aufweisen, sodass z.B. eine flächige Korrosion nur schwach ausgebildet ist. Unterstützt wird der Vorgang durch die chemischen Reaktionen des Mediums mit dem Metall, z.B. durch die Bildung von atomaren Wasserstoff, der in den Werkstoff eindiffundiert und diesen versprödet. Die Spannungen können sowohl aus betrieblichen Beanspruchungen, aber auch aus Eigenspannungen aus der Herstellung (Umwandlungsspannungen, thermische Spannungen) resultieren. Der Rissverlauf ist oft interkristallin, kann aber auch transkristallin (insbesondere, wenn der Bereich plastisch verformt wird) sein. Die Risse sind meist verästelt bzw. bilden ein Netzwerk.

Spongiose

Ferrit und Perlit lösen sich auf, wenn ein entsprechendes Medium vorhanden ist: sie bilden die Anode, die unedler als die Kathode aus Graphit ist. Das poröse Korrosionsprodukt aus Eisenschwamm füllt die entstehenden Zwischenräume im Graphitnetzwerk als poröse Masse aus. Die Festigkeit und Härte nimmt signifikant ab.

Stirnabschreckversuch (Jominy Versuch)

Siehe Jominy Versuch

Sulfat; Sulfid

Schwefelverbindungen. Beispiel: Mangansulfid ist eine Verbindung aus Mangan und Schwefel, erscheint als graue Phase im Schliff.

Terrassenbruch

Riss folgt den ausgewalzten Zeilen in Dickenrichtung eines Bleches und „springt“ dabei von Zeile zu Zeile. Ausgangspunkt sind oft Schrumpfspannungen bei Schweißverbindungen (Kaltriss).

TRIP Stahl

TRIP steht für: TRansformation Induced Plasticity. Das Gefüge des Stahls besteht einer duktilen ferritischen Matrix mit inselförmig eingelagerten harten Bainitphasen und Restaustenit. TRIP-Effekt: Bei plastischer Verformung bildet sich aus dem Austenit → Martensit. Die Stähle haben ein sehr großes Verfestigungspotenzial.

Überhitzerrohr

Im Überhitzerrohr wird der Wasserdampf, der im Kessel erzeugt wurde, über seine Verdampfungstemperatur hinaus weiter erhitzt. Je nach Anlage können Temperaturen bis 700°C Mediumstemperatur erreicht werden.

Überwachung

Ziel der Überwachung von Bauteilen ist die Erfassung des Schädigungszustandes eines Bauteils. Damit soll sichergestellt werden, dass dieses nicht unerwartet versagt. Bei der Überwachung werden in der Regel die Betriebsparameter erfasst, um Abweichungen von den vorgegebenen Parametern zu registrieren und ggf. den damit verbundenen Lebensdauerverbrauch zu quantifizieren. Die Ergebnisse der Überwachung fließen in die *Instandhaltung* ein. Im Rahmen der Instandhaltung werden kritische Bauteile mit zerstörungsfreien und ggf. metallographischen Methoden (z.B. Bauteilmetallographie) untersucht, um den Schädigungszustand zu ermitteln und zu beschreiben.

Umwertung

Bezeichnet die Umwandlung eines Härtewertes von einem Härteprüfverfahren in ein anderes. Auch die Berechnung der Zugfestigkeit aus einem Härtewert mit Hilfe von Näherungsbeziehungen kann als Umwertung bezeichnet werden. Der umgerechnete Wert kann nur dann als Ersatz für den verlangten Wert betrachtet werden, wenn dies ausdrücklich vereinbart wird. Tabellen zur Härteumwertung für unlegierte, niedriglegierte Stähle und Stahlguss finden sich in der DIN EN ISO 18265:2014-02.

Unregelmäßigkeiten

Werden Schweißverbindungen unsachgemäß hergestellt, treten Unregelmäßigkeiten = Fehler auf. Fehler in der Schweißnahtvorbereitung, wie z.B. Kantenversatz, zu enger oder zu weiter Spalt, können bei Handschweißungen u.U. durch das Geschick des Schweißers ausgeglichen werden, führen aber in der Regel zu typischen Schweißfehlern. Zusätzlich treten die in Bild 7.2 gezeigten typischen Unregelmäßigkeiten auf, die in der ISO klassifiziert werden. Alle Unregelmäßigkeiten wirken als Störstellen für die Belastungsfähigkeit der Schweißverbindung. Sie müssen – soweit technisch möglich – vermieden und über entsprechende Methoden erkannt und in ihrer Größe beschrieben werden.

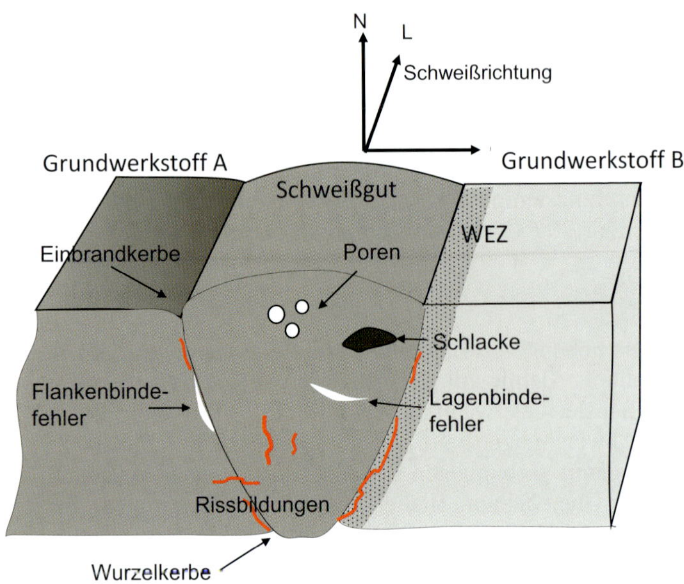

Bild 7.2: Schematische Darstellung von Unregelmäßigkeiten in einer schwarz-weiß Schweißverbindung (A: austenitischer Stahl – B: ferritischer Stahl)

Die Zulässigkeit einer Unregelmäßigkeit hängt immer von der funktionalen Beanspruchung des Bauteils sowie den unterstellten Störfällen und den damit verbundenen Auswirkungen ab. Die Festlegung von Grenzwerten, ob die Unregelmäßigkeit noch zulässig ist oder nicht, wird z.B. in den Normen DIN EN ISO 5817:2014 bzw. DIN EN ISO 10042:2018 festgeschrieben.

Wärmebehandlung

Bei der Wärmebehandlung werden Werkstücke gezielt bestimmten Temperaturen ausgesetzt, wobei die Art des Erwärmens, die Haltetemperatur und Haltedauer sowie die Art des Abkühlens vorgegeben ist. Zweck der Wärmebehandlung ist die Einstellung eines bestimmten Ausgangsgefüges, die Beseitigung von Kaltverfestigung, die Verbesserung der Bearbeitbarkeit, die Einstellung bestimmter Härten und mechanischer Eigenschaften (Festigkeit, Zähigkeit) und der Abbau von herstellungsbedingten Eigenspannungen (Schweißspannungen).

SEW Werkstoffblatt

Stahl Eisen Werkstoffblätter (SEW) wurden vom Verein Deutscher Eisenhüttenleute, Verlag Stahleisen, Düsseldorf herausgegeben. Sie sind keine europäischen Normen.

Wärmeeinflusszone (WEZ)

Bei umwandlungsfähigen Werkstoffen, wie z.B. bei ferritischen Stählen, treten Gefügeumwandlungen durch eine lokale Wärmeeinbringung, wie z.B. beim Schmelzschweißen, auf. Die Temperatur muss hierbei über der werkstoffspezifischen Umwandlungstemperatur liegen, um eine Gefügeumwandlung in eine andere Phase zu bewirken. Die hohen Temperaturen nahe der Schmelzlinie bewirken, dass das Gefüge dort überhitzt wird. Bei Schweißverbindungen aus umwandlungsfähigem Stahl wird dieser Bereich austenitisiert. Je nach chemischer Zusammensetzung und Abkühlverhältnissen bildet sich dann ein grobes martensitisches Gefüge (Grobkornzone). Mit zunehmendem Abstand von der Schmelzlinie nimmt die Temperatur ab, sodass der Umwandlungseffekt immer geringer wird. Im Bereich, der sich der Grobkornzone anschließt, wird das vorhandene Gefüge teilaustenitisiert (Feinkornzone) und neu gebildet. Vorhandene Ausscheidungen, die sich in der vorhergehenden Wärmebehandlung des Grundwerkstoffes gebildet haben, werden aufgelöst bzw. eingeformt: so wird z.B. der streifige Fe_3C im Perlit körnig (Perlitauflösung). Liegt die durch die Schweißwärme eingebrachte Temperatur unterhalb der werkstoffspezifischen α/γ-Umwandlungstemperatur, stellt sich kein lichtoptisch erkennbarer Effekt im Gefüge ein. Nur im Fall einer vorausgegangenen Kaltverformung können Rekristallisationseffekte, d.h. Kornneubildungen beobachtet werden. Die Härte liegt im Allgemeinen im Bereich der Grobkornzone deutlich über der des Grundwerkstoffs. Im Übergang zwischen Feinkornzone zum unbeeinflussten Grundwerkstoff kann die Härte unterhalb der des Grundwerkstoffs liegen.

Metallographisch hebt sich die WEZ vom unbeeinflussten Grundwerkstoff aufgrund der anderen Gefügezustände bereits makroskopisch im Lichtmikroskop als dunkle Zone ab, sofern Gefügeumwandlungen stattgefunden haben.

Aufgrund der inhomogenen Gefügestruktur und des ungünstigen Ausscheidungszustandes weist die WEZ schlechtere Werkstoffeigenschaften auf und wird auch als metallurgische Kerbe bezeichnet.

Bei Schweißverbindungen von nicht umwandlungsfähigen Stählen ist der metallographisch erkennbare Effekt geringer ausgeprägt, da keine deutlichen Gefügeänderungen – mit Ausnahme von Grobkornbildungen und Ausscheidungen – vorliegen. Temperaturbedingte Ausscheidungen lassen sich mit der Ermittlung der Härte feststellen. Bei ausscheidungsgehärteten Legierungen bildet sich eine weiche Zone nahe der Schmelzlinie.

Werkstoffnorm

In Europa werden für Bauteile mit CE Kennzeichnung Werkstoffe eingesetzt, die in einer Europäischen Norm (EN) erfasst sind. Die Europäischen Normen (EN) sind Regeln, die von einem der drei europäischen Komitees für Standardisierung ratifiziert worden sind. Alle EN-Normen sind durch einen öffentlichen Normungsprozess entstanden. In den Normen werden u.a. Lieferformen, Wärmebehandlungen und verbindliche Eigenschaften inkl. Vorgaben zu deren Ermittlung beschrieben. Normen werden zeitabhängig überarbeitet - die Aktualität kann über die der Normnummer angehängte Jahreszahl festgestellt werden.

Werkstoffblatt

Zusammenstellung der wichtigsten Angaben zur Herstellung, Wärmebehandlung, Weiterverarbeitung sowie den anwendungsbezogenen Eigenschaften. Ein Werkstoffblatt kann vom Hersteller oder auch vom Verarbeiter (als Spezifikation der geforderten Eigenschaften) erstellt werden.

Werkstoffspezifikation

Siehe Werkstoffblatt

Zeiligkeit

Beim Auswalzen bzw. Umformen werden geseigerte Bereiche und Einschlüsse in Richtung der Hauptverformungsrichtung gestreckt. Es ist ein Primärzeilengefüge erkennbar, Beispiele Bild 7.3 und Bild 7.4. Die Anreicherung von Ele-

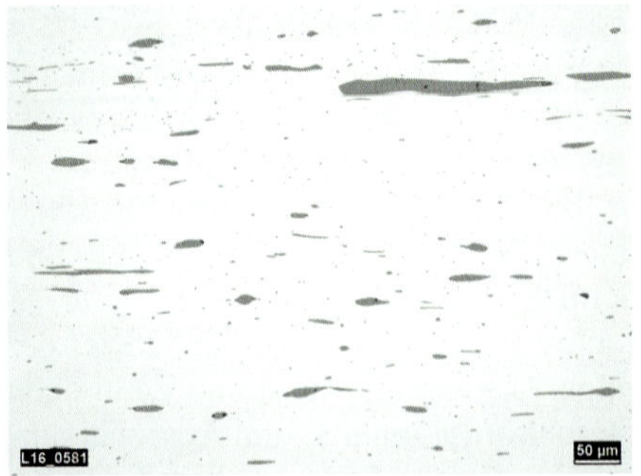

Bild 7.3: Links: Mangansulfid-Zeilen in einem Automatenstahl – poliert; Rechts: Ausgewalzte Zeilen mit Deltaferrit in einem austenitischen Stahl, geätzt mit V2A-Beize

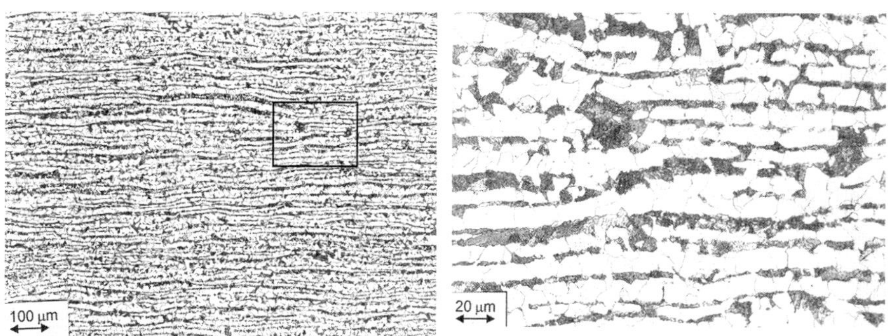

Bild 7.4: Ferrit-Perlit Zeiligkeit in einem ausgewalzten niedriglegierten Blech mit Ausschnitt

Bild 7.5: Martensit-Zeilen in einer vorwiegend bainitischen Matrix eines legierten NiCrMoV-Stahl. Martensitbildung als Folge einer Kohlenstoffanreicherung.

menten, wie z.B. P, S und C bewirkt, dass sich eine Zeiligkeit mit unterschiedlichen Gefügestrukturen, Ferrit-Perlit oder Ferrit-Bainit (nach dem Härten, Bild 7.5), einstellt. Die Zeiligkeit und die damit verbundenen Nachteile (inhomogene Struktur mit anisotropen Eigenschaften) kann durch eine besondere Erschmelzung und ein schnelleres Abkühlen unterdrückt werden.

Zeugnis

Siehe Abnahmezeugnis

8 Zusammenstellung der wichtigsten Ätzmittel

WARNUNG

Bei der Herstellung, Anwendung, Handhabung und Beseitigung dieser Ätzlösungen sind die entsprechenden Maßnahmen einzuhalten, wie z.B.:

Die meisten der unten aufgeführten Chemikalien sind toxisch, leicht entzündlich und/oder potenziell explosiv. Säuren und Basen sind zu trennen und ebenso wie fertige Ätzmittel in geeigneten, dafür zugelassenen Stahlschränken zu lagern. Starke Oxidationsmittel dürfen nicht zusammen mit Säuren, Basen oder leicht entzündlichen Lösungsmitteln gelagert werden. Nicht befugten Personen dürfen keinen Zugang haben.

Ätzmittel sind nur begrenzt haltbar, die gelagerten Mengen sind dem zeitlichen Verbrauch anzupassen. Ätzmittel können altern oder sich durch die Einwirkung von Licht chemisch verändern und ihr Gefährdungspotenzial dadurch erhöhen.

Grundsätzlich gilt, dass die sicherheitsbezogenen Informationen der von den Herstellern gelieferten Sicherheitsdatenblätter zu beachten sind.

Arbeiten dürfen nur mit Schutzausrüstung erfolgen: z.B. säurefeste Handschuhe, dicht schließender Augenschutz etc.

Ätzmittel werden nur an Arbeitsplätzen mit dafür zugelassenen Laborabzügen eingesetzt.

Die Arbeitsplätze müssen den Vorgaben der Berufsgenossenschaft entsprechen: z.B. Vorhandensein einer Notdusche, sowie einer Augendusche.

Mitarbeiter müssen entsprechend den gesetzlichen Vorschriften im Umgang mit diesen Arbeitsmitteln unterwiesen und geschult werden.

Die Vorschriften zur Entsorgung von gebrauchten Ätzmitteln müssen befolgt werden.

Die Richtlinien der Berufsgenossenschaft (Richtlinien für Laboratorien) müssen eingehalten werden und den Mitarbeitern/Mitarbeiterinnen bekannt sein (https://www.bgrci.de).

Tabelle 8.1: Ätzmittel zur Schichtdickenbestimmung nach EN ISO 1463:2004

Ätzlösung	Anwendung
Salpetersäure (ρ = 1,42 g/ml): 5 ml Ethanol (95 %-Volumen): 95 ml WARNUNG: Die Mischung ist explosiv, insbesondere beim Erhitzen.	Für Nickel- oder Chromschichten auf Stahl. Ätzt Stahl. Die Ätzlösung sollte frisch angesetzt werden
Eisen(III)-chlorid-Hexahydrat ($FeCl_3\ 6H_20$): 10 g Salzsäure (ρ = 1,16 g/ml): 2 ml Ethanol (95%-Volumen): 98 ml	Für Gold-, Blei-, Silber-, Nickel- und Kupferschichten auf Stahl, Kupfer und Kupferlegierungen. Ätzt Stahl, Kupfer und Kupferlegierungen
Salpetersäure (ρ = 1,42 g/ml): 50 ml Essigsäure (ρ = 1,16 g/ml): 2 ml	Zur Bestimmung der Dicke von Einzelschichten bei Mehrschichtsystemen aus Nickel auf Stahl und Kupferlegierungen. Die Nickelschichten werden aufgrund ihrer Strukturen unterschieden. Ätzt Nickel; starker Angriff von Stahl und Kupferlegierungen.
Ammoniumpersulfat: 10 g Ammoniaklösung (ρ = 0,88 g/ml): 2 ml destilliertes Wasser: 93 ml	Für Schichten aus Zinn und Zinnlegierungen auf Kupfer und Kupferlegierungen. Ätzt Kupfer und Kupferlegierungen. Die Ätzlösung sollte frisch angesetzt werden.
Salpetersäure (ρ = 1,42 g/ml): 5 ml Flusssäure (ρ = 1,14 g/ml): 2 ml destilliertes Wasser: 93 ml	Für Nickel- und Kupferschichten auf Aluminium und Aluminiumlegierungen. Ätzt Aluminium und Aluminiumlegierungen
Chrom(VI)-oxid (CrO_3): 20 g Natriumsulfat: 1,5 g destilliertes Wasser: 100 ml	Für Nickel- und Kupferschichten auf Zinklegierungen, auch geeignet für Zink- und Cadmiumschichten auf Stahl. Ätzt Zink, Zinklegierungen und Cadmium
Flusssäure (ρ = 1,14 g/ml): 2 ml destilliertes Wasser: 98 ml	Für anodisch oxidierte Aluminiumlegierungen. Ätzt Aluminium und Aluminiumlegierungen.
ethanolische 2%ige bis 3%ige Salpetersäurelösung	Anätzung von Ferritkörnern

Tabelle 8.2: Ätzmittel zur Korngrößenbestimmung nach DIN EN ISO 643:2013

Ätzlösung	Anwendung
„Bechet-Beaujard“: wässrige gesättigte Pikrinsäurelösung, die mindestens 0,5% Natriumalkylsulfonat oder ein anderes Entspannungsmittel enthält	Es muss ein Mindestgehalt von 0,005% P vorliegen Die Ätzdauer kann wenige Minuten bis mehr als eine Stunde betragen. Eine Erwärmung der Lösung auf 60°C kann die Ätzwirkung verbessern und die Ätzdauer abkürzen. Zur Verstärkung des Kontrastes zwischen den Korngrenzen und der Grundmasse der Probe ist es mitunter notwendig, das Ätzen und Polieren einmal oder mehrere Male zu wiederholen. Proben aus durchgehärtetem Stahl dürfen vor der Auswahl angelassen werden. Stähle mit martensitischem, angelassenem martensitischem oder bainitischem Gefüge, das ≥ 0,005% Phosphor enthält
„Kohn“ – Vilellas Ätzmittel: 1 g Pikrinsäure, 5 ml Salzsäure (konz.), 100 ml Ethanol	Das an der polierten Oberfläche anhaftende Oxid sollte durch leichtes Polieren mit einem feinen Schmirgelmittel entfernt werden, wobei darauf zu achten ist, dass das Oxidnetz, das sich auf den Korngrenzen gebildet hat, erhalten bleibt unlegierte und niedrig legierte Stähle
Weitere Ätzmittel können der DIN EN ISO 643:2013 entnommen werden	

Tabelle 8.3: Ätzmittel für unterschiedliche Werkstoffe

Bezeichnung	Ätzlösung	Anwendung
Adler	100 cm³ H_2O 200 cm³ HCl 60 g Eisen(III)chlorid – $FeCl_3$ x 6 H_2O 12 g Kupferammoniumchlorid – $(NH_4)_2[CuCl_4]$ x 2 H_2O	Makroätzung Stahl; Schweißverbindungen
Fry	100 cm³ Wasser – H_2O 150 cm³ Salzsäure – HCl 70 g Kupfer(II)-chlorid – $CuCl_2$ * 2 H_2O	Temperatur: RT Ätzdauer: 1–3 Minuten Das Ätzmittel ist als Nachweis von Kraftwirkungslinien geeignet. Die Proben werden vor dem Ätzen bei 200° bis 250°C ca. 30 Minuten lang angelassen. Anschließend wird die feingeschliffene oder polierte Probe tauchgeätzt. Wenn die Kraftwirkungslinien gut entwickelt wurden, wird die Probe in konzentrierte Salzsäure getaucht, mit Wasser und Alkohol abgespült und mit einem Fön getrocknet.
Nital – alkoholische Salpetersäure	97 ml Ethanol 3 ml konz. Salpetersäure	Gebräuchlichstes Ätzmittel für niedriglegierte Stähle, ferritisch, bainitisch, martensitisch sowie Grauguss
Oberhoffer	100 cm³ Wasser – H_2O 100 cm³ Alkohol – C_2H_5OH 3 cm³ Salzsäure – HCl 0,2 g Kupfer(II)-chlorid – $CuCl_2$ * 2 H_2O 3 g Eisen(III)-chlorid – $FeCl_3$ * 6 H_2O 0,1 g Zinn(II)-chlorid – $SnCl_2$ * 2 H_2O	Temperatur: RT Ätzdauer: ca. 30–40 Sekunden Phosphorhaltige Bau- und Werkzeugstähle: Sichtbarmachung der Phosphorverteilung. Vorbereitung: geschliffen und poliert, ggf. Zwischenätzen.
Baumann	100 ml dest. Wasser 5 ml Schwefelsäure 95–97%ig	Probe auf SiC-Papieren bis zur Körnung 320 schleifen. Fotopapier wird in Lösung getränkt und fest auf die Schlifffläche gepresst. Nach ca. 3 min abspülen, fixieren (Fotofixierbad), wässern und trocknen. S-haltige Bereiche werden braun gefärbt.

Tabelle 8.3: Ätzmittel für unterschiedliche Werkstoffe – Fortsetzung

Bezeichnung	Ätzlösung	Anwendung
V2A-Beize	100 ml dest. Wasser 1900 ml Salzsäure (32%ig) 10 ml Salpetersäure (65%ig) 0,3 ml Vogels Sparbeize	Temperatur: RT bis ca. 70°C Ätzdauer: Sekunden bis Minuten Hochlegierte Cr- und CrNi-Stähle (Sigmaphase und Deltaferrit), Nickelbasis-Legierungen
Klemm-Ätzung	100 ml Stammlösung Klemm 2 g Kaliumdisulfit (nach Klemm I) **Stammlösung Klemm:** 300 ml dest. Wasser (40°C) 1000 g Natriumthiosulfat	Temperatur: RT Ätzdauer: ca. 1–2 Minuten Naßätzung Seigerungsätzung in unlegierten und niedriglegierten Stählen. Nachweis von Zementit. Farbätzung
Beraha-Ätzung	100 ml Stammlösung Beraha I 1 g Kaliumdisulfit (nach Beraha I) **Stammlösung Beraha:** 1000 ml dest. Wasser 200 ml Salzsäure 32%ig 24 g Ammoniumhydrogendifluorid	Temperatur: RT Ätzdauer: ca. 5–20 Sekunden Naßätzen, 1–2 h haltbar, Stammlösung in Kunststoffflasche aufbewahren !!! Unlegierte und niedriglegierte Stähle. Martensitische und bainitische Gefüge, Nickelbasislegierung (Beraha III)
Pikral-Ätzmittel	100 ml Ethanol 96%ig 2–4 g Pikrinsäure	Temperatur: RT Ätzdauer: Sekunden bis Minuten Ätzmittel für niedriglegierte Stähle, ferritsch, bainitisch, martensitisch sowie Grauguß
Pikrin-Salzsäure	100 ml Ethanol 96%ig 2–4 g Pikrinsäure, 50 ml 5%ig Salzsäure	Temperatur: RT Ätzdauer: Sekunden bis Minuten Ätzmittel für 10% Cr-Stähle, ferritsch, bainitisch, martensitisch
Groesbeck	199 ml dest. Wasser 4 g Natriumhydroxid 4 g Kaliumpermanganat	Temperatur: 50°C Ätzdauer: 20 Sekunden bis mehrere Minuten Hochlegierte Stähle und Gußwerkstoffe. Sigma-Phase wird gefärbt, Austenit nicht, ferrit wird gelbbraun. Farbätzung
Ammoniumpersulfat	100 ml dest. Wasser 10 g Ammoniumpersulfat	Temperatur: RT, Evtl. leicht erwärmen Ätzdauer: Sekunden bis Minuten Reines Cu, Messinge, Bronzen, Neusilber

Tabelle 8.3: Ätzmittel für unterschiedliche Werkstoffe – Fortsetzung

Bezeichnung	Ätzlösung	Anwendung
Oxalsäure	100 ml dest. Wasser 10 g Oxalsäure	Temperatur: RT Ätzdauer: 5 bis 30 Sekunden Cr- und CrNi-Stähle, Gefüge wird entwickelt, Sigma-Phase herausgelöst, Karbide wenig angegriffen Anodisches Ätzen, Kathode aus V2A, 1,5 bis 3 V Gleichstrom
Mikroätzmittel Aluminium	60 ml dest. Wasser 10 g Natriumhydroxid 5 g Kaliumferricyanid	Temperatur: RT Ätzdauer: ca. 2 Minuten Al-Si und Al-Cu-Leg. Ausscheidungen, Korngrenzen
Keller	20 ml dest. Wasser 20 ml Salzsäure 32%ig 20 ml Salpetersäure 65%ig 5 ml Flußsäure 40%ig	Temperatur: RT Ätzdauer: 1 bis 3 Minuten Al-Werkstoffe, Al-Mn, Al-Mg, Al-Mg-Si-Leg., Korngrenzen, Makro- und Mikroätzung
Barker	200 ml dest. Wasser 5 g Tetrafluoroborsäure 35%ig	Temperatur: RT Ätzdauer: ca. 1–3 Minuten Reines Al und Al-Leg. Anodisches Ätzen, Kathode aus V2A, Al, Pb, 20 bis 40 V Gleichstrom

Weitere Ätzmittel und Informationen zum Ätzen finden Sie im Ätzbuch von Prof. Günter Petzow [7].

Literatur

[1] Salbert, G. 2010: Metallographie Grundlagen und Anwendungen. Gebrüder Borntraeger, Stuttgart.

[2] Maile, K. & Scheck, R. 2010: Erprobung neuer Abdruckmaterialien für die ambulante Bauteilmetallographie. Metallographietagung Leoben.

[3] Richtreihen zur Bewertung der Gefügeausbildung und Zeitstandschädigung warmfester Stähle für Hochdruckrohrleitungen und Kesselbauteile VGB-S-517-00-2014-11 vormals TW 507, VGB PowerTech Service GmbH.

[4] Korrosion und Verschlackung in Hochtemperaturkraftwerken mit neuen Werkstoffen" (COORETEC DE1); Teilprojekt 1 „Untersuchung und Modellierung der wasserdampfseitigen Oxidation und Schutzschichtbildung für Werkstoffe des 700°C-Kraftwerks". Gefördert vom Bundesministerium für Wirtschaft und Technologie aufgrund eines Beschlusses des Deutschen Bundestages mit dem Förderkennzeichen: 0327744B.

[5] Berger, C. & Mayer, K.-H. 1994: Bruchmechanische Bewertung von Fehlern in geschmiedeten, gegossenen und geschweißten Bauteilen von Turbogeneratoren. 26. Vortragsveranstaltung, DVM-Arbeitskreis „Bruchvorgänge", 22. / 23. Februar 1994, Magdeburg.

[6] Neubauer, M., Porner, S. & Löhberg, R. 1982: Oxidablösung von Bruchflächen Hochlegierter Stähle. Sonderbände der Praktischen Metallographie, S. 195–202.

[7] Petzow, G. 2015: Metallographisches, Keramographisches, Plastographisches Ätzen. Gebrüder Borntraeger, Stuttgart.

Index